21世纪高等学校规划教材 | 计算机科学与技术

# 数据结构应用教程

## （第2版）

伍一 孔凡辉 孙柏祥 编著

清華大学出版社
北 京

## 内容简介

本书在保证完整的数据结构知识体系基础上，采用实用案例帮助掌握数据结构设计的思想及实现方法，从解决实际问题的角度实现数据结构的设计。全书注重原理与实践结合，配有“物流公司的货物配送信息管理”案例，完整贯穿教材的每个教学阶段，应用性强。

全书共分9章，对应数据结构学习的3个阶段：第一阶段学习数据结构基本概念、线性数据关系的各种结构及基本操作、算法实现；第二阶段学习查找和排序的基本操作以及算法；第三阶段学习树、图等较复杂的非线性数据结构。

本书特点是将主要精力集中在所要解决的问题上，把数据结构的设计方法融入实践环节中，并且在编排数据结构课程的内容顺序方面，保持与数据结构课程体系内容相吻合，做到循序渐进，系统学习、广泛实践，有利于学生的接受。本书配有电子教案、程序源代码、手机版学习网站。本书采用C语言描述算法，所有程序均在Visual C++ 6.0下调试运行通过。

本书可作为高等院校应用型本科层次学习教材，还适用于高职高专层次各类学校使用，也可作为计算机岗位培训的教学用书。



**图书在版编目(CIP)数据**

数据结构应用教程/伍一，孔凡辉，孙柏祥编著．—2版．—北京：清华大学出版社，2015(2024.9重印)
21世纪高等学校规划教材·计算机科学与技术
ISBN 978-7-302-40976-2

Ⅰ．①数…　Ⅱ．①伍…　②孔…　③孙…　Ⅲ．①数据结构－高等学校－教材　Ⅳ．①TP311.12

中国版本图书馆CIP数据核字(2015)第166800号

**责任编辑**：郑寅堃　李　晔
**封面设计**：傅瑞学
**责任校对**：梁　毅
**责任印制**：刘　菲

**出版发行**：清华大学出版社
**网　　址**：https://www.tup.com.cn，https://www.wqxuetang.com
**地　　址**：北京清华大学学研大厦A座　　**邮　　编**：100084
**社 总 机**：010-83470000　　**邮　　购**：010-62786544
**投稿与读者服务**：010-62776969，c-service@tup.tsinghua.edu.cn
**质量反馈**：010-62772015，zhiliang@tup.tsinghua.edu.cn
**课件下载**：https://www.tup.com.cn，010-62795954
**印 装 者**：北京建宏印刷有限公司
**经　　销**：全国新华书店
**开　　本**：185mm×260mm　　**印　张**：14.25　　**字　　数**：353千字
**版　　次**：2015年8月第2版　　**印　　次**：2024年9月第6次印刷
**印　　数**：3701～3800
**定　　价**：39.00元

产品编号：061409-02

“数据结构”是计算机专业的一门专业基础课。依据专业学科的需要，该课程的重点是讲解数据的各种逻辑结构、物理结构及其之上各种操作的算法实现。该课程不仅要培养学生在软件设计方面严密的逻辑思维和数据抽象能力，更要培养学生在软件设计领域科学的思维方式。根据计算机等相关专业就业岗位的需要，要求学生具备运用数据结构教学内容，完成软件设计过程中工作应用项目的开发及维护。因此在数据结构教材建设中，我们提出针对应用开发项目的要求，结合数据结构课程知识体系的必备内容，编写符合应用型本科计算机及电子类相关专业的数据结构课程教材。

根据应用型本科教育应用性人才的培养目标和要求，目前普通高校应用型本科教材存在的问题是：结合专业岗位的针对性不强，训练能力的实践性不够。为了解决这些问题，我们在本书中提出教材建设新模式：由结合岗位的示例题目(任务)驱动，掌握课程知识内容；再由掌握的课程知识点，做课程题目设计实训练习；通过题目设计实践，提高本课程专业应用能力。通过这种教学模式，在教学过程中，可以更好地适合高等教育应用型人才的培养目标和规格。

我们在数据结构课程教学以及教材建设中，本着与时俱进、不断完善的原则，收集广大师生对本教材第1版的期望和建议，不断总结课程教学经验，完善本书存在的问题。本书保持了前一版的写作风格和特色，选用实训案例帮助读者掌握数据之间结构设计的思想，学会数据结构设计的方法，力图解决实际问题的数据结构设计。改版后，在保证了完整的数据结构知识体系基础上，采用“物流公司的货物配送信息管理”这个完整的案例，贯穿教材的每个教学阶段；从解决实际问题入手，分析数据之间存在的结构关系进行程序设计；改进了教学课件，开发了手机版教学网站，以便于在移动新媒体环境下开展课程教学；全书所有案例、例题都在 Visual C++ 6.0 环境下调试运行通过，有利于学生采用调试方式分析学习，提高动手能力。全书改版后，注重原理与实践结合，应用性强，能更好地满足数据结构课程教学的需要。

全书共分9章，对应数据结构学习的3个阶段：第一阶段共5章，学习的数据结构基本概念、线性表结构，包括栈、队列和串、数组、广义表等特殊的线性逻辑结构、存储结构及不同存储结构的各种基本操作的算法实现；第二阶段共2章，学习查找和排序基本操作及算法；第三阶段共2章，学习较复杂的非线性数据结构，包括数据的树和二叉树、图结构的逻辑结构、存储结构以及典型应用。

本书不但适用于高等院校应用型本科层次使用，还适用于高职高专层次各类学校及计算机岗位培训的教学用书，或者作为数据结构爱好者的学习参考书。为配合本课程的教学需要，本教材为教师配有习题参考答案，可发 E-mail(ZhengYK@tup.tsinghua.edu.cn)联系索取。

本书由黑龙江大学伍一编写第 1 章、第 2 章、第 3 章、第 4 章；孔凡辉编写第 8 章、第 9 章；孙柏祥编写第 5 章、第 6 章、第 7 章；三位老师共同编写多媒体课件、电子教案、教学网站、课后习题。全书由伍一统稿和定稿。

由于时间仓促，水平有限，书中难免存在问题，敬请广大读者批评指正。

编　者

2015 年 5 月

# 目 录

**第 1 章　数据结构概论** …… 1

1.1　计算机信息管理系统的案例以及数据分析 …… 1

1.2　数据结构的相关概念和术语 …… 3

1.2.1　数据和数据元素 …… 3

1.2.2　数据对象和数据类型 …… 3

1.3　算法和算法分析 …… 4

1.3.1　算法 …… 4

1.3.2　算法分析与度量 …… 6

1.4　本章小结 …… 9

习题 …… 9

**第 2 章　线性表及线性表的顺序存储** …… 12

2.1　线性表的定义 …… 12

2.1.1　线性表实例 …… 12

2.1.2　线性表的定义 …… 13

2.1.3　线性表的基本操作及基本运算的描述 …… 14

2.2　线性表的顺序存储结构 …… 15

2.2.1　顺序表 …… 15

2.2.2　顺序表的描述 …… 16

2.3　顺序表基本算法实现 …… 16

2.3.1　线性表内容与线性表长度分别存储的算法实现 …… 16

2.3.2　线性表内容与线性表长度存储在一个结构体中的算法实现 …… 21

2.4　本章小结 …… 25

习题 …… 26

**第 3 章　线性表的链式存储** …… 27

3.1　线性表的链式存储结构 …… 27

3.1.1　为什么要使用链式存储结构 …… 27

3.1.2　单链表的数据定义 …… 28

3.1.3　静态链表单链表的实现 …… 29

3.1.4　动态链表的实现 …… 30

3.2　单链表的基本算法实现 …… 33

3.2.1 带头结点单链表基本算法实现 …… 33
3.2.2 带表头结点的单链表中插入运算的进一步讨论 …… 37
3.2.3 带表头结点的单链表应用举例 …… 38
3.3 链式存储的其他方法 …… 42
3.3.1 链式存储结构循环链表 …… 42
3.3.2 链式存储结构双链表 …… 43
3.4 链式存储结构顺序表和链表的比较 …… 45
3.5 本章小结 …… 45
习题 …… 46

**第4章 栈和队列** …… 49

4.1 栈 …… 49
4.1.1 栈的实例 …… 49
4.1.2 栈的定义及基本运算 …… 50
4.1.3 顺序栈的表示 …… 50
4.1.4 链栈的表示 …… 53
4.1.5 栈的实现及应用 …… 55
4.2 队列 …… 59
4.2.1 队列的实例 …… 59
4.2.2 队列的定义及基本运算 …… 59
4.2.3 顺序队列及循环队列的表示 …… 60
4.2.4 循环队列的实现 …… 65
4.2.5 链队列的表示 …… 68
4.3 本章小结 …… 71
习题 …… 71

**第5章 串、数组、广义表** …… 75

5.1 串 …… 75
5.1.1 串的基本概念 …… 75
5.1.2 串的存储结构 …… 77
5.1.3 串的基本运算 …… 78
5.2 数组 …… 80
5.2.1 数组的定义 …… 80
5.2.2 数组的顺序存储方式 …… 81
5.2.3 数组的C语言描述 …… 82
5.3 广义表 …… 82
5.4 本章小结 …… 84
习题 …… 84

第6章 查找 …… 88

6.1 查找的基本概念 …… 89
6.1.1 查找表和查找 …… 89
6.1.2 查找表的数据结构表示 …… 89
6.1.3 平均查找长度 ASL …… 90
6.2 顺序查找 …… 90
6.3 二分查找 …… 94
6.4 分块查找 …… 96
6.5 散列表查找 …… 98
6.5.1 散列表查找的基本思想和相关概念 …… 98
6.5.2 散列函数的构造方法 …… 99
6.5.3 处理冲突的方法 …… 100
6.5.4 散列表查找的实现 …… 103
6.5.5 散列表查找分析 …… 109
6.6 本章小结 …… 110
习题 …… 111

第7章 排序 …… 113

7.1 排序的基本概念及存储结构 …… 113
7.1.1 排序的基本概念 …… 113
7.1.2 排序的存储结构 …… 115
7.2 插入排序 …… 115
7.2.1 直接插入排序 …… 116
7.2.2 希尔排序 …… 118
7.3 交换排序 …… 120
7.3.1 冒泡排序 …… 120
7.3.2 快速排序 …… 122
7.4 选择排序 …… 129
7.5 归并排序 …… 131
7.6 本章小结 …… 133
习题 …… 133

第8章 树与二叉树 …… 136

8.1 树 …… 136
8.1.1 树的实例 …… 136
8.1.2 树 …… 137
8.2 二叉树 …… 138
8.2.1 二叉树的概念及基本运算 …… 138
8.2.2 二叉树的顺序存储结构 …… 141

8.2.3 二叉树的链式存储结构 …… 143
8.2.4 二叉树遍历 …… 144
8.2.5 二叉链表的构造 …… 147
8.3 线索二叉树 …… 150
8.3.1 线索二叉树概念 …… 150
8.3.2 线索二叉树的运算 …… 151
8.4 树、森林与二叉树的转换、遍历森林 …… 154
8.4.1 树、森林与二叉树的转换 …… 154
8.4.2 树的存储结构 …… 156
8.4.3 树的遍历 …… 159
8.5 树的综合应用 …… 161
8.5.1 哈夫曼树 …… 161
8.5.2 哈夫曼编码 …… 164
8.5.3 堆排序 …… 167
8.5.4 案例实现 …… 172
8.6 本章小结 …… 177
习题 …… 177

**第9章 图** …… 181

9.1 图的概念 …… 181
9.1.1 图实例 …… 181
9.1.2 图的定义 …… 183
9.1.3 图的基本操作及基本运算的描述 …… 186
9.2 图的存储结构 …… 186
9.2.1 邻接矩阵 …… 186
9.2.2 邻接表 …… 188
9.3 图的遍历 …… 190
9.3.1 深度优先搜索 …… 190
9.3.2 广度优先搜索 …… 193
9.4 生成树 …… 195
9.5 最短路径 …… 200
9.5.1 单源最短路径 …… 200
9.5.2 所有顶点对之间的最短路径 …… 203
9.6 拓扑排序 …… 204
9.7 关键路径 …… 206
9.8 本章小结 …… 214
习题 …… 214

**参考文献** …… 216

# 第1章 数据结构概论

**主要知识点：**

- 数据结构基本概念，理解常用术语。
- 基本数据元素间的结构关系。
- 算法的概念、描述方法以及评价标准。
- 建立利用数据结构知识进行程序设计的思考方式。

## 1.1 计算机信息管理系统的案例以及数据分析

**【案例 1-1】** 计算机信息管理系统需要处理表示客观对象的数据，例如物流公司的货物配送信息管理系统，其功能包括物流配送货单管理、物流配送中心组织机构管理、货物配送路线处理等信息处理功能。

对于该案例信息处理主要考虑以下两个方面：

一是应用程序的设计。既包括数据管理功能，例如查询等检索功能，插入、删除、修改等编辑功能；也包括用户操作界面的设计，例如功能菜单界面、输入输出界面等。采用C语言程序设计如何实现这些功能操作。

二是货物配送信息管理所需数据的组织和管理。包括货物配送数据对象的分析，数据元素之间的逻辑关系，以及在存储器中的存储结构。

结合“物流配送货单信息管理”案例，根据管理功能的需求，分别在下述三个例子中分析数据之间的关系。

**【例 1-1】** 物流配送货单数据分析(参见表 1-1)。

**表 1-1 物流配送货单信息**

| 序号 | 配送编号 | 姓名 | 地址 |
|---|---|---|---|
| 1 | 20087711 | 刘佳佳 | 哈尔滨 |
| 2 | 20087707 | 邓玉莹 | 齐齐哈尔 |
| 3 | 20087714 | 魏秀婷 | 牡丹江 |
| 4 | 20087720 | 王安然 | 长春 |
| … | … | … | … |

物流配送货单数据参见表 1-1,包括货单的序号、配送编号、姓名、地址等信息,以数据形式存在的配送对象"刘佳佳"的配送信息、"邓玉莹"的配送信息等可以作为数据元素,作为数据元素的配送信息按时间顺序排列,数据元素之间的逻辑关系为依次对应的顺序关系。数据元素之间关系的特点为唯一前后对应的,并且只有一个排在第一个和最后一个。

**【任务 1-1】** 结合例 1-1 给出顺序结构数据关系的例子,并分析数据元素的逻辑关系以及数据元素之间关系的特点。

**【例 1-2】** 物流配送中心组织机构管理数据分析(参见图 1-1)。

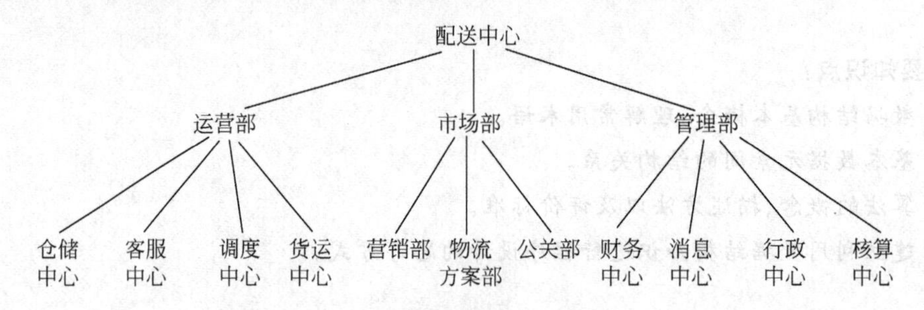


图 1-1 物流配送组织机构图

物流配送中心管理机构参见图 1-1,表现为树的形式。各单位或部门的特征可以有名称、职工人数、负责人等信息,配送中心、运营部、市场部等单位或部门作为数据元素,这些数据元素之间的逻辑关系为明显的层次结构。每个元素(例如运营部)只有唯一的一个前驱所属单位即配送中心,但可以有多个隶属部门。并且只有一个元素排在第一个即配送中心,可以有多个作为最后一个即仓储中心、客服中心等。

**【任务 1-2】** 结合例 1-2 举例符合树结构这种数据关系,并分析数据元素的逻辑关系;数据元素之间关系的特点。

**【例 1-3】** 物流配送路线分析。

顾客所在位置以 $A$、$B$、$C$、$D$、$E$、$F$、$G$ 数据元素表示,为配送人员选择最短的配送路线(参见图 1-2)。

物流配送路线可由物流中心经过一些顾客所在位置最终回到配送中心。任何两个不同位置实际情况都可以存在一条直接连接的通路,也可能通过其他的通路间接相连。

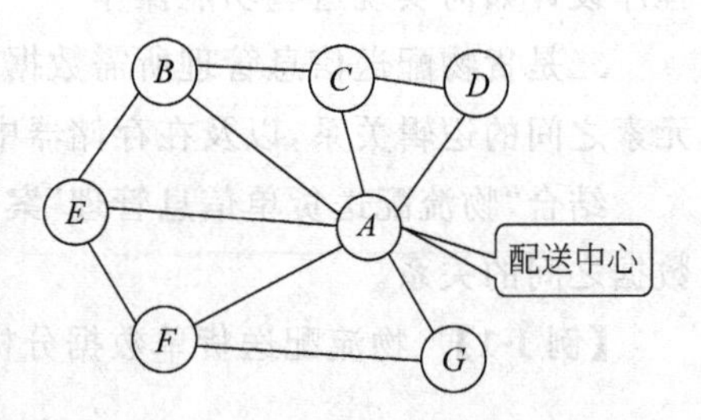


图 1-2 物流配送路线模拟图

**【任务 1-3】** 结合例 1-3 举例符合这种图结构数据关系,并分析数据元素的逻辑关系;数据元素之间关系的特点。

**【任务 1-4】** 提出具有应用背景的实用系统作为本章课程作业。可以参考上述 3 个示例,结合每个任务给出分析案例中数据的关系,以及算法设计、分析的理解。分别选出数据元素之间为线性关系、树关系、图关系的实用案例。

说明:选择题目可以为"飞机航班管理""运动会运动队管理""学校饮食管理"等。

# 1.2 数据结构的相关概念和术语

## 1.2.1 数据和数据元素

**数据**(data)是信息的载体,是对客观事物的符号表示,它能够被计算机识别、存储和加工处理。可以说,数据是计算机程序加工的"原料"。目前,像图像、声音、视频等都可以通过编码而由计算机处理,因此它们也属于数据的范畴。

**数据元素**(data element)是数据的基本单位,通常在计算机程序中作为一个整体进行考虑和处理。数据元素也称为元素、结点或记录。有时,一个数据元素可以有若干个数据项(也称字段、域),数据项是数据不可分割的最小单位。例如例 1-1 中刘佳佳的配送信息。

## 1.2.2 数据对象和数据类型

**数据项**(data item)是数据结构中讨论的最小单位,一般将其看作是不能再分解的数据。一个数据元素可由若干个数据项组成。例如配送信息的数据特征姓名、配送编号、地址等。

**数据对象**(data object)是性质相同的数据元素的集合,它是数据的一个子集。例如,刘佳佳、邓玉莹、魏秀婷等配送信息的集合作为配送人员数据对象;大写字母字符数据对象是集合 C={'A','B',…,'Z'}。

**数据类型**(data type)是计算机程序中的数据对象以及定义在这个数据对象集合上的一组操作的总称。例如,C 语言中的整数类型是区间[-maxint,maxint]上的整数,在这个集合上可以进行加、减、乘、整除、求余等操作。

1.2.2 数据结构

**数据结构**:按某种逻辑关系组织起来的一批数据,应用计算机语言,按一定的存储表示方式把它们存储在计算机的存储器中,并在这些数据上定义了一个运算的集合。

数据结构的内容可归纳为三个部分:逻辑结构、存储结构和运算集合。按某种逻辑关系组织起来的一批数据,按一定的映像方式把它存放在计算机的存储器中,并在这些数据上定义了一个运算的集合,这就是一个数据结构。

数据结构研究什么:

数据结构可以形式描述为一个三元组:Data_Structure=($D$,$R$,$F$)其中 $D$ 是数据元素的有限集,$R$ 是 $D$ 上关系的有限集,$F$ 为相关操作。

数据结构具体应包括三个方面:数据的逻辑结构、数据的物理结构、数据的运算集合。

例如,物流配送管理数据结构三元组($D$,$R$,$F$)。

$D$=(货主 1,货主 2,…),$R$=(相邻关系),$F$=(插入,删除,查询,…)

### 1. 逻辑结构

数据的逻辑结构是指数据元素之间逻辑关系的描述。根据数据元素之间关系的不同特性,通常有如图 1-3 所示的四种基本的逻辑结构。逻辑结构的一般分类参见图 1-4。

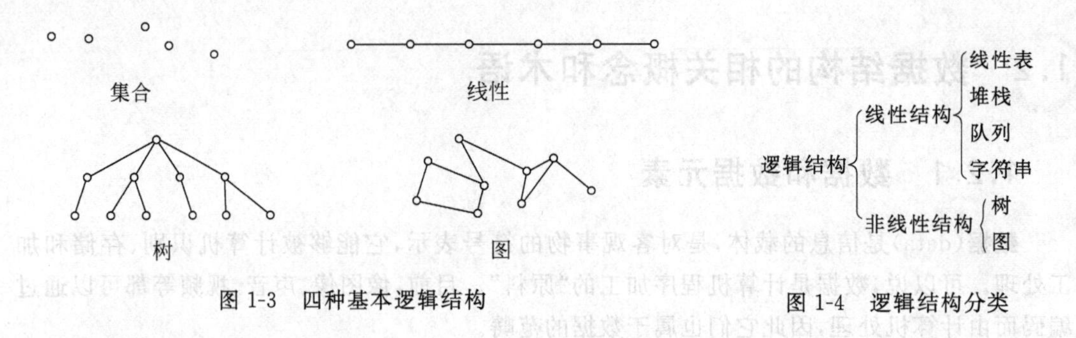


图 1-3 四种基本逻辑结构

图 1-4 逻辑结构分类

**2. 存储结构**

存储结构(又称物理结构)是逻辑结构在计算机中的存储映像,是逻辑结构在计算机中的实现(或存储表示),它包括数据元素的表示和关系的表示。

如:

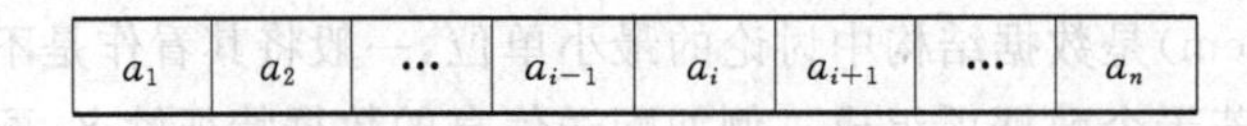

| $a_1$ | $a_2$ | … | $a_{i-1}$ | $a_i$ | $a_{i+1}$ | … | $a_n$ |
|---|---|---|---|---|---|---|---|

数据结构 Data_Structure=$(D,R,F)$,对于 $D$ 中的每一数据元素都对应有存储空间中的一个单元,$D$ 中全部元素对应的存储空间必须明显或隐含地体现关系 $R$。

逻辑结构与存储结构的关系为:存储结构是逻辑结构的映像与元素本身的映像。逻辑结构是抽象,存储结构是实现,两者综合起来建立了数据元素之间的结构关系。

数据结构在计算机中的映像,包括数据元素映像和关系映像。关系映像在计算机中可用顺序存储结构或非顺序存储结构两种不同方式来表示。

**3. 运算集合**

讨论数据结构的目的是在计算机中实现所需的操作,施加于数据元素之上的一组操作构成了数据的运算集合,因此运算集合是数据结构重要的组成部分。

以学生成绩表为例,表的数据元素与数据元素之间是一种简单的线性关系,所以逻辑结构采用线性表。存储结构既可采用顺序存储结构,也可采用非顺序存储结构。对于成绩表,当学生退学或转出时要删除相应的数据元素,转入学生时要增加数据元素,发现成绩输入错误时要修改。这里的增加、删除、修改就构成了数据的操作集合。

# 1.3 算法和算法分析

## 1.3.1 算法

用比较通俗的语言说,算法是解题的步骤。严格地讲,算法是一个有穷的规则集合,这些规则为解决某一特定任务规定了一个运算序列。算法描述方法可以是自然语言、程序设计语言(或类程序设计语言)、流程图(包括传统流程图和 N-S 结构图)、伪语言、PAD 图等。

【例 1-4】　根据素数的定义求解 $n$ 是否为素数。

算法描述：

S1：输入 $n$ 的值

S2：$i=2$　（$i$ 作为除数）

S3：$n$ 被 $i$ 除，得余数 $r$

S4：如果 $r=0$，表示 $n$ 能被 $i$ 整除，则输出 $n$"不是素数"，算法结束；否则执行 S5

S5：$i+1\Rightarrow i$

S6：如果 $i\leqslant n-1$，返回 S3；否则输出 $n$"是素数"，然后结束。

### 1. 算法的定义

瑞士著名的计算机科学家 N. Wirth 所提出的著名公式"程序＝算法＋数据结构"，所谓算法，就是为解决特定问题而采取的步骤和方法。

### 2. 算法的特性

一个算法应该具有下列特性：

(1) 有穷性——一个算法必须(对任何合法的输入值)在执行有限步之后结束。

(2) 确定性——算法中的每一条指令必须有确切的含义，不会产生二义性。

(3) 可行性——算法中描述的操作都可以通过执行有限次基本操作来实现。

(4) 输入——一个算法有零个或多个输入。

(5) 输出——一个算法必有一个或多个输出。

### 3. 算法的评价

要设计一个好的算法通常需要考虑以下几方面的要求：

(1) 正确性。要求算法能够正确地执行预先规定的功能，并达到所期望的性能要求。

(2) 可读性。为了便于理解、测试和修改算法，算法应该具有良好的可读性。

(3) 健壮性。当输入非法的数据时，算法应能恰当地做出反应或进行相应处理，而不是产生莫名其妙的输出结果。并且处理出错的方法不是中断程序的执行，而是返回一个表示错误或错误性质的值，以便在更高的抽象层次上进行处理。

(4) 高效性。对同一个问题，执行时间越短，算法的效率越高。

(5) 低存储量。完成相同的功能，执行算法所占用的存储空间应尽可能少。

### 4. 算法的描述

为了表示一个算法，可以用多种不同的方法，常用的有自然语言、传统流程图、结构化流程图、N-S 流程图等表示。

本书采用 C 语言的描述实现对各种数据结构及算法的操作描述，算法是以函数形式描述的，描述如下：

```
类型标识符　函数名(形式参数表)
/*算法说明*/
{语句序列}
```

**5. 算法转换到程序**

(1) 需要加一些宏定义或类型定义。

```
#define True 1
#define False 0
#define MaxSize 20
#define OverFlow -1
#define OK 1
#define Error -1
typedef int Status;
```

(2) 加上必要的数据定义。类C语言描述的算法不要求对所有的变量进行定义,尤其是与数据存储结构关系不大的变量。

(3) 加上主函数的定义和包含一些必要的系统文件。类C语言描述的算法一般是用C语言的一个或几个函数来描述,大多数情况下,并不将主函数列出。

将例1-4"根据素数的定义求解$n$是否为素数"描述的算法转换为程序,参见例1-5。

**【例1-5】** 判断一个数$n(n\geqslant 3)$是否素数:将$n$作为被除数,将2到$(n-1)$各个整数先后作为除数,如果都不能被整除,则$n$为素数。

程序设计:

```
#include "stdio.h"
main()
{     //根据素数的定义判断n是否为素数
int n,j;
int flag = 1;                                 /*假设flag值设为1,是素数*/
scanf("%d",&n);                               /*输入n值*/
for (j = 2; j <= n-1; j++)                    /*j从2到n-1进行判断*/
   if (n % j == 0)                            /*若n能被j整除*/
      {   flag = 0;                           /* flag赋值为0,不是素数*/
          break;
      }
if (flag == 1)                                /*输出结果*/
    printf("n为素数");
else
    printf("n不是素数");
}
```

## 1.3.2 算法分析与度量

在算法满足正确性的前提下,如何评价不同算法的优劣呢?通常主要考虑算法的时间复杂度和空间复杂度这两方面。一般情况下,鉴于运算空间(内存)较为充足,所以把算法的时间复杂度作为重点分析。

**【例1-6】** 按顺序猜数算法。

```
int guess1(int x)
{  int i;
```

```
    for (i = 1;i <= 100;i++)                /* 从 1 开始逐一与需要猜的数比较 */
      if (i == x)                           /* 相等时返回 */
          return i;
  return i;
}
```

**【例 1-7】** 缩小了一半范围的猜数算法。

```
int guess2(int x)
{    int i = 0,low = 1,high = 100,middle;
     do
     {    i++;                              /* 计数器 */
          middle = (low + high)/2;          /* 取中间的数 */
          if (middle == x)                  /* 如果之间的数与需要猜的数相等 */
              return i;                     /* 返回 */
          else if (middle < x)              /* 如果之间的数小于需要猜的数 */
              low = middle + 1;             /* 修改新区间的下限 */
          else                              /* 如果之间的数大于需要猜的数 */
              high = middle - 1;            /* 修改新区间的上限 */
     }while (1);
}
```

调用例 1-6 和例 1-7 两个算法的主函数。

```
void main()
{    printf("\nguess1 i = %d",guess1(67));
     printf("\nguess2 i = %d",guess2(67));
     printf("\nguess1 i = %d",guess1(15));
     printf("\nguess2 i = %d",guess2(15));
}
```

程序运行的结果是：

```
guess1 i = 67
guess2 i = 7
guess1 i = 15
guess2 i = 5
```

通过两个算法中的 $i$ 是计数器，记录了比较的次数。比较次数代表了所采用算法的程序运行时间，可以验证应该选用哪一种算法更合适。

**【任务 1-5】** 比较例 1-6 和例 1-7 的次数，定量分析两种算法的优劣。

### 1. 时间复杂度(Time Complexity)

一个算法所需的运算时间通常与所解决问题的规模大小有关。问题规模是一个和输入有关的量，用 $n$ 表示问题规模的量，把算法运行所需的时间 $T$ 表示为 $n$ 的函数，记为 $T(n)$。不同的 $T(n)$算法，当 $n$ 增长时，运算时间增长的快慢很不相同。一个算法所需的执行时间就是该算法中所有语句执行次数之和。当 $n$ 逐渐增大时 $T(n)$的极限情况，简称为**时间复杂度**。

定义(大 $O$ 记号)：如果存在两个正常数 $c$ 和 $n_0$，使得对所有的 $n, n>=n_0$，有：$T(n)<=c*g(n)$ 则有：

$$T(n)=O(g(n))$$

使用大 $O$ 记号表示算法的时间复杂度，称为算法的**渐进时间复杂度**。

其中，大写字母 $O$ 为 Order(数量级)的字头，$g(n)$ 为函数形式。

**【例 1-8】** 若某算法运行时间的函数 $T(n)=3*n^2+2$，则存在 $c=2$ 当 $n_0=2$ 时，有 $n>=n_0$，$T(n)=3*n^2+2<=4*n^2$ 成立。

$T(n)=O(n^2)$，即 $g(n)=n^2$，$T(n)=O(n^2)$。

说明：

(1) 当讨论一个程序的运行时间时，注重的不是 $T(n)$ 的具体值，而是它的增长率。

(2) $T(n)$ 的增长率与算法中数据的输入规模紧密相关，而数据输入规模往往用算法中的某个变量的函数来表示，通常是 $g(n)$。

(3) 随着数据输入规模的增大，$g(n)$ 的增长率与 $T(n)$ 的增长率相近，因此 $T(n)$ 同 $g(n)$ 在数量级上是一致的。记作：$T(n)=O(f(n))$。

**【例 1-9】** 分析以下算法的时间复杂度。

```
x = 0;y = 0;
for(k = 1;k <= n;k++)
x++;                                          (1)执行 n 次
for(i = 1;i <= n;i++)
for(j = 1;j <= n;j++)
y++;                                          (2)执行 n² 次
```

**解**：$T(n)=n+n^2$

$T(n)=O(n^2)$

上述算法中的基本运算是语句(2)，其执行频率为 $n^2$，则 $T(n)=n^2=O(n^2)$。

**【例 1-10】** 分析以下算法的时间复杂度。

```
i = 1;
while(i <= n)
   i = 2 * i;                                 (1) 执行 g(n)次
```

**解**：设语句(1)执行次数是 $g(n)$，则 $2*g(n)\leqslant n$，得到 $T(n)=O(log_2 n)$。

**【例 1-11】** 求两个矩阵相乘的函数的时间复杂度。

```
void mult(int a[], int b[], int c[])
{/ * 以二维数组存储矩阵元素,c 为 a 和 b 的乘积 * /
   for(i = 1;i <= n;++i)                      (1) 执行 n 次
      for(j = 1;j <= n;++j)                   (2) 执行 n² 次
{        c[i,j] = 0;
         for(k = 1;k <= n;++k)                (3) 执行 n³ 次
            c[i,j] += a[i,k] * b[k,j];
   }
}
```

**解**：嵌套循环为每层循环次数的乘积，因为该函数为三重循环，所以时间复杂度为 $O(n^3)$。

#### 2. 空间复杂度(Space Complexity)

一个算法的空间复杂度是指程序运行开始到结束所需要的存储空间。包括算法本身所占用的存储空间、输入/输出数据占用的存储空间以及算法在运行过程中的工作单元和实现算法所需辅助空间。类似于算法的时间复杂度,算法所需存储空间的量度记作:

$$S(n)=O(f(n))$$

表示随着问题规模 $n$ 的增大,算法运行所需存储量的增长率与 $f(n)$ 的增长率相同。

通常有如下的函数关系排序:

$$c<\log_2 n<n<n\log_2 n<n^2<n^3<2^n$$

其中,$c$ 是与 $n$ 无关的任意常数。上述函数排序与数学中对无穷大的分级完全一致,因为考虑的也是 $n$ 值变化过程中的趋势。

按数量级将常见的时间复杂度递增排序,依次为常数阶 $O(1)$、对数阶 $O(\log_2 n)$、线性阶 $O(n)$、线性对数阶 $O(n\log_2 n)$、平方阶 $O(n^2)$、立方阶 $O(n^3)$、……、指数阶$(2^n)$等。

## 1.4 本章小结

本章主要介绍了有关数据结构的以下几方面:

(1) 数据结构主要研究数据的逻辑结构、存储结构和运算方法。

(2) 数据的逻辑结构包括集合、线性结构、树型结构、图形结构四种基本类型。

(3) 数据的存储结构包括顺序存储结构和链式存储结构。

(4) 算法是对特定问题求解步骤的一种描述,是指令的有限序列。算法具有:有穷性、确定性、正确性、输入、输出等特性。

(5) 算法的时间复杂度与空间复杂度。

## 习题

#### 1. 填空

(1) 数据结构所研究的内容包括数据的逻辑结构,数据的物理结构和数据的运算集合。存储结构(又称物理结构)是逻辑结构在________,它包括________和________的表示。施加于________之上的一组操作构成了数据的运算集合。

(2) 数据类型是高级语言中________的数据结构,抽象数据类型和数据类型实质上________,抽象数据类型突出强调数据类型定义与实现的________,实现与引用的________。

(3) 算法的设计要求包括正确性、可读性、健壮性和________,可读性的含义是________,健壮性是指________。

(4) 算法效率的度量应抛开具体机器的________,对于一个特定算法只考虑算数本身的效率,而算术本身的执行效率是________函数。

(5) 一个算术的时间复杂度随问题的输入数据集的不同而不同，通常讨论________情况下的时间复杂度。

(6) 一个算法的语句频度表达式 $5n*n*\log_2 n+2n*n*n\log_2 n+1000*n*n*n*n$，这个算法的时间复杂度是________，另一个算法的语句频度表达式是 $40*n*n+2\log_2 n+1000$，这个算法的时间复杂度是________。

(7) 算法的时间复杂度与复杂度相比，通常以________作为主要度量指标。

(8) 在下面程序段中，s=s+p 语句的频度为________，p*=j 语句的频度________，该程序段时间复杂度为________。

```
int i = 0,s = 0
while (++i <= n)
{   int p = 1;
for(int j = 1;j < I;j++)
p * = j;
s = s + p;
}
```

**2. 判断题**

(1) 数据元素是数据的最小单位。

(2) 算法可以用不同的语言描述，如果用类C语言或Pascal语言等高级语言来描述，算法实际上就是程序了。

(3) 存储结构既要存储数据元素本身又要表示数据元素之间的逻辑关系。

(4) 数据结构就是带有结构的数据元素的集合。

(5) 数据的逻辑结构是指各数据元素之间的逻辑关系，是用户根据需要而建立的。

(6) 数据结构在计算机中的映像(或表示)称为存储结构。

(7) 算法的可读性的含义是：对于非法的输入数据，算法能给出相应的响应，而不是产生不可预料的后果。

(8) 数据的物理结构是指数据在计算机内实际的存储形式。

(9) 算法的时间复杂度是算法执行时间的绝对较量。

(10) 算法的正确性是指算法不存在的错误。

**3. 简答题**

(1) 简述下列概念：数据，数据元素，数据类型，数据结构，逻辑结构，存储结构。

(2) 设 $n$ 为正整数，给出下列算法中原操作语句的语句频度及程序段的时间复杂度。

```
(a) i = 1;k = 0
        while(i <= n - 1)
         {  k = k + 2 * I;
            i++;
         }
(b) i = 1;k = 0
    do
    {  k = k + 2 * i
```

```
        i++;
      }
      while(i!=n)
(c) x=91;n=100;
while(n>0)
if (x>100)
{  x=x-10;
        n=n-1;
}
else
  x++;
(d) x=n; /*n>1*/
      y=0;
      while(x>= (y+1)*(y+1))
          y++;
(e) for (i=1; i<=n; i++)
       for (j=i; j<=i; j++)
      for (k=j; k<=j; k++)
      x++;
```

# 第2章 线性表及线性表的顺序存储

**主要知识点：**

- 线性表的定义、线性表中数据元素之间的逻辑关系，以及计算机中顺序存储结构。
- 顺序存储结构物理结构的C语言描述方法、特点，采用程序设计语言实现线性表结构基本操作，在实际应用中选用适合的线性表物理结构。
- 能够从时间和空间复杂度的角度比较线性表不同存储结构的特点及使用场合。

## 2.1 线性表的定义

### 2.1.1 线性表实例

**【案例 2-1】** 物流配送货单信息管理(参见表2-1)，数据信息特征由序号、配送编号、姓名、地址表示，构成信息的数据元素。

**表 2-1 物流配送货单信息**

| 序号 | 配送编号 | 姓名 | 地址 |
|---|---|---|---|
| 1 | 20087711 | 刘佳佳 | 哈尔滨 |
| 2 | 20087707 | 邓玉莹 | 齐齐哈尔 |
| 3 | 20087714 | 魏秀婷 | 牡丹江 |
| 4 | 20087720 | 王安然 | 长春 |
| … | … | … | … |

**案例分析：**

**1. 任务需求**

a. 需要准备一张大小适当的记录纸；
b. 登记配送信息情况；
c. 取消登记(已配送)；
d. 将记录销毁或存档。

**2. 任务数据关系分析**

物流配送货单数据表是(“刘佳佳”,“邓玉莹”,“魏秀婷”,“王安然”)。每个配送单是按顺序依次排列。

**3. 数据表三元组表示**

配送表数据结构＝$(D,R,F)$；

数据集合：$D$＝{“刘佳佳”,“邓玉莹”,“魏秀婷”,“王安然”}；

数据关系集合：$R$＝{<“刘佳佳”,“邓玉莹”>,<“邓玉莹”, “魏秀婷”>,<“魏秀婷”, “王安然”>}

数据关系表示：刘佳佳->邓玉莹->魏秀婷->王安然

**4. 任务操作分析：(导入线性表定义)**

准备一张白纸(创建一个空的线性表)；

书写一个新的配送信息(插入一个新的元素)；

划掉一个已经配送信息(删除一个元素)；

在划掉的信息之前,需要查找有关的信息是否存在(查找指定的元素)；

将纸张销毁或存档(清空线性表)。

## 2.1.2　线性表的定义

**1. 线性表(Linear List)的定义**

线性表是具有相同类型的 $n$ 个数据元素组成的有限序列,通常记为$(a_1,a_2,\cdots\ a_{i-1},a_i,a_{i+1},\cdots,a_n)$。

其中,$a_i$ 是表中元素,$n$ 是表的长度,当 $n=0$ 时线性表为空表。当 $n\neq0$ 时,$a_1$ 是第一个元素,也称为表头元素；$a_n$ 是最后一个元素,也称为表尾元素。

$a_1$ 是 $a_2$ 的直接前驱元素,$a_2$ 是 $a_3$ 的直接前驱元素,而 $a_2$ 是 $a_1$ 的直接后继元素,$a_3$ 是 $a_2$ 的直接后继元素。

**2. 从集合的观点出发的线性表定义**

线性表是由三个集合构成的一个三元组。

LinearList＝$(D,R,F)$

其中,$D=\{a_i\,|\,a_i\in \text{ElemSet},\quad i=1,2,\ \cdots,n\quad n\geqslant1\}$

$R=\{<a_i,a_{i+1}>\,|\,a_i,a_{i+1}\,i\in D,i=1,2,\ \cdots,n\}$

$F$＝{操作 1,操作 2,操作 3,…}

Elemset 为某一数据对象集；$n$ 为线性表的长度。

$n=0$ 时,线性表为空表。

**3. 线性表的逻辑结构特征**

对于非空的线性表：

(1) 有且仅有一个开始结点 $a_1$,没有直接前驱,有且仅有一个直接后继 $a_2$；

(2) 有且仅有一个终结结点 $a_n$,没有直接后继,有且仅有一个直接前驱 $a_{n-1}$；

(3) 其余的内部结点 $a_i(2\leqslant i\leqslant n-1)$都有且仅有一个直接前驱 $a_{i-1}$和一个 $a_{i+1}$。

**【知识拓展】** 如表 2-1 所示的物流配送货单表是一个线性表,其数据元素是由序号、配送编号、姓名、地址四个数据项构成的,可以采用 C 语言结构体类型定义数据对象,然后定义 C 语言变量存储数据元素。

线性表举例:

(1) 英文字母表(A,B,…,Z)是线性表,表中每个字母是一个数据元素(结点)。

(2) 一副扑克牌的点数(2,3,…,10,J,Q,K,A)也是一个线性表,其中数据元素是每张牌的点数。

(3) 学生成绩表(89,98,78,100,69,54,86,84),每个学生及其成绩是一个数据元素,其中数据元素由学号、姓名成绩等数据项组成。

## 2.1.3 线性表的基本操作及基本运算的描述

### 1. 线性表的基本操作

线性表的基本操作包括:

(1) 创建空的线性表;

(2) 求线性表的长度;

(3) 插入一个新的元素;

(4) 删除一个元素;

(5) 求指定元素的位置;

(6) 查找指定的元素;

(7) 清空线性表。

### 2. 线性表的基本运算的描述

线性表的基本运算可描述如下:

(1) InitList(l),初始化创建空的线性表 l。

(2) ListLength(l),求线性表 l 的长度。

(3) InsList(l,i,e),在 l 中第 i 个元素(位置)之前插入数据元素 e。

(4) DelList(l,i),删除 l 中的第 i 个数据元素。

(5) Locate(l,e),求线性表 l 中元素 e 的位置。

(6) GetData(l,i),返回线性表 l 中第 i 个元素的值。

(7) EmptyList(l),判断线性表 l 是否为空表,如果 l 为空表则返回 1,否则返回 0。

**注意:**

*以上所提及的运算是逻辑结构上定义的运算。只要给出这些运算的功能是"做什么",至于"如何做"等实现细节,只有确定了存储结构之后才考虑。*

**【任务 2-1】**

结合案例选定的线性表结构实用题目(例如,快餐连锁店餐饮管理),依据题目给出需求分析,根据线性表定义分析题目数据结构,设计完成作业题目。

**【问题思考】**

（1）线性表的基本运算与实用示例功能需求的关系。

（2）如何采用C语言程序设计实现线性表的基本运算。

# 2.2　线性表的顺序存储结构

## 2.2.1　顺序表

**【例2-1】** 物流配送货单表逻辑结构分析。

（1）依据线性表定义，线性表集合表示形式为：线性表＝(D,R,F)；

（2）配送单数据元素集合D＝{“刘佳佳”,“邓玉莹”,“魏秀婷”,“王安然”}；

（3）配送单数据元素关系集合R＝{<“刘佳佳”,“邓玉莹”>,<“邓玉莹”,“魏秀婷”>,<“魏秀婷”,“王安然”>}；

（4）物流配送货单数据元素逻辑关系参见图2-1。

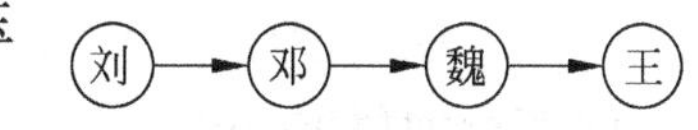


图2-1　物流配送货单数据元素逻辑关系

### 1. 顺序表的定义

数据结构在内存中的表示通常有两种形式，即顺序存储表示和链式存储表示。线性表的顺序存储表示又称为顺序表。线性表的顺序存储是指用一组地址连续的存储单元依次存储线性表的数据元素，我们把用这种存储形式存储的线性表称为**顺序表**。

假设顺序表$(a_1,a_2,\cdots a_{i-1},a_i,a_{i+1},\cdots a_n)$，每个数据元素占用$d$个存储单元，则元素$a_i$的存储位置为：

$$\mathrm{Loc}(a_i)=\mathrm{Loc}(a_1)+(i-1)\times d \quad 1\leqslant i\leqslant n$$

其中，$\mathrm{Loc}(a_1)$是顺序表第一个元素$a_1$的存储位置，通称为顺序表的起始地址（参见图2-2）。

| 存储地址 | 内存内容 |
| --- | --- |
| $\mathrm{Loc}(a_1)$ | $a_1$ |
| $\mathrm{Loc}(a_1)+d$ | $a_2$ |
| … | … |
| $\mathrm{Loc}(a_1)+(i-1)\times d$ | $a_1$ |
| … | … |
| $\mathrm{Loc}(a_1)+(n-1)\times d$ | $a_0$ |

图2-2　顺序表存储结构

### 2. 顺序表的存储特点

（1）顺序表的逻辑顺序和物理顺序是一致的。物流配送数据管理顺序表存储结构如图2-3所示。

（2）顺序表中任意一个数据元素都可以随机存取，所以顺序表是一种随机存取的存储结构。

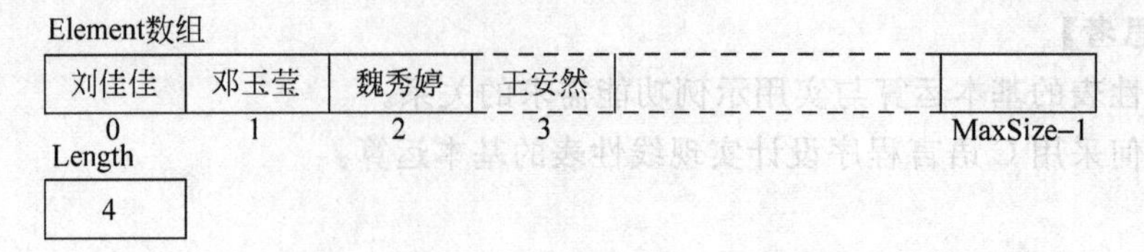


图 2-3 物流配送数据管理顺序表存储结构

## 2.2.2 顺序表的描述

顺序表定义是计算机中用一组地址连续的存储单元依次存储线性表的各个数据元素，称作线性表的顺序存储结构，也称为顺序表(Sequential List)。

### 1. C 语言描述方法 1

```
int Element[MaxSize];                    /* 存储线性表内容的数组 */
int Length;                              /* 线性表的长度 */
```

### 2. C 语言描述方法 2

```
typedef int ElemType;
typedef struct
{    ElemType Element[MaxSize];
  /* 存储线性表内容的数组 */
   int Length;
    /* 线性表的长度 */
} SeqList;                               /* 说明 List 数据类型 */
SeqList List;                            /* 定义顺序表 List */
```

**【任务 2-2】** 分别采用 C 语言描述方法 1、C 语言描述方法 2 实现"物流配送货单信息管理"题目的 C 语言描述。

# 2.3 顺序表基本算法实现

## 2.3.1 线性表内容与线性表长度分别存储的算法实现

```
int Element[MaxSize];                    /* 存储线性表的数据元素 */
int Length;                              /* 线性表长度 */
```

### 1. 构造一个空表

**【算法 2-1】** 构造一个空表。

```
void Init_SeqList(int * Length_pointer)  /* 构造一个空表 */
{   * Length_pointer = 0;
}
```

### 2. 插入一个元素(尾插)

**【算法 2-2】** 插入一个元素(尾插)。

```
int Insert_Last(int Element[],int *Length_pointer,int x)
  /*插入一个元素(尾插)*/
{   if (*Length_pointer == MaxSize)
    {   printf("表满");
        return OverFlow;
    }
    else
    {   Element[*Length_pointer] = x ;
              /*在表尾插入一个元素*/
        (*Length_pointer)++;                   /*线性表长度加1*/
        return OK;                             /*插入成功,返回 */
    }
}
```

物流配送货单管理顺序表存储结构下的数据插入如图 2-4 所示。

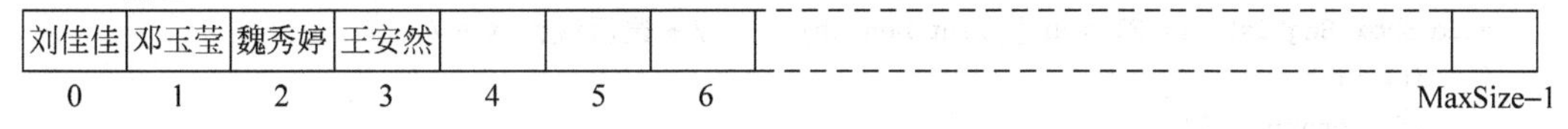


(a) 插入前

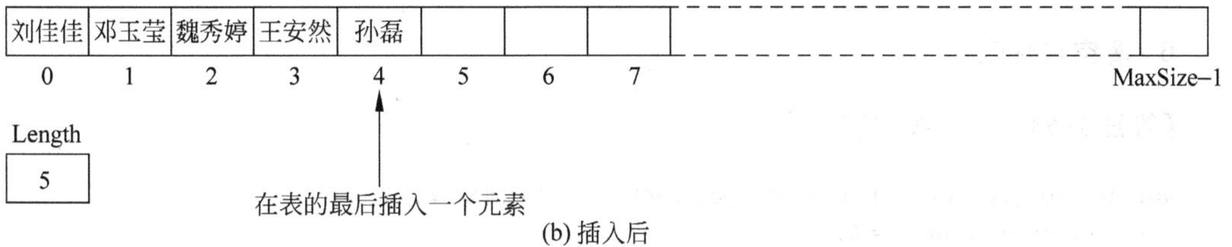


(b) 插入后

图 2-4 物流配送货单管理顺序表存储结构下的数据插入

### 3. 查找指定元素

**【算法 2-3】** 查找指定元素 $x$。

```
int Location_SeqList(int Element[],int Length,int x)
                                               /*查找指定元素 x*/
{   int i = 0;
    while(i < Length && Element[i]!= x)
        i++;
    if (i == Length) return -1;                /*查找失败*/
        else return i + 1;                     /*返回 x 的逻辑位置 */
}
```

### 4. 删除一个元素(删除线性表的第 *i* 个元素)

**【算法 2-4】** 删除线性表的第 *i* 个元素。

```
int Delete_SeqList(int Element[],int *Length_pointer, int i)
{   int j;
    if(i<1 || i>*Length_pointer)                    /*判断参数的正确性*/
    {   printf ("不存在第 i 个元素");
        return Error ;
    }
    for(j=i-1;j<=*Length_pointer-1; j++)            /*删除*/
        Element[j]=Element[j+1];                    /*向前移动*/
     (*Length_pointer)--;                           /*线性表长度减 1*/
    return OK ;
}
```

### 5. 遍历线性表

**【算法 2-5】** 遍历线性表。

```
void Show_SeqList(int Element[],int Length)         /*遍历线性表*/
{   int j;
    if (Length==0)
        printf("空表(NULL)!\n");
    else
        for(j=0;j<Length; j++)                      /*显示*/
            printf(" %d",Element[j]);
}
```

### 6. 清空线性表

**【算法 2-6】** 清空线性表。

```
void SetNull_SeqList(int *Length_pointer)           /*清空线性表*/
  {   *Length_pointer =0;
  }
```

**【例 2-2】** 采用顺序表存储结构的“物流配送货单数据管理”程序设计实现。

```
#include "stdio.h"
#include "string.h"
#define MaxSize 20
#define OverFlow -1
#define OK 1
#define Error -1
typedef struct
   {
     char number[7];                                /*序号*/
     char id[10];                                   /*配送编号*/
     char name[10];                                 /*姓名 */
```

```
    char addr[20];                          /* 地址 */
    } ElemType;
void Init_SeqList(int *Length_pointer)      /* 构造一个空表 */
{   *Length_pointer = 0;
}
int Insert_Last(ElemType Element[],int *Length_pointer, ElemType x)
{ /* 插入一个元素(尾插) */
    if ( *Length_pointer == MaxSize)
    {   printf("表满");
        return OverFlow;
    }
    else
    {   /* 在表尾插入一个配送单数据 */
        strcpy(Element[ *Length_pointer].number,x.number);           /* 输入序号 */
          strcpy(Element[ *Length_pointer].id,x.id);               /* 输入配送编号 */
    strcpy(Element[ *Length_pointer].name,x.name);                   /* 输入姓名 */
    strcpy(Element[ *Length_pointer].addr,x.addr);                   /* 输入地址 */
    ( *Length_pointer)++; /* 线性表长度加 1 */
         return OK; /* 插入成功,返回 */
    }
}
int Location_SeqList(ElemType Element[],int Length,char *x)
  /* 查找指定元素 x */
{   int i = 0;
    while(i < Length && (strcmp(Element[i].id,x)!= 0))
        i++;
    if (i == Length) return -1;             /* 查找失败 */
        else return i + 1;                  /* 返回 x 的逻辑位置 */
}
int Delete_SeqList(ElemType Element[],int *Length_pointer, int i)
{   int j;
    if(i<1 || i> *Length_pointer)           /* 判断参数的正确性 */
    {   printf ("不存在第 i 个元素");
        return Error ;
    }
    for(j = i - 1;j <= *Length_pointer - 1; j++)                   /* 删除 */
        Element[j] = Element[j + 1];        /* 向左移动 */
    ( *Length_pointer) -- ;                 /* 线性表长度减 1 */
    return OK ;
}
void Show_SeqList(ElemType Element[],int Length)                 /* 遍历线性表 */
{   int j;
    printf("\n");
    if (Length == 0)
        printf(" 空表(NULL)!\n");
    else
        for(j = 0;j < Length; j++)          /* 显示 */
          {
              printf(" %7s %10s %10s %20s \n ",
                  Element[j].number,Element[j].id,
                  Element[j].name,Element[j].addr);
```

```
                printf("\n");
            }
    }
    void SetNull_SeqList(int *Length_pointer)  /* 清空线性表 */
    {   *Length_pointer = 0;
    }
    void main()
    {   int i,loca,del_id = 0;
        ElemType Element[MaxSize];                /* 存储线性表的数据元素 */
        int Length;                               /* 线性表长度 */
        char x_id[10];
        ElemType x;
    Init_SeqList(&Length);                        /* 构造一个空表 */
        do
        {   printf ("\n");
            printf ("1 --- 插入一个配送单数据(Insert)\n");
            printf ("2 --- 查询一个配送单数据(Locate)\n");
            printf ("3 --- 删除一个配送单数据(Delete\n");
            printf ("4 --- 显示所有配送单数据(Show)\n");
            printf ("5 --- 退出\n");
            scanf ("%d",&i);
            switch(i)
            {   case 1:printf ("请输入要插入的配送单数据\n");
                       printf("Please enter number: "); /* 输入序号 */
                       scanf("%s",x.number);
                       printf("Please enter id: "); /* 输入编号 */
                       scanf("%s",x.id);
                       printf("Please enter name: "); /* 输入姓名 */
                       scanf("%s",x.name);
                       printf("Please enter addr: "); /* 输入地址 */
                       scanf("%s",x.addr);
                      if (Insert_Last(Element,&Length,x)!= OK)
                        printf ("插入失败\n");
                      break;
                    case 2:printf ("请输入要查询的配送单编号\n"); scanf("%s",x_id);
                      loca = Location_SeqList(Element,Length,x_id);
                      if (loca!= -1) printf("查找成功!存储位置: %d",loca);
                      else printf("查找失败!");
                      break;
                case 3:printf ("请输入要删除的配送单数据\n");
                         scanf ("%s",x_id);
                       loca = Location_SeqList(Element,Length,x_id);
                       if (loca!= -1)
                           if(Delete_SeqList(Element,&Length,loca)!= OK)
                                printf ("删除失败\n");
                       break;
                case 4: Show_SeqList(Element,Length);break;
                case 5: break;
```

```
            default:printf("错误选择!请重选");break;
        }
    } while (i!= 5);
    SetNull_SeqList(&Length);                    /* 清空线性表 */
}
```

## 2.3.2 线性表内容与线性表长度存储在一个结构体中的算法实现

数据定义如下：

```
typedef int ElemType;
  typedef struct
  {   ElemType Element[MaxSize];
      int Length;                                 /* 线性表的长度 */
  } SeqList;                                      /* 说明 List 数据类型 */
  SeqList List, *L_pointer;
```

物流配送货单数据管理顺序表在一个结构体中的存储结构如图 2-5 所示。

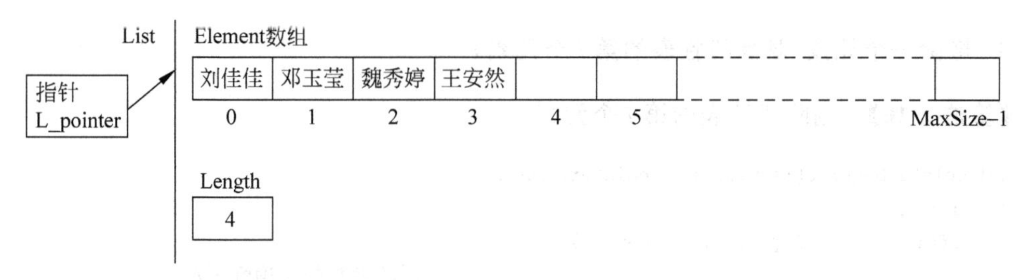


图 2-5 物流配送货单数据管理顺序表在一个结构体中的存储结构

### 1. 构造一个空表

**【算法 2-7】** 构造一个空表。

```
void Init_SeqList(SeqList *L_pointer)           /* 构造一个空表 */
{   L_pointer ->Length = 0;
}
```

### 2. 插入一个元素(尾插)

**【算法 2-8】** 插入一个元素(尾插)。

```
int Insert_Last(SeqList *L_pointer,ElemType x)
                                                /* 插入一个元素(尾插) */
{   if (L_pointer->Length== MaxSize)
    {   printf("表满");
        return OverFlow;
    }
    else
    {   L_pointer->Element[L_pointer->Length] = x ;
                                                /* 在表尾插入一个元素 */
```

```
        L_pointer -> Length++;                /* 线性表长度加 1 */
        return OK;                            /* 插入成功,返回 */
    }
}
```

**3. 查找指定元素**

**【算法 2-9】** 查找指定元素。

```
int Location_SeqList(SeqList *L_pointer, ElemType x)
                                              /* 查找指定元素 */
{   int i = 0;
    while(i < L_pointer -> Length &&
               L_pointer -> Element[i]!= x)
        i++;
    if (i == L_pointer -> Length) return -1;  /* 查找失败 */
    else return i + 1;                        /* 返回 x 的逻辑位置 */
}
```

**4. 删除一个元素(删除线性表的第 *i* 个元素)**

**【算法 2-10】** 删除线性表的第 $i$ 个元素。

```
int Delete_SeqList(SeqList * L_pointer, int i)
{   int j;
    if(i<1 || i> L_pointer -> Length)
                                              /* 判断参数的正确性 */
    {   printf ("不存在第 i 个元素");
        return Error ;
    }
    for(j = i-1;j <= L_pointer -> Length-1; j++)   /* 删除 */
        L_pointer -> Element[j] = L_pointer -> Element[j+1];
                                              /* 向左移动 */
    L_pointer -> Length-- ;                   /* 线性表长度减 1 */
    return OK ;
}
```

**5. 遍历线性表**

**【算法 2-11】** 遍历线性表。

```
void Show_SeqList(SeqList * L_pointer)
{   int j;
    printf("\n");
    if (L_pointer -> Length == 0)
        printf("空表(NULL)!\n");
    else
        for(j = 0;j < L_pointer -> Length; j++)  /* 显示 */
           printf(" %d",L_pointer -> Element[j]);
}
```

### 6. 清空线性表

**【算法 2-12】** 清空线性表。

```
void SetNull_SeqList(SeqList * L_pointer)
                                                    /* 清空线性表 */
  {   L_pointer->Length = 0;
  }
```

**【例 2-3】** 将顺序表存储结构定义在结构体中，实现“物流配送货单数据管理”程序设计实现。

```
#include "stdio.h"
#include "string.h"
#define MaxSize 20
#define OverFlow -1
#define OK 1
#define Error -1
typedef struct
{
     char number[7];                         /* 序号 */
     char id[10];                            /* 配送编号 */
     char name[10];                          /* 姓名 */
     char addr[20];                          /* 地址 */
 } ElemType;
typedef struct
{   ElemType Element[MaxSize];
    int Length;                              /* 线性表的长度 */
} SeqList;                                   /* 说明 List 数据类型 */
void Init_SeqList(SeqList *L_pointer)        /* 构造一个空表 */
{   L_pointer ->Length = 0;
}
int Insert_Last(SeqList *L_pointer,ElemType x)   /* 插入一个元素(尾插) */
{   if (L_pointer->Length==MaxSize)
    {   printf("表满");
        return OverFlow;
    }
    else
    {   /* 在表尾插入一个配送单数据 */
        /* 输入序号 */

strcpy(L_pointer->Element[L_pointer->Length].number,x.number);
      /* 输入序号 */
        strcpy(L_pointer->Element[L_pointer->Length].id,x.id);
        /* 输入配送编号 */
        strcpy(L_pointer->Element[L_pointer->Length].name,x.name);
        /* 输入姓名 */
        strcpy(L_pointer->Element[L_pointer->Length].addr,x.addr);
      /* 输入地址 */
        L_pointer->Length++;                 /* 线性表长度加 1 */
```

```
        return OK;                                    /*插入成功,返回*/
        }
    }
    int Location_SeqList(SeqList *L_pointer, char *x) /*查找指定配送编号的配送单数据*/
    {   int i=0;
        while(i<L_pointer->Length && strcmp(L_pointer->Element[i].id,x)!=0)
            i++;
        if (i== L_pointer->Length) return -1;         /*查找失败*/
        else return i+1;                              /*返回x的逻辑位置 */
    }
    int Delete_SeqList(SeqList * L_pointer, int i)    /*删除线性表的第i个元素*/
    {   int j;
        if(i<1 || i>L_pointer->Length)                /*判断参数的正确性*/
        {   printf ("不存在第i个元素");
            return Error ;
        }
        for(j=i-1;j<=L_pointer->Length-1; j++)        /*删除*/
            L_pointer->Element[j]= L_pointer->Element[j+1];       /*向左移动*/
        L_pointer->Length--;                          /*线性表长度减1*/
        return OK ;
    }
  void Show_SeqList(SeqList * L_pointer)              /*遍历线性表*/
    {   int  j;
        printf("\n");
        if (L_pointer->Length==0)
            printf("没有登记配送单!\n");
        else
          for(j=0;j<L_pointer->Length; j++)           /*显示*/
            printf(" %7s %10s %10s %20s \n ",
            L_pointer->Element[j].number, L_pointer->Element[j].id,
            L_pointer->Element[j].name, L_pointer->Element[j].addr);
            printf("\n");
    }

void SetNull_SeqList(SeqList * L_pointer)             /*清空线性表 */
    {   L_pointer->Length =0;
    }

    void main()
    {   int i,loca;
        ElemType x;
       SeqList xx, *Lx_pointer=&xx;
        Init_SeqList(Lx_pointer);                     /*构造一个空表*/
        do
        {   printf ("\n");
            printf ("1--- 插入一个配送单数据(Insert)\n");
            printf ("2--- 查询一个配送单数据(Locate)\n");
            printf ("3--- 删除一个配送单数据(Delete\n");
            printf ("4--- 显示所有配送单数据(Show)\n");
            printf ("5--- 退出\n");
            scanf (" %d",&i);
```

```
            switch(i)
            {    case 1: printf ("请输入要插入的配送单数据\n");
                        printf("Please enter number: ");   /* 输入序号 */
                          scanf(" %s",x.number);
                        printf("Please enter id: ");       /* 输入配送编号 */
                        scanf(" %s",x.id);
                        printf("Please enter name: ");     /* 输入姓名 */
                        scanf(" %s",x.name);
                        printf("Please enter addr: ");     /* 输入地址 */
                        scanf(" %s",x.addr);
                       if (Insert_Last(Lx_pointer,x)!= OK)
                           printf ("插入失败\n");
                       break;
                 case 2:printf ("请输入要查询的配送单编号: \n"); scanf(" %s",x.id);
                       loca = Location_SeqList(Lx_pointer,x.id);
                       if (loca!= -1) printf("查找成功!存储位置: %d",loca);
                       else printf("查找失败!");
                       break;
                 case 3: printf ("请输入要删除的配送单编号\n");
                       scanf (" %s",x.id);
                       loca = Location_SeqList(Lx_pointer,x.id);
                       if (loca!= -1)
                           if(Delete_SeqList(Lx_pointer,loca)!= OK)
                               printf ("删除失败\n");
                       break;
                 case 4: Show_SeqList(Lx_pointer);break;
                 case 5: break;
                 default:printf("错误选择!请重选");break;
            }
        } while (i!= 5);
        SetNull_SeqList(Lx_pointer);                        /* 清空线性表 */
    }
```

**【任务 2-3】** 分析在一个结构体中线性表内容与线性表长度存储的特点,并设计你的题目。

**【知识拓展】** 思考为什么学习数据结构有利于程序设计,上述案例采用线性表数据结构设计的优点。

## 2.4 本章小结

1. 线性表是具有相同类型的 $n$ 个数据元素组成的有限序列。元素之间存在着前驱后继的顺序关系,第一个元素没有直接前驱元素,最后一个元素没有直接后继元素。可以使用集合论的方法描述线性表,还可以使用逻辑图表示一个线性表。

2. 线性表的顺序存储不但需要存储表本身的数据内容,还需要存储线性表的长度。

3. 在顺序表的一般位置上(特定位置除外)做插入和删除运算时,需要移动原来表中的元素。插入和删除的平均移动次数大约是表长的一半。

4. 一个算法具有零个或多个输入,这些输入取自特定的数据对象集合。算法的特性包括了输出、输入、有穷性、确定性和可行性。

**1. 填空**

(1) 已知一个顺序存储的线性表,设每个节点需占 $m$ 个存储单元,若第 0 个元素的地址为 address,则第 $i$ 个结点的地址为________。

(2) 线性表有两种存储结构:顺序存储结构和链式存储结构,就两种存储结构完成下列填空:

________存储密度越大,________存储利用率越高,________可以随机存取,________不可以随机存取,________不可以随机存取,________插入和删除操作比较方便。

(3) 在一个长度为 $n$ 顺序表中,在第 $i$ 个元素($0 \leqslant i \leqslant n$)之前插入一个新元素时须向后移动________个元素。

(4) 在顺序表 la 的第 $i$ 个元素前插入一个新元素,则有效的 $i$ 值范围是________;在顺序表 lb 的第 $j$ 个元素之后插入一个新的元素,则 $j$ 的有效范围是________;要删除顺序表 lc 的第 $k$ 个元素,则 $k$ 的有效范围是________。

(5) 在 $n$ 个结点的顺序表中插入一个结点,平均需要移动________个结点,具体的移动次数取决于________和________。

**2. 判断题**

(1) 线性表的每个结点只能是一个简单类型,而链表的每个结点可以是一个复杂类型。

(2) 顺序表结构适宜于进行顺序存取,而链表适宜于进行随机存取。

(3) 顺序存储方式的优点是存储密度大,且插入删除运算效率高。

(4) 线性表在顺序存储时,逻辑上相邻的元素未必在存储的物理位置次序上相邻。

(5) 顺序存储方式只能用于存储线性结构。

(6) 线性表的逻辑顺序与存储顺序总是一致的。

**3. 算法设计题**

(1) 试用顺序表作为存储结构,编写算法实现线性表就地逆置的操作,即在原表的存储空间中将线性表($a_1 a_2 \cdots a_n$)逆置为($a_n a_{n-i} \cdots a_1$)。

(2) 设计一个算法,从顺序表中删除自第 $i$ 个元素开始的 $k$ 个元素。

# 第3章 线性表的链式存储

**主要知识点：**

- 线性表的链式存储结构。
- 链表中有关概念的含义，如头结点、头指针的区别，以及循环链表、双向链表的区别等。
- 各种链表上实现线性表各种操作的方法即有关算法的设计。
- 建立利用数据结构知识进行程序设计的思考方式。

第2章讨论了线性表的顺序存储，顺序存储的特点是逻辑上相邻的两个数据元素，在存储的物理位置上也是相邻的。这样的结构使得我们可以非常方便地随机存取线性表中任意一个数据元素；获取一个元素的直接前驱和直接后继。但是，当增加、删除数据元素时，必须大量地移动元素，这是一个很花费时间的过程。

为了提高增加删除一个元素的效率，本章介绍线性表的另一种存储方式——链式存储。在链式存储方式中，能够方便地增加和删除线性表中的元素，但是同时也使随机存取、获取直接前驱和直接后继变得较为复杂。

## 3.1 线性表的链式存储结构

### 3.1.1 为什么要使用链式存储结构

学习为什么要使用链式存储结构，以一个任务为原型，讨论该任务的数据存储结构的设计。

**【案例 3-1】** 物流配送货单管理(参见图3-1物流货单配送信息)。

#### 1. 需求分析

| 20087711 | 刘佳佳 | 哈尔滨 |
|---|---|---|

| 20087714 | 魏秀婷 | 牡丹江 |
|---|---|---|

| 20087707 | 邓玉莹 | 齐齐哈尔 |
|---|---|---|

图3-1 物流货单配送信息

每组物流货单配送包括配送号、姓名、地址等(参见图3-1)，每个配送单信息之间为线性逻辑关系，形成信息表。由于每天配送货物数量不确定，我们不需要事先准备一张足够大的纸，只需要为每一个收件人准备一张纸条，每张小纸条写完以后，把这张纸条排列到正确位置时，不会影响其他的纸条。这样便于为收件人配送完后，把记录该收件人信息的纸条抽出来销毁(或存档)。在配货的过程中如需要考虑加急送货,则插入到配送货单信息表某一位置;如需取消送货,则在配送货单信息表某一位置删除一条送货信息。

**2. 数据关系分析**

对于具有线性逻辑关系的配送信息,可以设计其物理结构为线性存储结构,但是每天配送货物数量的不确定性以及存在频繁插入、删除配送信息,因此定长的存储结构不适合。我们可以考虑采用变长的物理存储结构存储数据信息。

**3. 物理存储结构设计**

以每位接收人的配送信息为结点,可以在内存占有不连续的存储空间(参见图3-2),用一个称为头指针的指针变量保存首元素结点的指针。

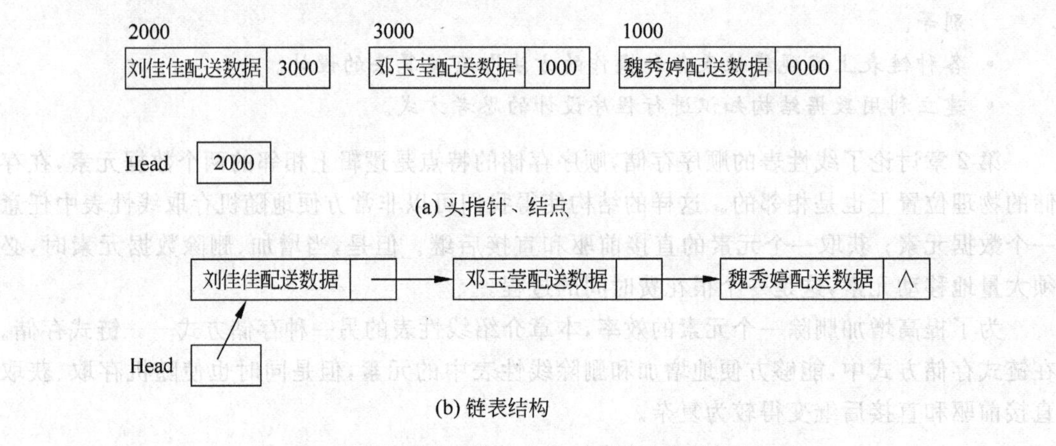


图3-2 物流货单配送信息内存示意图及物理存储结构

使用顺序表存储线性表时,除了在表尾插入和删除元素时不需要移动表中的数据元素,在其余位置插入和删除元素时都需要移动表中已经存储的元素。因此,对于需要频繁进行插入和删除的线性表不宜采用顺序存储结构,可以使用链式存储结构。

使用链式存储结构存储线性表时,插入和删除操作不需要移动表中已经存储的元素,从而提高插入和删除算法的效率。

**【任务3-1】** 举例说明为什么要使用链式存储结构。

## 3.1.2 单链表的数据定义

线性表的链式存储结构,简称链表,是用一组任意的存储单元(这组存储单元可以是连续的,也可以是不连续的)存储线性表中的数据元素。也就是说,在链式存储结构中,存储单元可以是相邻的,也可以是不相邻的;同时,相邻的存储单元中的数据不一定是相邻的结点。

**1. 链表的存储特点**

(1) 用一组任意的存储单元来存放线性表的结点(这组存储单元既可以是连续的,也可以是不连续的)，例如三个货物接收人的配送信息的存储空间可以定义在任意的存储区域。

(2) 链表中结点的逻辑次序和物理次序不一定相同。为了能正确表示结点间的逻辑关系，在存储每个结点值的同时，还必须存储指示其后继结点的地址(或位置)信息(如图 3-2(b)所示)，三个货物接收人的配送单数据的逻辑次序与物理存储次序不相同。

链式存储是最常用的存储方式之一，它不仅可用来表示线性表，而且可用来表示各种非线性的数据结构。

**2. 链表的结点结构**

链表的结点结构如下：

| 数据域 | 指针域 |
|---|---|

数据域：存放结点数据信息值，例如配送单数据信息。

指针域：存放结点的直接后继的地址(位置)。

**注意：**

(1) 链表通过每个结点的链域将线性表的 $n$ 个结点按其逻辑顺序链接在一起的。

(2) 每个结点只有一个链域的链表称为单链表(Single Linked List)。

**3. 单链表定义的一般形式**

由分别表示 $a_1, a_2, \cdots, a_n$ 的 $n$ 个结点依次相连构成的链表，称为线性表的链式存储表示，由于此类链表的每个结点中只包含一个指针域，故称为单链表或线性链表。

单链表结构示意图如图 3-3 所示。

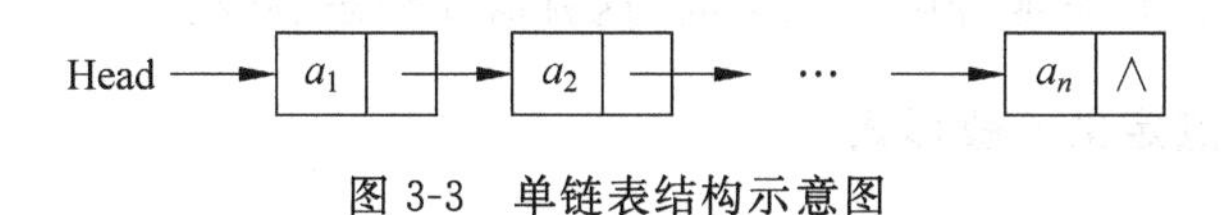


图 3-3　单链表结构示意图

## 3.1.3　静态链表单链表的实现

链表结构可以采用静态链表和动态链表两种物理结构形式存储。可以用数组来存储元素的值和地址，由于在程序运算过程中，数组元素的个数固定不变，故称这种链表为**静态链表**。

【**例 3-1**】　物流配送货单管理静态链表存储结构设计。

图 3-4 为一个存储三个货物接收人信息的静态链表示例。其中每行为一个结构体类型，有两个分量(成员项)，数据域分量存储接收人配送单数据，指针域分量存储后继元素数组下标，由 Head=2 所指开始元素即刘佳佳的配送数据，刘佳佳的后继邓玉莹的下标为 0，邓玉莹的后继魏秀婷的下标为 1，魏秀婷为最后一个元素，没有后继，故其后继地址为−1。

| 序号 | 数据域 | 指针域 |
|---|---|---|
| 0 | 邓玉莹配送数据 | 1 |
| 1 | 魏秀婷配送数据 | −1 |
| 2 | 刘佳佳配送数据 | 0 |
| … | … | … |

图 3-4　静态单链表示意

存储结构定义如下：

(1) 定义顾客信息数据类型。

```
typedef struct
{
    char number[7];                    /*序号*/
    char id[10];                       /*配送编号*/
    char name[10];                     /*姓名 */
    char addr[20];                     /*地址*/
} ElemType;
```

(2) 定义结点类型。

```
typedef struct node
{   ElemType data;                     /*数据域 */
    int next;                          /*指针域 */
} SLNode;
```

(3) 定义静态单链表。

```
SLNode  letter[100]
```

**【任务 3-2】** 静态链表存储结构举例并采用 C 语言定义举例的存储结构。

### 3.1.4 动态链表的实现

由于一些情况下线性表元素的个数不确定,例如每天物流公司的配送单管理,情况变化较大(参见图 3-5),因此静态链表就难以使用。这种情况下希望在程序运行过程中,能根据实际问题的需要临时、动态地分配存储空间,这就需要动态链表。

#### 1. 动态链表结点定义一般形式

```
typedef struct node
{   ElemType data;                     /*数据域 */
    struct node *next;                 /*指针域 */
} LNode, *LinkList;
```

在 C 语言程序设计中,可以用 malloc 函数申请动态变量(存储空间),用 free 释放变量(存储空间)。动态链表中的结点是以变量形式申请或者释放的(参见图 3-5)。

**【例 3-2】** 物流配送货单管理动态链表存储结构设计。

货物接收人信息的存储结构设计采用 C 语言动态链类型描述。

(1) 定义元素数据类型。

```
typedef struct
{
    char number[7];                    /*序号*/
    char id[10];                       /*配送编号*/
    char name[10];                     /*姓名 */
    char addr[20];                     /*地址*/
} ElemType;
```

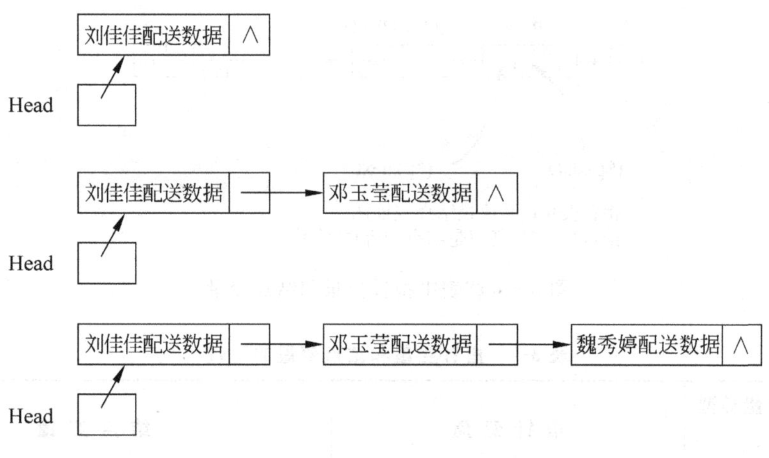


图 3-5 物流公司配货单管理动态链表存储情况

(2) 定义链表及结点类型。

```
typedef struct node
{
    ElemType data;                                    /* 数据域 */
    struct node * next;                               /* 指针域 */
} LNode, * LinkList;
```

### 2. C 语言描述说明

(1) LinkList 和 LNode *是不同名字的同一个指针类型(命名的不同是为了概念上更明确)。

(2) LinkList 类型的指针变量 head 表示它是单链表的头指针。

(3) LNode *类型的指针变量 p 表示它是指向某一结点的指针。

为了便于描述,下面给出有关链表的术语。在一个链表中称表头结点指针为**头指针**,如图 3-5 中的 Head 指针变量。由于从头指针出发可以搜索到链表中各结点,因而常用头指针作为链表的名称,如图 3-5 货物配送信息链表为的头指针为 Head。

### 3. 定义链表变量两种定义形式

(1) LinkList  Head;

(2) LNode  * Head;

我们通常采用第一种定义形式。

在一个链表中称第一个元素结点为元素结点,如图 3-5 货物配送信息链表中刘佳佳配送数据所在结点为首元素结点。

### 4. 指针变量和结点变量的关系

指针变量和结点变量的关系和比较说明参见图 3-6 和表 3-1。

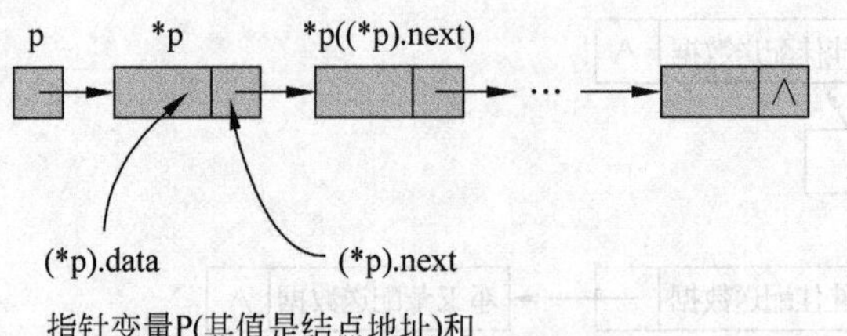


图 3-6 链表中指针变量和结点变量

**表 3-1 指针变量和结点变量的比较**

| 变量类型 / 比较项目 | 指 针 变 量 | 结 点 变 量 |
|---|---|---|
| 定义 | 在变量说明部分显式定义 | 在程序执行时,通过标准函数 malloc 生成 |
| 取值 | 非空时,存放某类型结点的地址 | 实际存放结点各域内容 |
| 操作方式 | 通过指针变量名访问 | 通过指针生成、访问和释放 |

(1) 生成结点变量的标准函数。

```
p = ( LNode * )malloc(sizeof(LNode));    //函数 malloc 分配一个类型为 ListNode 的结点变量的空
                                         间,并将其首地址放入指针变量 p 中
```

(2) 释放结点变量空间的标准函数。

```
free(p);                                 //释放 p 所指的结点变量空间
```

(3) 结点分量的访问。

利用结点变量的名字 * p 访问结点分量。

方法一:( * p). data 和( * p). next

方法二:p->data 和 p->next

(4) 指针变量 p 和结点变量 * p 的关系。

指针变量 p 的值——结点地址。

结点变量 * p 的值——结点内容。

( * p). data 的值——p 指针所指结点的 data 域的值。

( * p). next 的值—— * p 后继结点的地址。

* (( * p). next)—— * p 后继结点。

**注意:**

(1) 若指针变量 p 的值为空(NULL),则它不指向任何结点。此时,若通过 * p 来访问结点则意味着访问一个不存在的变量,从而引起程序的错误。

(2) 有关指针类型的意义和说明方式的详细解释,参考 C 语言的有关资料。

为了便于链表的维护,在首元素结点前增加一个结点,该结点不用于存放数据,但它能够使得链表各位置的插入、删除元素的操作一致,有利于算法设计。称所增加的结点为**头结点**,称所得到的链表形式为**带头结点的单链表**,其结构如图 3-7 所示。

**【问题思考】** 分析带头结点的单链表各位置的插入、删除元素的操作情况。

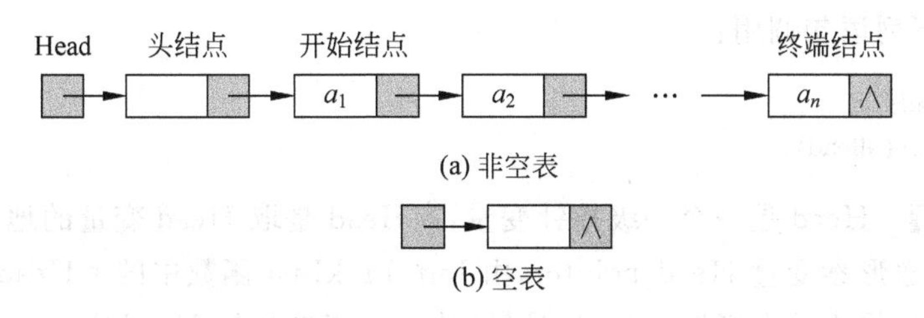


图 3-7 带头结点的单链表

头结点是在链表的开始结点之前附加一个结点。它具有两个优点：

(1) 由于开始结点的位置被存放在头结点的指针域中，所以在链表的第一个位置上的操作和在表的其他位置上操作一致，无须进行特殊处理。

(2) 无论链表是否为空，其头指针都是指向头结点的非空指针(空表中头结点的指针域空)，因此空表和非空表的处理也就统一了。

**注意：**

头结点数据域的阴影表示该部分不存储信息。在有的应用中可用于存放表长等附加信息。

# 3.2 单链表的基本算法实现

**【例 3-3】** 以“物流公司配送货单管理”任务为例，采用带头结点的动态链表设计数据结构，参照例 3-2 元素数据类型 ElemType 和结点类型 LNode、* LinkList 的定义。

## 3.2.1 带头结点单链表基本算法实现

### 1. 构造一个空表

**【算法 3-1】** 构造一个空表。

```
int Init_LinkList(LinkList Head_pointer)            /* 构造一个空表 */
    {   LinkList p;
        p = (LinkList)malloc(sizeof(LNode));        /* 分配一个结点 */
        if (p == NULL)
            return OverFlow;                        /* 分配失败 */
        p -> next = NULL;
         * Head_pointer = p;                        /* 头指针指向新结点 */
        return OK;                                  /* 构造成功，返回 */
  }
```

为了传递数据有效，Head_pointer 是指向一个链表头指针的指针(二级指针)，它所指的指针变量负责存储一个单链表头结点的地址。当初始化一个空表时，申请一个头结点，将头结点指针(起始地址)通过形参变量 Head_pointer 回传到头指针变量 Head 中(参见图 3-8)。

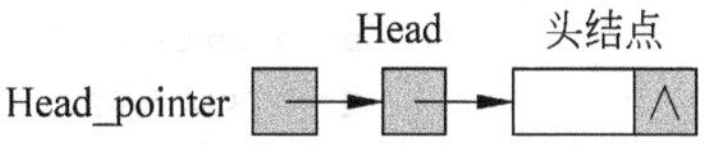

Head 头结点
Head_pointer ∧

图 3-8 构造一个带头结点的单链表空表

可以使用下列语句调用：

```
LinkList Head;
Init_LinkList(&Head);
```

**【知识拓展】** Head 是一个一级指针变量，&Head 是取 Head 变量的地址，为二级指针地址，通过调用送形参变量 Head_pointer，由 Init_LinkList 函数中的 * Head_pointer＝p 语句通过间接访问，将头结点指针(起始地址)回传到头指针变量 Head 中。

### 2. 插入一个元素

插入运算是将值为 x 的新结点插入到表的第 $i$ 个结点的位置上，即插入到 $a_{i-1}$ 与 $a_i$ 之间。具体步骤(参见图 3-9)是：先找到 $a_{i-1}$ 存储位置送指针变量 $q$；再生成一个数据域为 $x$ 的新结点，用 $p$ 指针变量指向这个新结点；然后令结点 $*p$ 的指针域指向新结点 $X$；最后新结点 $X$ 的指针域指向结点 $a_i$。

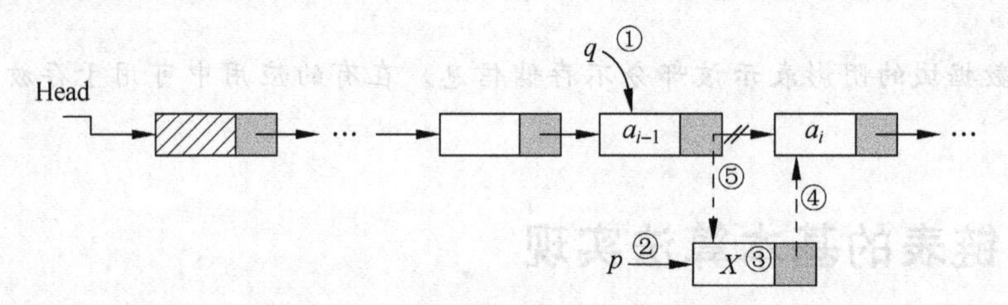


图 3-9 单链表插入结点示意图

**【算法 3-2】** 插入一个元素(在第 $i$ 个结点之后插入，带表头结点的单链表)，参考例 3-3 需求，为插入元素数据域赋值(4 个成员项为字符数组型)。

```
int InsertL_i(LinkList Head, ElemType x,int i)        /*在第 i 个结点后面插入*/
{    LNode *p, *q;int k = 0;
     p = ( LinkList)malloc(sizeof(Node));             /*分配一个结点*/
     if (p == NULL)
          return OverFlow;                            /*分配失败*/
  /*数据域赋值*/
     strcpy(p->data.number,x.number);                 /*输入序号*/
     strcpy(p->data.id,x.id);                         /*输入配送编号*/
     strcpy(p->data.name,x.name);                     /*输入姓名*/
     strcpy(p->data.addr,x.addr);                     /*输入地址*/
     q = Head;
     while(q!= NULL && k!= i-1)                       /*q指向第一个元素*/
     {    q = q->next;k++;                            /*q取后继元素的指针*/
     }
     if (q == NULL)
          printf("序号错/n");
     else
          {    p->next = q->next;              /*设置新结点的指针指向第 i 个结点的后继结点*/
               q->next = p;                           /*设置第 i 个结点的指针域指向新结点*/
               return OK;                             /*插入成功,返回 */
          }
     return Error;                                    /*插入未成功*/
}
```

说明：数据域赋值根据结点数据域成员项的数量以及数据类型而设计，分别做比较判断。

### 3. 查找指定元素 x

**【算法 3-3】** 查找指定元素 $x$（结合例 3-3 查找姓名字段，类型为字符数组）。

```
LNode * Location_LinkList(LinkList Head, char * name)          /* 查找指定关键字信息 */
{   LNode * p;
    p = Head -> next;
    while(p!= NULL)                              /* 未到链尾 */
    {                                            /* 关键字 姓名相等 */
        if (strcmp(p -> data.name,name) == 0)
            return p;                            /* 找到返回指针 */
        else
            p = p -> next;                       /* p 取后继结点的地址 */
    }
    return NULL;                                 /* 未找到,返回空指针 */
}
```

**【问题思考】**

(1) 查找指定位置的元素如何设计。

(2) 结合实际应用设计关键字字段。

### 4. 删除指定元素

删除运算是将表值为 $x$ 的元素结点删去。具体步骤(参见图 3-10)是：找到 $a_{i-1}$ 的存储位置 $q$(因为在单链表中结点 $a_i$ 的存储地址是在其直接前驱结点 $a_{i-1}$ 的指针域 next 中)，令 $q$->next 指向 $a_i$ 的直接后继结点(即把 $a_i$ 从链上摘下)，释放结点 $a_i$ 的空间，将其归还给“存储池”。

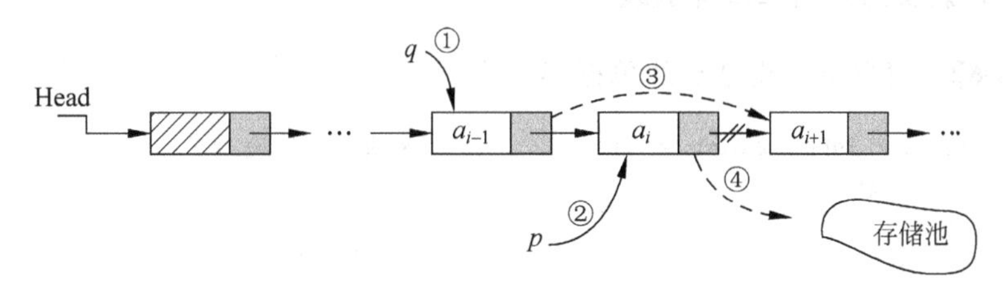


图 3-10　单链表删除结点示意图

**【算法 3-4】** 删除线性表中值为 $x$ 的元素(结合例 3-3 查找姓名字段，类型为字符数组)。

```
int Delete_LinkList(LinkList Head, char * name)
{   LNode * p, * q;
    q = Head;                                    /* q 指向头结点 */
    p = q -> next;                               /* p 取其后继结点的地址 */
    while(p -> next!= NULL)                      /* p 不为空 */
{   if (strcmp(p -> data.name,name) == 0)        /* 找到被删除元素 */
        {   q -> next = p -> next;             /* q 所指结点的指针设置为 p 所指结点的指针 */
            free(p);                             /* 释放 p 所指结点 */
```

```
            return OK;                         /* 删除成功 */
        }
        q = p; p = p -> next;                  /* q 取 p 的值,p 取其后继结点的地址 */
    }
    return Error ;                             /* 删除失败 */
}
```

**【问题思考】**

(1) 删除结点的关键字设计。

(2) 删除指定位置的元素如何设计。

### 5. 遍历带表头结点的单循环链表

**【算法 3-5】** 遍历带表头结点的单循环链表。

```
void Show_LinkList(LinkList Head)              /* 遍历线性表 */
{   LNode *p;
    printf("\n");
    p = Head -> next;                          /* p 指向第一个结点(非头结点) */
    if (p == NULL)
        printf("\n 空表! NULL");
    while(p!= NULL)                            /* 未结束遍历 */
    {   printf(" %s %s %s %s \n",p -> data.number,p -> data.id,p -> data.name, p -> data.
addr);                                         /* 输出数据 */
        p = p -> next;                         /* p 取后继结点的地址 */
    }
}
```

**【问题思考】** 在算法 3-5 中,数据项的输出采用显示数据域各个成员项的值的方式实现,设计举例其他形式的数据项输出。

### 6. 清空带表头结点的单循环链表

**【算法 3-6】** 清空带表头结点的单循环链表。

```
void SetNull_LinkList(LinkList Head)           /* 清空线性表 */
{   LNode *p, *q;
    q = Head;
    p = q -> next;                             /* p 取头指针 */
    while(p!= NULL)
    {   q = p;                                 /* q 指向 p 的前驱结点 */
        p = p -> next;                         /* p 指向其后继结点 */
        free(q);
    }
    Head -> next = NULL;                       /* 设置头结点 */
}
```

### 7. 计算带表头结点的单循环链表的长度

**【算法 3-7】** 计算带表头结点的单循环链表的长度。

```
int Length_LinkList(LinkList Head)             /* 计算线性表的长度 */
```

```
{   LNode *p;
    int sum = 0;
    p = Head -> next;                          /* p 取头指针的后继 */
    while(p!= NULL)                            /* p 与 Head 不相等 */
    {   sum++;                                 /* 累加器加 1 */
        p = p -> next;                         /* p 指向其后继结点 */
    }
    return sum;
}
```

## 3.2.2 带表头结点的单链表中插入运算的进一步讨论

前面讨论的单链表插入运算是在指定的位置插入，但是，在实际应用中会存在建立链表时只需要在表尾插入，形成一个与插入顺序一致的单链表。或者在表头插入形成一个与插入顺序相反的单链表。

### 1. 尾插

**【算法 3-8】** 插入一个元素(在最后一个结点之后插入，带表头结点的单链表，结合例 3-3)。

```
int InsertL_Last(LinkList Head, ElemType x)    /* 在最后一个结点后面插入 */
{   LNode *p, *q;int k = 0;
    p = ( LinkList)malloc(sizeof(Node));       /* 分配一个结点 */
    if (p == NULL)
        return OverFlow;                       /* 分配失败 */
  /* 数据域赋值 */
    strcpy(p -> data.number,x.number);         /* 输入序号 */
    strcpy(p -> data.id,x.id);                 /* 输入配送编号 */
    strcpy(p -> data.name,x.name);             /* 输入姓名 */
    strcpy(p -> data.addr,x.addr);             /* 输入地址 */
    p -> next =  NULL;
    q = Head;
    while(q -> next!= NULL)                    /* q 指向最后一个元素 */
      q = q -> next;                           /* q 取后继元素的指针 */
    q -> next = p;                             /* 设置第 i 个结点的指针域指向新结点 */
    return OK
}
```

### 2. 头插

**【算法 3-9】** 插入一个元素(在头结点之后插入，带表头结点的单链表，结合例 3-3)。

```
int InsertL_First(LinkList Head, ElemType x) /* 在头结点后面插入 */
{   LNode *p;
    p = ( LinkList)malloc(sizeof(Node));     /* 分配一个结点 */
    if (p == NULL)
        return OverFlow;                     /* 分配失败 */
  /* 数据域赋值 */
```

```
        strcpy(p->data.number,x.number);        /*输入序号*/
        strcpy(p->data.id,x.id);                /*输入配送编号*/
        strcpy(p->data.name,x.name);            /*输入姓名*/
        strcpy(p->data.addr,x.addr);            /*输入地址*/
        p->next = Head->next;
        Head->next = p;
        return OK
}
```

### 3.2.3 带表头结点的单链表应用举例

【例 3-4】 "物流公司配送货单管理"的实现。

**1. 问题描述**

假设某物流公司开展货物配送服务，每天登记安排货物接收人的配送单，然后根据配送单登记货物的地址配送给收件人。要求算法能够实现登记配送单、查询某人的配送信息、退订某人配送登记、浏览全部配送单登记列表、统计全部配送单数量等功能。

基本要求

由于每天登记的配送货物不确定，并且随时都有调整为其他配送站(或送货员)送货的情况，存在频繁的插入与删除操作。因此，配送单设计采用带有头结点的单链表数据结构。

**2. 模块划分**

(1) 建立带头结点的单链表 Init_LinkList，该模块对配送前的物理数据结构进行初始化。

(2) 登记配送单服务 InsertL_Last，该模块将配送信息插入单链表的尾部。

(3) 取消送货服务 Delete_LinkList，该模块根据登记送货顾客的姓名，首先在链表中进行查找，若找到相应结点，则将其从配送单链表中摘下；若没有找到相应结点，则给出从未登记的信息。

(4) 查找某人的配送信息 Location_LinkList，找出指定姓名的货物接收人信息。

(5) 显示货物配送信息服务 Show_LinkList，该模块将单链表中所有的结点元素数据信息(配送单收货人信息)显示出来。

(6) 统计货物配送信息数量 Length_LinkList，该模块计算单链表结点数量。

(7) 清除单链表模块 SetNull_LinkList，将所使用的单链表归还系统。

(8) 主函数 main，构造仅有头结点的配送单信息单链表，调用 Init_LinkList 建立配送单信息单链表，显示配送接收人、取消配送单、全部配送接收人信息、统计全部配送数量、退出菜单等功能。据(对菜单的)相应选择调用模块或终止程序运行。

**3. 程序设计**

```
#include "stdio.h"
#include "string.h"
#include "malloc.h"
```

```
#define MaxSize 20
#define OverFlow -1
#define OK 1
#define Error -1
typedef struct                                  /*定义元素数据类型*/
{
char number[7];                                 /*序号*/
char id[10];                                    /*配送编号*/
char name[10];                                  /*姓名 */
char addr[20];                                  /*地址*/
} ElemType;
typedef struct node                             /*定义链表及结点类型*/
{   ElemType data;                              /*数据域 */
    struct node *next;                          /*指针域 */
} LNode, *LinkList;
int Init_LinkList(LinkList *Head_pointer)       /*构造一个空表*/
    {   LinkList p;
        p=(LinkList)malloc(sizeof(LNode));      /*分配一个结点*/
        if (p==NULL)
            return OverFlow;                    /*分配失败*/
    p->next=NULL;
         *Head_pointer=p;                       /*头指针指向新结点*/
        return ok;                              /*构造成功,返回*/
    }
int Insert_Last(LinkList Head, ElemType x)      /*在最后一个结点后面插入*/
    {   LNode *p, *q;int k=0;
        p=(LinkList)malloc(sizeof(LNode));      /*分配一个结点*/
        if (p==NULL)
            return OverFlow;                    /*分配失败*/
          /*数据域赋值*/
        strcpy(p->data.number,x.number);        /*输入序号*/
        strcpy(p->data.id,x.id);                /*输入配送编号*/
        strcpy(p->data.name,x.name);            /*输入姓名*/
        strcpy(p->data.addr,x.addr);            /*输入地址*/
        p->next=NULL;
        q=Head;
           while(q->next!=NULL)                 /*q指向最后一个元素*/
             q=q->next;                         /*q取后继元素的指针*/
        q->next=p;                              /*设置第i个结点的指针域指向新结点*/
        return OK;
}
LNode *Location_LinkList(LinkList Head, char *name)              /*查找指定关键字信息*/
    {   LNode *p;
        p=Head->next;
        while(p!=NULL)                          /*未到链尾*/
        {                                       /* 关键字 姓名相等*/
        if (strcmp(p->data.name,name)==0)
            return p;                           /*找到返回指针*/
            else
            p=p->next;                          /*p取后继结点的地址*/
        }
```

```
            return NULL;                                    /*未找到,返回空指针*/
        }
    int Delete_LinkList(LinkList Head, char * name)
        {   LNode * p, * q;
            q = Head;                                       /*q指向头结点*/
            p = q -> next;                                  /*p取其后继结点的地址*/
            while(p -> next!= NULL)                         /*p不为空 */
      {   if (strcmp(p -> data.name,name) == 0)             /*找到被删除元素*/
                      {   q -> next = p -> next;          /*q所指结点的指针设置为p所指结点的指针*/
                          free(p);                          /*释放p所指结点*/
                          return OK;                        /*删除成功*/
                      }
                   q = p; p = p -> next;                    /*q取p的值,p取其后继结点的地址*/
            }
            return Error ;                                  /*删除失败*/
        }
    void Show_LinkList(LinkList Head)                       /*遍历线性表*/
        {   LNode * p;
            printf("\n");
            p = Head -> next;                               /*p指向第一个结点(非头结点)*/
            if (p == NULL)
                printf("\n空表! NULL");
            while(p!= NULL)                                 /*未结束遍历*/
            {   printf(" %s %s %s %s \n", p -> data.number,p -> data.id,
    p -> data.name, p -> data.addr);                        /*输出数据*/
                p = p -> next;                              /*p取后继结点的地址*/
            }
        }
    void SetNull_LinkList(LinkList Head)                    /*清空线性表 */
        {   LNode * p, * q;
            q = Head;
         p = q -> next;                                     /*p取头指针*/
            while(p!= NULL)
            {   q = p;                                      /*q指向p的前驱结点*/
                p = p -> next;                              /*p指向其后继结点*/
                free(q);
            }
            Head -> next = NULL;                            /*设置头结点/*/
        }
    int Length_LinkList(LinkList Head)                      /*计算线性表的长度*/
        {   LNode * p;
            int sum = 0;
            p = Head -> next;                               /*p取头指针的后继*/
            while(p!= NULL)                                 /*p与Head不相等*/
            {   sum++;                                      /*累加器加1*/
                p = p -> next;                              /*p指向其后继结点*/
            }
            return sum;
        }

    void main()
```

```
{   LinkList Head;
int i;
LNode * loca;
    ElemType x;
    char name_x[10];
Init_LinkList(&Head);
        do
        {   printf ("\n");
            printf ("1 --- 登记一个配送单数据(Insert)\n");
            printf ("2 --- 查询指定配送单数据(Locate)\n");
            printf ("3 --- 删除一个配送单数据(Delete\n");
            printf ("4 --- 显示所有配送单数据(Show)\n");
            printf ("5 --- 统计配送单数量(Length)\n");
            printf ("6 --- 退出\n");
            scanf (" % d",&i);
            switch(i)
      {   case 1:printf("Please enter number: "); /* 输入序号 */
                scanf(" % s",x.number);
                printf("Please enter id: ");     /* 输入配送编号 */
                scanf(" % s",x.id);
                printf("Please enter name: ");   /* 输入姓名 */
                scanf(" % s",x.name);
                printf("Please enter addr: ");   /* 输入地址 */
                scanf(" % s",x.addr);
                   if (Insert_Last(Head,x)!= OK)
                   printf ("插入失败\n");
                     break;
        case 2: printf ("请输入要查询的货物接收人姓名 research: \n");
                printf("Please enter name: "); /* 输入姓名 */
                scanf(" % s",name_x);
                loca = Location_LinkList(Head, name_x);
                if (loca!= NULL)
                    printf("查找成功(Found),准备送货!");
                else
                    printf("查找失败!Fault,没有登记配送信息!");
                break;
        case 3: printf ("请输入要撤销的配送信息 delete\n");
                printf("Please enter name: "); /* 输入姓名 */
                scanf(" % s", name_x);
                if(Delete_LinkList(Head, name_x) == OK)
                     printf ("撤销配送\n");
                else
                     printf ("没有找到配送信息 Fault\n");
                break;
        case 4: Show_LinkList(Head);break;
        case 5: printf ("配送单数量是 amount % d!\n",Length_LinkList(Head));
                break;
                case 6: break;
                default:printf("错误选择!Error 请重选");break;
            }
        } while (i!= 6);
        SetNull_LinkList(Head);                    /* 清空线性表 */
    }
```

# 3.3 链式存储的其他方法

## 3.3.1 链式存储结构循环链表

**循环链表**(Circular Linked List)是一种首尾相接的链表。

**1. 循环链表**

(1) 单循环链表——在单链表中,将终端结点的指针域NULL改为指向表头结点或开始结点即可。

(2) 多重链的循环链表——将表中结点链在多个环上。

**2. 带头结点的单循环链表**

带头结点的单循环链表分为非空表和空表,如图3-11所示。

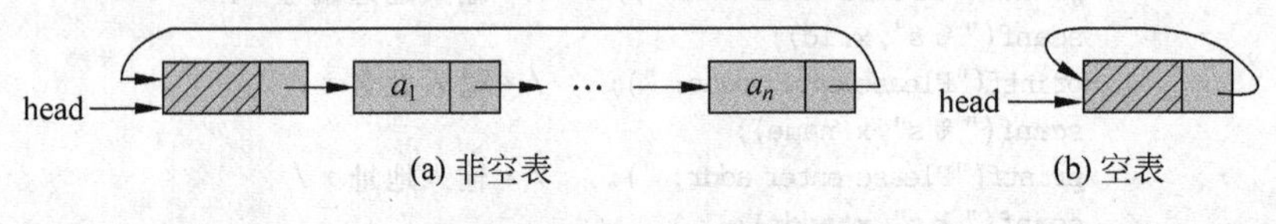


图3-11 单循环链表示意图

**注意**:判断空链表的条件是head==head->next;

**3. 循环链表的特点**

循环链表的特点是无须增加存储量,仅对表的链接方式稍作改变,即可使得表处理更加方便灵活。

**【例3-5】** 在链表上实现将两个线性表$(a_1,a_2,\cdots,a_n)$和$(b_1,b_2,\cdots,b_m)$连接成一个线性表$(a_1,\cdots,a_n,b_1,\cdots b_m)$的运算。

算法分析:若在单链表或头指针表示的单循环表上做这种链接操作,都需要遍历第一个链表,找到结点$a_n$,然后将结点$b_1$链到$a_n$的后面,其执行时间是$O(n)$。若在尾指针表示的单循环链表上实现,则只需修改指针,无须遍历,其执行时间是$O(1)$。

两个单循环链的链接操作示意图如图3-12所示。

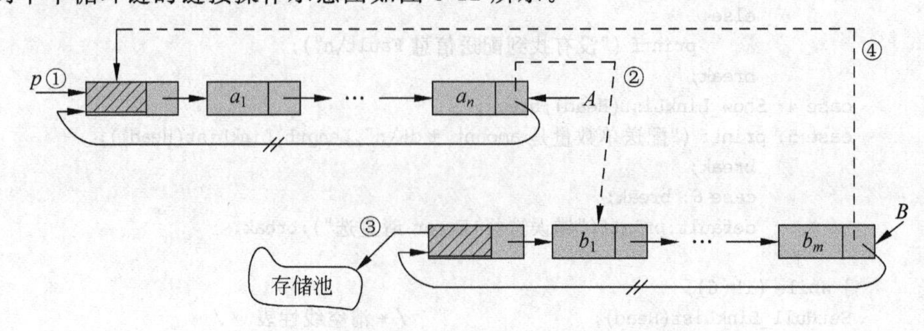


图3-12 两个单循环链的链接操作示意图

算法设计：

```
LinkList Connect(LinkList A,LinkList B)

{//假设 A,B 为非空循环链表的尾指针
    LinkList p = A->next;                   //①保存 A 表的头结点位置
    A->next = B->next->next;                //②B 表的开始结点链接到 A 表尾
    free(B->next);                          //③释放 B 表的头结点
    B->next = p;                            //④
    return B;                               //返回新循环链表的尾指针
}
```

**注意：**

(1) 循环链表中没有 NULL 指针。涉及遍历操作时，其终止条件就不再是像非循环链表那样判别 p 或 p->next 是否为空，而是判别它们是否等于某一指定指针，如头指针或尾指针等。

(2) 在单链表中，从一已知结点出发，只能访问到该结点及其后续结点，无法找到该结点之前的其他结点。而在单循环链表中，从任一结点出发都可访问到表中所有结点，这一优点使某些运算在单循环链表上易于实现。

**【任务 3-3】** 以单循环链表存储结构完成例 3-3 的实现。

## 3.3.2　链式存储结构双链表

### 1. 双向链表(Double Linked List)

双(向)链表中有两条方向不同的链，即每个结点中除 next 域存放后继结点地址外，还增加一个指向其直接前驱的指针域 prior，如图 3-13 所示。

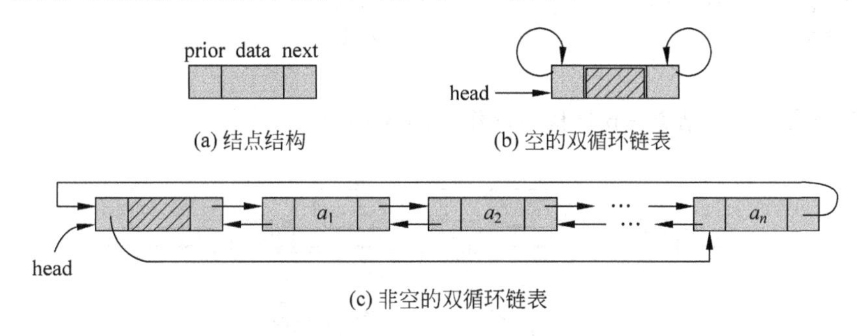


图 3-13　双环链表示意图

**注意：**

(1) 双链表由头指针 head 唯一确定。

(2) 带头结点的双链表的某些运算变得方便。

(3) 将头结点和尾结点链接起来，为双(向)循环链表。

### 2. 双向链表的结点结构和 C 语言形式描述

(1) 结点结构如图 3-13(a)所示。

(2) 形式描述：

```
typedef struct dlistnode{
    DataType data;
    struct dlistnode * prior, * next;
} DListNode;
typedef DListNode * DLinkList;
DLinkList head;
```

### 3. 双向链表的前插和删除本结点操作

由于双链表的对称性,双链表能方便地完成各种插入、删除操作。

(1) 双链表的前插操作如图 3-14 所示。

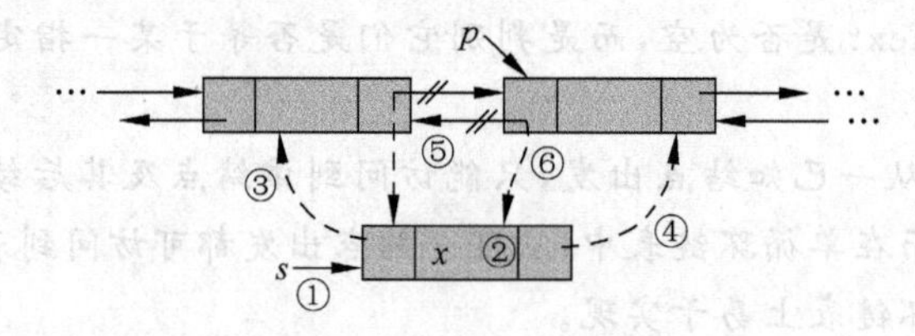


图 3-14 双链表的前插操作

```
void DInsertBefore(DListNode * p,DataType x)
{//在带头结点的双链表中,将值为 x 的新结点插入 * p 之前,设 p≠NULL
    DListNode * s = malloc(sizeof(DListNode));    //①
    s -> data = x;                                 //②
    s -> prior = p -> prior;                       //③
    s -> next = p;                                 //④
    p -> prior -> next = s;                        //⑤
    p -> prior = s;                                //⑥
}
```

(2) 双链表上删除结点 * p 自身的操作如图 3-15 所示。

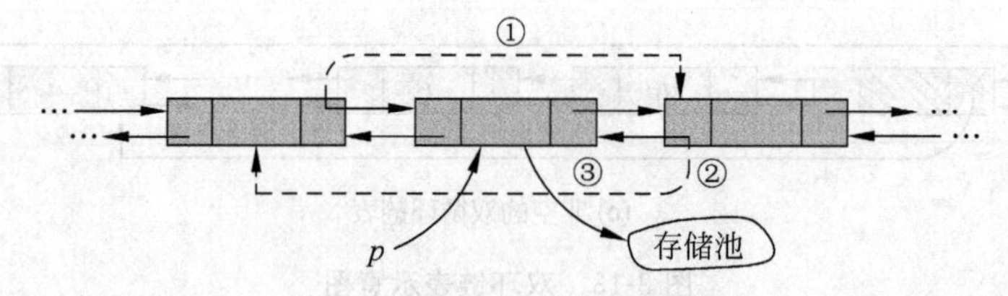


图 3-15 双链表删除操作示意图

```
void DDeleteNode(DListNode * p)
{//在带头结点的双链表中,删除结点 * p,设 * p 为非终端结点
    p -> prior -> next = p -> next;     //①
    p -> next -> prior = p -> prior;    //②
    free(p);                            //③
}
```

**注意**：与单链表上的插入和删除操作不同的是,在双链表中插入和删除必须同时修改

两个方向上的指针。上述两个算法的时间复杂度均为 $O(1)$。

【任务 3-4】 以双向循环链表存储结构完成例 3-3 的实现。

## 3.4 链式存储结构顺序表和链表的比较

顺序表和链表各有长短。在实际应用中究竟选用哪一种存储结构呢？这要根据具体问题的要求和性质来决定。通常有以下几方面的考虑，参见表 3-2。

表 3-2 顺序表和链表的比较

| | | 顺序表 | 链表 |
|---|---|---|---|
| 基于空间考虑 | 分配方式 | 静态分配。程序执行之前必须明确规定存储规模。若线性表长度 $n$ 变化较大，则存储规模难于预先确定估计过大将造成空间浪费，估计太小又将使空间溢出机会增多 | 动态分配只要内存空间尚有空闲，就不会产生溢出。因此，当线性表的长度变化较大，难以估计其存储规模时，以采用动态链表作为存储结构为好 |
| | 存储密度 | 为 1。当线性表的长度变化不大，易于事先确定其大小时，为了节约存储空间，宜采用顺序表作为存储结构 | $<1$ |
| 基于时间考虑 | 存取方法 | 随机存取结构，对表中任一结点都可在 $O(1)$ 时间内直接取得线性表的操作主要是进行查找，很少做插入和删除操作时，采用顺序表做存储结构为宜 | 顺序存取结构，链表中的结点，需从头指针起顺着链扫描才能取得 |
| | 插入删除操作 | 在顺序表中进行插入和删除，平均要移动表中近一半的结点，尤其是当每个结点的信息量较大时，移动结点的时间开销就相当可观 | 在链表中的任何位置上进行插入和删除，都只需要修改指针。对于频繁进行插入和删除的线性表，宜采用链表做存储结构。若表的插入和删除主要发生在表的首尾两端，则采用尾指针表示的单循环链表为宜 |

## 3.5 本章小结

1. 线性表不但可以顺序存储，还可以链式存储。在链表中，线性表中的每一个数据元素，需要分两部分存储，数据域与指针域。各结点存储的数据之间的逻辑关系由指针域明确指定。

2. 最常用的是单链表，在单链表中，每个结点的指针域存储的只是后继元素的地址。

3. 在链式存储的线性表中，插入和删除操作的效率比较高，不用移动原表中的任何数据，但是查询必须从表头开始依次访问每个结点，才能访问到真正需要访问的元素，这种查找方法属于顺序查找方式。

4. 链式存储方式还包括了单循环链表、双向链表、双向循环链表、带表头结点的单链表、带表头结点的单循环链表、带表头结点的双向链表、带表头结点的双向循环链表等。不同的存储方式有自己的特点。

5. 单循环链表的特征是：链表最后一个结点的后继指针指向第一个结点，而双向循环链表的特征是：链表最后一个结点的后继指针指向第一个结点，而链表第一个结点的前驱指针指向最后一个结点。

## 习题

1. 填空

(1) 在 $n$ 个结点单链表中要删除已知结点 $*p$，需要找到________，其时间复杂度为________；在双链表中要删除已知结点 $*p$，其时间复杂度为________。

(2) 在单链表中要在已知结点 $*p$ 之前插入一个新结点，需找到________，其时间复杂程度为________；而在双链表中，完成同样操作时其时间复杂度为________。

(3) 在双链表上，要删除指针 $p$ 所指结点的后继结点的语句是________。

(4) 带头结点的单链表(头结点由 head 指向)，对其判空的条件是________；不带头结点的单链表(第一个结点由 head 指向)，对其判空的条件是________；不带头结点的单向循环链表(第一个结点由 head 指向)，对其判空的条件是________。

(5) 删除带头结点的单链表(头结点由 head 指向)的第一个结点的语句是________，删除不带头结点的单链表(第一个结点由 head 指向)的第一个结点的语句是________。

(6) 在一双向循环链表上，要交换指针 $p$ 所指结点的前驱与后继结点的值，则相应的操作语言是________。

(7) 在双向循环链表中(头结点由 head 指向)，指针 $p$ 所指的结点是该链表的尾结点的条件是________。

2. 判断题

(1) 链表的每个结点中都恰好包含一个指针。

(2) 链表中指向第一个结点的指针称为头指针。

(3) 链表的删除算法很简单，因为当删除链中某个结点后，计算机会自动将后续各个单元向前移动。

(4) 对单链表的插入运算，带头结点的单链表与不带头结点的单链表相比，前者对应的算法更简单。

3. 简答题

(1) 比较双向循环链表与单向循环链表，试简述各自的优缺点。

(2) 描述下列算法的功能。

```
ListNode * Demo1(LinkList head,ListNode * p)
  {    /* head是指向单链表的头指针 */
      q = head -> next;
```

```
        while(q&&q->next!= p)
          q = q->next;
        return(q)
  }
```

(3) 描述下列算法的功能。

```
Viod Demo2(ListNode * p,ListNode * q)
  {   temp = q->data;
          q->data =  q->data;
          q->data = temp;
  }
```

**4. 算法设计题**

(1) 若已建立一个带有头结点的单向链表,$h$ 为指向头结点的指针,且链表中存放的数据由小到大的顺序排列。编写函数实现算法,把 $x$ 值插入到链表中,插入后链表中结点数据仍保持有序。

(2) 假设在长度大于 1 的单循环链表中,既无头结点也无头指针,$p$ 为指向该链表中某个结点的指针,编写算法实现删除该节点的前驱结点。

(3) 设 $h$ 为一指向单向链表头节点的指针,该链表中结点的值按非降序排列,设计算法删除链表中值相同的节点,使之只保留一个。

(4) 对给定的带头结点的单链表,$h$ 为指向头结点的指针,编写一个删除表中值为 $X$ 的结点的直接前驱结点的算法。

(5) 如果以单链表表示集合,假设集合 $A$ 用单链表 la 表示,集合 $B$ 用单链表 lb 表示设计算法求两个集合差,即 $A-B$。

(6) 假设线性表 $A$、$B$ 表示两个集合,即同一个线性表中的元素各不相同,且均以元素值递增有序排列,现要求构成一个新的线性表 $C$,$C$ 表示集合 $A$ 与 $B$ 的交,且 $C$ 中元素也递增有序。试分别以顺序表和单链表为存储结构,编写实现上述运算的算法。

(7) 已知线性表的元素是无序的,且以带头结点的单链表作为存储结构,试编写算法实现删除表中所有值大于 min 且小于 max 的元素。

(8) 已知在单链表表示的线性表中,含有两类字符的数据元素,如字母字符和数字字符,试编写算法构造两个以循环链表表示的线性表,使每个表中只含有同一类的字符,且利用原表中的结点空间作为这两个表的结点空间,头结点可另辟空间。

(9) 有两个双向循环链表,头指针分别为 head1 和 head2,编写一个函数将链表 head1 链接到链表 head2,链接后的链表仍是循环链表。

(10) 已知一带头结点的双向循环链表,指向头结点的指针为 head,$p$ 指针指向其中某一结点,写一算法删除 $p$ 指向结点的前驱。

**5. 实训习题**

(1) 试以单链表作为存储结构,实现将线性表($a_0,a_1,\cdots,a_{n-1}$)就地逆置的操作。

(2) 设 $A$ 和 $B$ 是两个单链表,其表中元素递增有序。现将 $A$ 和 $B$ 合并成一个按元素值递减有序的单链表 $C$,并要求辅助空间为 $O(1)$。

(3) 建立一个双链表,从链首开始,顺序显示链表中的所有结点的数据,然后从链尾开始,反序显示链表中所有结点的数据,最后将一个新结点插入到链表中。

(4) 有两个顺序表 LA 和 LB,其元素均为非递减有序排列,编写一个算法,将它们合并成一个顺序表 LC,要求 LC 也是非递减有序排列,如 LA=(2,2,3),LB=(1,3,3,4),则 LC=(1,2,2,3,3,3,4)。

(5) 将若干城市的信息存入一个带头结点的单链表中,结点中的城市信息包括城市名和城市的位置坐标。要求:

① 给定一个城市名,返回其位置坐标;

② 给定一个位置坐标 $p$ 和一个距离 $d$,返回所有与 $p$ 的距离小于 $d$ 的城市。

(6) 约瑟夫环问题的描述是任给正整数 $n$ 与 $k$,按下述方法可得排列 $1,2,\cdots,n$ 的一个置换。将数字 $1,2,\cdots,n$ 环形排列,按顺时针方向从 1 开始计数,计满 $k$ 时输出该位置上的数字(并从环中删去该数字),然后从下一个数字开始继续从 1 计数,直到环中所有数字均被输出为止。例如,当 $n=10,k=3$ 时,输出的置换是 3,6,9,2,7,18,5,10,4。试设计一个程序,对输入的任意正整数 $n$ 与 $k$,输出相应的置换(分别用顺序表和链表实现)。

# 第4章 栈和队列

**主要知识点：**

- 栈、队列数据类型定义。
- 栈、队列的顺序存储结构、链式存储结构的表示。
- 栈、队列的基本运算实现方法。

栈和队列是两种特殊的线性表，它们的逻辑结构和线性表相同，只是其运算规则较线性表有更多的限制，故又称它们为运算受限的线性表。栈和队列被广泛应用于各种程序设计中。

## 4.1 栈

### 4.1.1 栈的实例

**【案例 4-1】** 物流公司货物仓储存取货物问题参见图 4-1，假设存货口、取货口在同一位置，由于存储空间限制，位置 A1、A2、A3、A4 为线性结构，货物只能依次存储(参见表 4-1)，货物存放的顺序为 G1、G2、G3、G4。取货时，只能够从取货口当前位置 A4 取出货物，然后依次取位置 A3、A2 直到初始位置 A1 的货物，其逆序序列 G4、G3、G2、G1(参见表 4-2)。

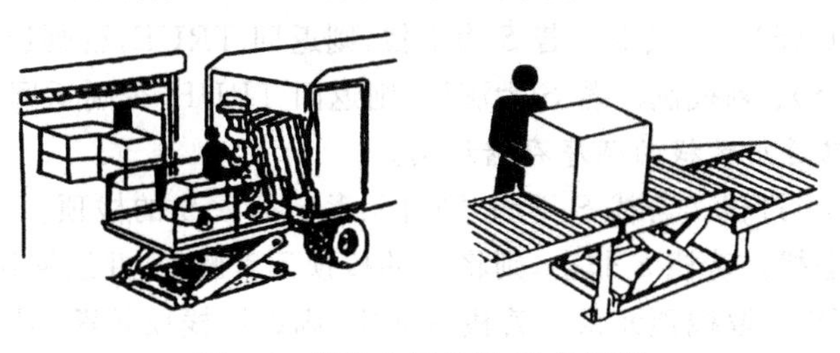

图 4-1 货物仓储存货、取货问题

表 4-1 仓库货物存货数据记录

| 序号 | 位置 | 货物 |
|---|---|---|
| 1 | A1 | G1 |
| 2 | A2 | G2 |
| 3 | A3 | G3 |
| 4 | A4 | G4 |
| … | … | … |

表 4-2 仓库货物取货数据记录

| 序号 | 位置 | 货物 |
|---|---|---|
| 1 | A4 | G4 |
| 2 | A3 | G3 |
| 3 | A2 | G2 |
| 4 | A1 | G1 |
| … | … | … |

**【任务 4-1】** 类似的实际应用问题较多,例如列车调度问题(参见图 4-2)等,举例说明。

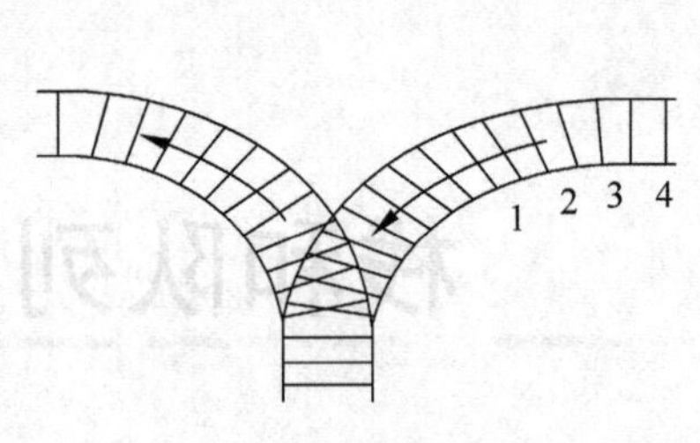


图 4-2 列车调度问题

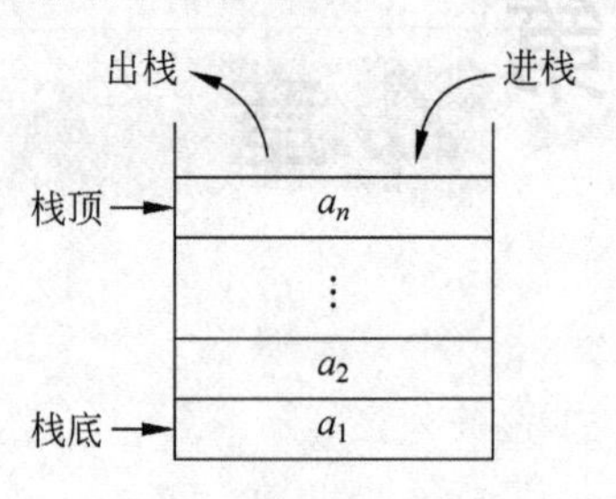


图 4-3 栈结构示意图

## 4.1.2 栈的定义及基本运算

### 1. 栈的定义

栈(Stack)是限制仅在表的一端进行插入和删除运算的线性表。

(1) 通常称插入、删除的这一端为栈顶(Top),另一端称为栈底(Bottom)。

(2) 当表中没有元素时称为空栈。

(3) 栈为后进先出(Last In First Out)的线性表,简称为 LIFO 表。

**【例 4-1】** 参见图 4-3,元素是以 $a_1,a_2,\cdots,a_n$ 的顺序进栈,退栈的次序却是 $a_n$,$a_{n-1},\cdots,a_1$。

栈的修改是按后进先出的原则进行。每次删除(退栈)的总是当前栈中"最新"的元素,即最后插入(进栈)的元素,而最先插入的是被放在栈的底部,要到最后才能删除。栈又称为"后进先出表"。

### 2. 栈的基本运算

(1) InitStack($S$):构造一个空栈 $S$。

(2) StackEmpty($S$):判栈空。若 $S$ 为空栈,则返回 TRUE,否则返回 FALSE。

(3) StackFull($S$):判栈满。若 $S$ 为满栈,则返回 TRUE,否则返回 FALSE。

**注意**:该运算只适用于栈的顺序存储结构。

(4) Push($S$,$x$):进栈。若栈 $S$ 不满,则将元素 $x$ 插入 $S$ 的栈顶。

(5) Pop($S$):退栈。若栈 $S$ 非空,则将 $S$ 的栈顶元素删去,并返回该元素。

(6) StackTop($S$):取栈顶元素。若栈 $S$ 非空,则返回栈顶元素,但不改变栈的状态。

(7) SetNull_SeqStack($S$):清空一个栈。

## 4.1.3 顺序栈的表示

栈是运算受限的线性表,栈中数据元素之间的逻辑关系为线性关系。所以线性表的存储结构对栈也实用。

栈的顺序存储结构称为顺序栈,它是运算受限的顺序表。因此,可用数组来实现顺序栈。因为栈底位置是固定不变的,所以可以将栈底位置设置在数组的两端的任何一个端点;栈顶位置是随着进栈和退栈操作而变化的,故需用一个整型变量 top 来指示当前栈顶的位置，通常称 top 为栈顶指针。

### 1. 顺序栈的类型定义

顺序栈的类型定义只需将顺序表的类型定义中的长度属性改为 top 即可，其结构示意图如图 4-4 所示。顺序栈的类型定义如下：

```
#define StackSize 100
typedef struct
{   ElemType Element[MaxSize];
    int Top;                                  /*栈顶*/
} SeqStack;                                   /*说明 SeqStack */
SeqStack ListStack;                           /*定义顺序栈 ListStack*/
```

顺序栈ListStack

ListStack.Element数组

| G1 | G2 | G3 | G4 | | | | | ------ | |
|---|---|---|---|---|---|---|---|---|---|
| 0 | 1 | 2 | 3 | | | | | | MaxSize-1 |

ListStack.Top

| 3 |
|---|

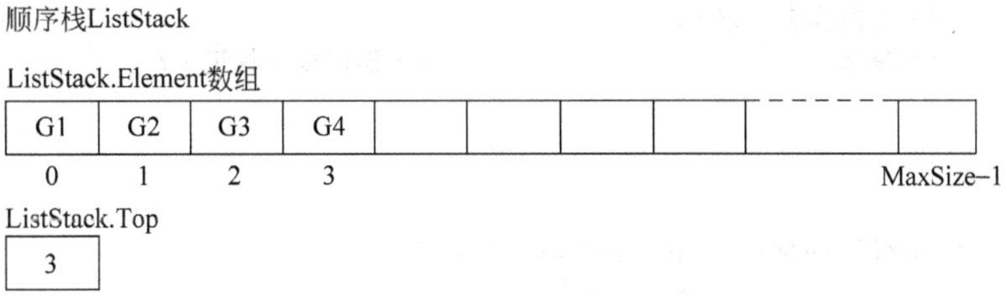

图 4-4 栈的顺序存储结构示意图

设 s 是 SeqStack 类型的指针变量。若栈底位置在存储空间的低端，即 s－>data[0]是栈底元素，那么栈顶指针 s－>top 是正向增加的，即进栈时需将 s－>top 加 1，退栈时需将 s－>top 减 1。因此，s－>top＝－1 表示空栈，s－>top＝stacksize－1 表示栈满。当栈满时再做进栈运算必定产生空间溢出，简称“上溢”；当栈空时再做退栈运算也将产生溢出，简称“下溢”。上溢是一种出错状态，应该设法避免之；下溢则可能是正常现象，因为栈在程序中使用时，其初态或终态都是空栈，所以下溢常常用来作为程序控制转移的条件。

### 2. 顺序栈的基本操作

1）创建一个空栈

```
void Init_SeqStack(SeqStack *S_pointer)
/*构造一个空栈*/
{    S_pointer->Top = -1;
}
```

S_pointer 指针指向由数组空间 Element 和 Top 两个成员构成的结构体变量。

调用方式：

```
init_SeqStack (&ListStack);
```

ListStack 是定义为 SeqStack 类型的变量。

2）判栈空

```
int Empty_SeqStack(SeqStack *S_pointer)
 /*判栈空*/
```

```
{       if (S_pointer ->Top == -1) return True;
        else return False;
 }
```

调用方式：

```
if (Empty_SeqStack (&ListStack) = = True)
    printf ("空栈\n");
```

3）判栈满

```
int Full_SeqStack(SeqStack * S_pointer)
      /* 判栈满 */
{if (S_pointer ->Top == MaxSize-1)
    return True;
          /* 返回栈满标记 */
    else return False;                          /* 返回栈空标记 */
}
```

4）进栈

```
int Push_SeqStack(SeqStack * S_pointer,ElemType x)
                              /* 进栈 */
        { if (Full_SeqStack(S_pointer) == True) /* 判栈满 */
                  return OverFlow ;             /* 栈满则返回操作失败标记 */
            else
                { S_pointer ->Top++;            /* 栈顶位置加 1 */
                  S_pointer ->Element[S_pointer->Top] = x ;
                              /* 元素 x 赋值到栈顶位置 */
                  return OK;                    /* 返回操作成功标记 */
                }
        }
```

5）退栈

```
int Pop_SeqStack(SeqStack *S_pointer,ElemType *x_pointer)                  /* 退栈 */
    { if (Empty_SeqStack(S_pointer) == True)    /* 判栈空 */
              return UnderFlow ;                /* 栈空则操作失败 */
      else
      { *x_pointer = S_pointer ->Element[S_pointer->Top];
                              /* 取栈顶元素到 x_pointer 所指的空间 */
           S_pointer ->Top-- ;                  /* 栈顶位置减 1 */
           return OK;                           /* 返回操作成功标记 */
      }
    }
```

6）取栈顶元素

```
int GetTop_SeqStack(SeqStack *S_pointer,ElemType *x_pointer)
                              /* 取栈顶元素 */
    {   if (Empty_SeqStack(S_pointer) == True)
                              /* 判栈空 */
          return UnderFlow ;                    /* 栈空则操作失败 */
```

```
        else
        { *x_pointer = S_pointer ->Element[S_pointer->Top];
                              /*取栈顶元素到 x_pointer 所指的空间*/
            return OK;                          /*返回操作成功标记*/
        }
    }
```

说明：该算法适用于在不做退栈操作的情况下取栈顶元素的情况，算法与退栈算法只有一点区别，就是栈顶位置不变。

7）清空一个栈

```
void SetNull_SeqStack(SeqStack *S_pointer)
    /*清空一个栈*/
  { S_pointer->Top = -1;
  }
```

## 4.1.4 链栈的表示

栈的链式存储结构称为链栈，它是运算受限的单链表，插入和删除操作仅限制在表头位置上进行。由于只能在链表头部进行操作，故链表没有必要像单链表那样附加头结点。栈顶指针就是链表的头指针。

### 1. 链栈的类型定义

链栈是没有附加头结点的运算受限的单链表。栈顶指针就是链表的头指针，如图 4-5 所示。

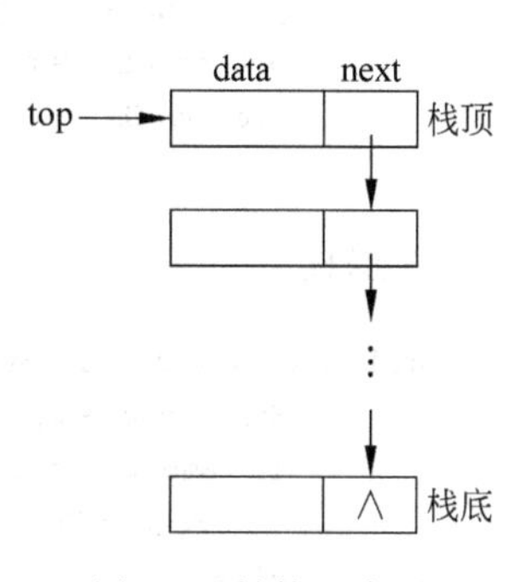

图 4-5 链栈示意图

链栈的类型说明如下：

```
typedef struct stacknode{
    ElemType data
    struct stacknode *next;
} StackNode;

typedef struct{
    StackNode *top;                           //栈顶指针
} LinkStack;
```

**注意：**

(1) LinkStack 结构类型的定义是为了方便在函数体中修改 top 指针本身。

(2) 若要记录栈中元素个数，可将元素个数属性放在 LinkStack 类型中定义。

### 2. 链栈的基本运算

1）置栈空

```
void Init_LinkStack(LinkStack *L_pointer)
                        /*构造一个空栈*/
{    *L_pointer = NULL;
}
```

说明：调用 Init_LinkStack 的方法

```
Init_LinkStack(&Top_Link);
```

Top_Link 为链栈的栈顶元素的指针。

2）判栈空

```
int Empty_LinkStack(LinkStack L_pointer)
                                    /*判栈空*/
    {   if (L_pointer == NULL) return True;
        else return False;
    }
```

说明：调用 Empty_LinkStack 的方式

```
if (Empty_LinkStack (Top_Link) = = True)
        printf ("空栈\n")
```

3）进栈

```
int Push_LinkStack(LinkStack *L_pointer,ElemType x)
    {   StackNode *p;
        p=(LinkStack)malloc(sizeof(StackNode));/*分配一个结点*/
        if (p==NULL)
            return OverFlow;                    /*分配失败*/
        p->data=x;                              /*数据域赋值*/
        p->next= *L_pointer;                    /*新结点指针域指向原来的栈顶元素*/
        *L_pointer=p;                           /*头指针指向新的栈顶元素*/
        return OK;                              /*插入成功,返回 */
    }
```

4）退栈

```
int Pop_LinkStack(LinkStack *L_pointer,ElemType *x_pointer)          /*退栈*/
    {   StackNode *p;
        if (Empty_LinkStack( *L_pointer) == True)/*判栈空*/
            return UnderFlow ;                  /*栈空则操作失败*/
        else
        { *x_pointer=( *L_pointer)->data;       /*取栈顶元素到 x_pointer 所指的空间*/
            p= *L_pointer;
            *L_pointer=( *L_pointer)->next;     /*取栈顶元素的后继结点的指针*/
            free(p);                            /*释放原来的栈顶元素*/
            return OK;                          /*返回操作成功标记*/
        }
}
```

进栈和退栈过程如图 4-6 所示。

5）取栈顶元素

```
int GetTop_LinkStack(LinkStack *L_pointer,ElemType *x_pointer)          /*退栈*/
    {
        if (Empty_LinkStack( *L_pointer) == True)/*判栈空*/
            return UnderFlow ;                  /*栈空则操作失败*/
```

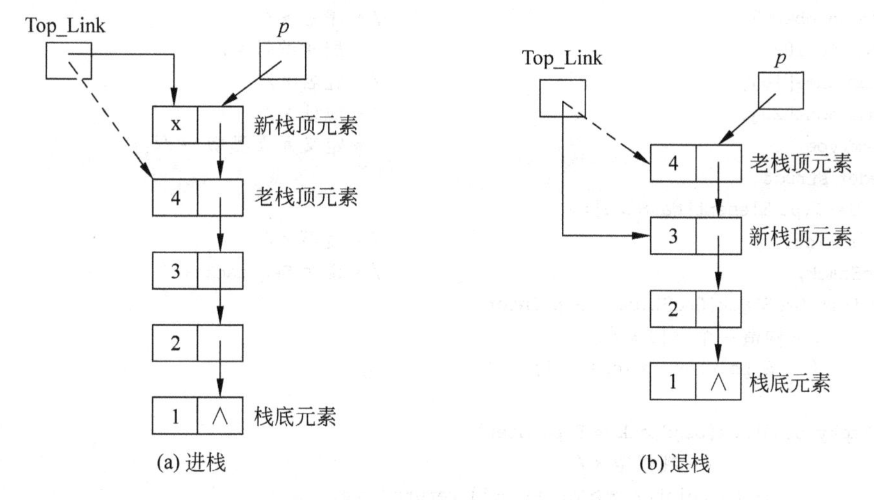


图 4-6 进栈、退栈算法示意图

```
        else
        {    *x_pointer = ( *L_pointer) ->data; /* 取栈顶元素到 x_pointer 所指的空间 */
             return OK;                         /* 返回操作成功标记 */
        }
    }
```

6）清空一个栈

```
void SetNull_LinkStack(LinkStack *L_pointer)     /* 清空一个栈 */
{    Node *p, *q;
     p = *L_pointer;                             /* p 取头指针 */
     while(p!= NULL)                             /* p 不为空 */
     {    q = p;                                 /* q 指向 p 的前驱结点 */
          p = p->next;                           /* p 指向其后继结点 */
          free(q);
     }
     *L_pointer = NULL;                          /* 头指针清空 */
}
```

## 4.1.5 栈的实现及应用

**【例 4-2】** 案例 4-1“物流公司货物仓储存取货物问题”顺序存储结构的实现。

```
#include "stdio.h"
#include "string.h"
#define MaxSize 100                              /* 存储位置最多为 100 个 */
#define OK 1
#define True 1
#define False 0
#define OverFlow -1
#define UnderFlow -2
typedef struct
{
```

```
  char number[7];                              /*序号*/
  char id[10];                                 /*配送编号*/
  char name[10];                               /*姓名*/
  char addr[20];                               /*地址*/
} ElemType;                                    /*定义元素类型 */
typedef struct
{   ElemType Element[MaxSize];
    int Top;                                   /*栈顶*/
} SeqStack;                                    /*说明 SeqStack */
void Init_SeqStack(SeqStack *S_pointer)
        /*构造一个空栈*/
        {   S_pointer->Top = -1;    }

int Empty_SeqStack(SeqStack *S_pointer)
                /*判栈空*/
        {   if (S_pointer ->Top == -1) return True;
              else return False;
          }
int Full_SeqStack(SeqStack *S_pointer)
        /*判栈满*/
    {if (S_pointer ->Top == MaxSize-1)
        return True;
              /*返回栈满标记*/
        else return False; /*返回栈空标记*/
    }
int Push_SeqStack(SeqStack *S_pointer,ElemType x)
                            /*进栈*/
        {   if (Full_SeqStack(S_pointer) == True)/*判栈满*/
                return OverFlow ;                  /*栈满则返回操作失败标记*/
            else
                {   S_pointer ->Top++;     /*栈顶位置加1*/
                    S_pointer ->Element[S_pointer->Top] = x ;
                        /*元素x赋值到栈顶位置*/
                    return OK;               /*返回操作成功标记*/
                }

        }
int Pop_SeqStack(SeqStack *S_pointer,ElemType *x_pointer)                 /*退栈*/
    {   if (Empty_SeqStack(S_pointer) == True)  /*判栈空*/
              return UnderFlow ;                  /*栈空则操作失败*/
        else
        {   *x_pointer = S_pointer ->Element[S_pointer->Top];
                            /*取栈顶元素到x_pointer所指的空间*/
            S_pointer ->Top-- ;                   /*栈顶位置减1*/
            return OK;                            /*返回操作成功标记*/
        }
    }
void SetNull_SeqStack(SeqStack *S_pointer)
      /*清空一个栈*/
    {

        S_pointer->Top = -1;

    }
```

```
void main()
    {   int i;
        ElemType save,take;
        SeqStack ListStack;
        Init_SeqStack(&ListStack);
        for (i = 1;i <= 100;i++)
        {
            /* 输入配送信息,相当于存放一个配送单的货物 */
            printf("请输入要存放的货物信息: \n");
            printf("Please enter number: ");      /* 输入序号 */
            printf("\\enter # return\\ ");
            scanf(" %s", save.number);
            /* 输入配送信息结束判断 */
            if (strcmp(save.number,"#") == 0)
                break; /* 如输入配送信息结束则退出 */
            printf("Please enter id: ");          /* 输入编号 */
            scanf(" %s",save.id);
            printf("Please enter name: ");        /* 输入姓名 */
            scanf(" %s",save.name);
            printf("Please enter addr: ");        /* 输入地址 */
            scanf(" %s",save.addr);
            /* 输入配送单数据进栈, */
            Push_SeqStack(&ListStack,save);
        }
            /* 输出配送信息,相当于取出存放在库房的一个配送单的货物 */
        printf("取货顺序如下: \n");
        while (Empty_SeqStack(&ListStack) == False)
        {   Pop_SeqStack (&ListStack,&take);
            printf(" %s %s %s %s \n",
                    take.number,take.id,take.name,take.addr);
        }
        SetNull_SeqStack(&ListStack);
}
```

**【问题思考】** 结合案例4-1数据类型,设计Push_SeqStack操作和Pop_SeqStack操作的函数。

**【任务4-2】** 采用链栈结构设计实现案例4-1的要求。

**【例4-3】** 将十进制转 $N$ 进制。运用栈的知识,采用"先进后出,后进先出"这种数据结构实现进制转换。

算法分析:

将一个非负的十进制整数 $N$ 转换为另一个等价的基为 $B$ 的 $B$ 进制数的问题,很容易通过"除 $B$ 取余法"来解决。

算法设计:

例如,数制转换"将十进制数13转化为二进制数"。按除2取余法,得到的余数依次是1、0、1、1,则十进制数转化为二进制数为1101。

由于最先得到的余数是转化结果的最低位,最后得到的余数是转化结果的最高位,因此很容易用栈来解决。

程序设计:

```
#define MaxSize 20
#define OK 1
#define True 1
#define False 0
#define OverFlow -1
#define UnderFlow -2
typedef int Element;
typedef struct
{    ElemType Element[MaxSize];
     int Top;                                        /*栈顶*/
} SeqStack;                                          /*说明 SeqStack */
/*顺序栈基本操作定义*/
void conversion (int num,int n)
    {   /* 对于输入的任意一个非负十进制整数,打印输出与其等值的
            n进制数*/
        int temp;
        SeqStack ListStack;                          /*定义一个顺序栈*/
        Init_SeqStack(&ListStack);                   /*构造空栈*/
        while (num) {                                /*Num 不为零*/
            Push_SeqStack (&ListStack,num % n);      /*将 Num % n 进栈*/
            Num = Num/n;                             /*Num 整除 8 */
        }
        while (Empty_SeqStack(&ListStack) == False)/*栈不空时*/
        { Pop_SeqStack (&ListStack,&temp);           /*退栈*/
          printf(" %d",temp);                        /*显示退栈时的栈顶元素*/
        }
        SetNull_SeqStack(&ListStack);                /*清空栈*/
    }
main()
{ int num1,n1,i;
    do{
      printf("1.进行转换\n2.退出\n");
      scanf(" %d",&i);
      switch(i)
        {
    case 1:
                do
                  {
                     printf("请输入十进制整数 x = ");scanf(" %d",&num1);
                     printf("请输入要转换的进制数 n = ");scanf(" %d",&n1);
                     conversion (int num1,int n1);
                  }
                case 2:break;}
        }while(i!= 2);
}
```

**【任务 4-3】** 采用链栈存储结构,设计完整的 C 程序,实现数制转换。

# 4.2 队列

## 4.2.1 队列的实例

**【案例 4-2】** 物流公司送货期间，在“双十一”等货物配送的高峰时段，对积压的配送货物，基本采用按货物到达的时间先后顺序构建配送单序列，例如 A、B、C、D、E、……(参见图 4-7)安排送货，即先到的货物先配送，根据配送单任务序列顺序逐个依次完成送货任务。

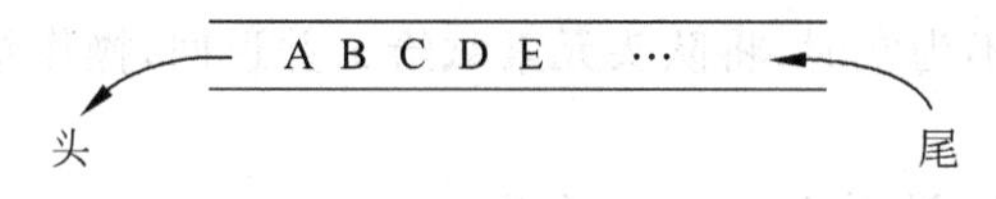


图 4-7 物流公司送货任务示意图

**【任务 4-4】** 类似的需求较多，例如打印机任务调度、CPU 任务调度等、医院预约挂号等。举例说明。

## 4.2.2 队列的定义及基本运算

### 1. 定义

队列(Queue)是只允许在一端进行插入，而在另一端进行删除的运算受限的线性表。

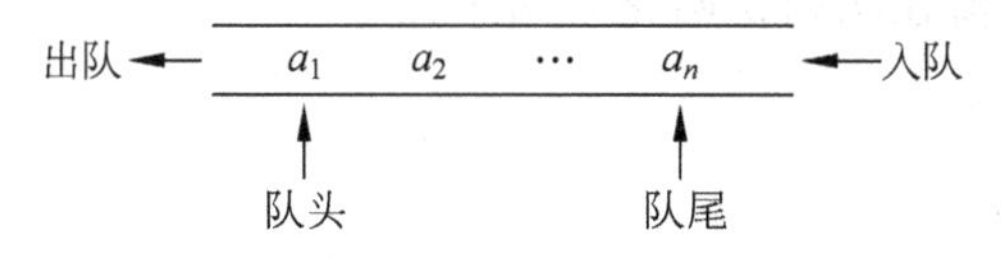


图 4-8 队列示意图

(1) 允许删除的一端称为队头(Front)。

(2) 允许插入的一端称为队尾(Rear)。

(3) 当队列中没有元素时称为空队列。

(4) 队列亦称作先进先出(First In First Out)的线性表，简称为 FIFO 表。

队列的修改是依先进先出的原则进行的。新来的成员总是加入队尾(即不允许“加塞”)，每次离开的成员总是队列头上的(不允许中途离队)，即当前“最老的”成员离队。

例如，打印机管理器中的打印任务队列。先进入队列的成员总是先离开队列。因此队列亦称作先进先出的线性表，简称 FIFO 表。

**【例 4-4】** 在队列中依次加入元素 $a_1, a_2, \cdots, a_n$ 之后，$a_1$ 是队头元素，$a_n$ 是队尾元素。退出队列的次序只能是 $a_1, a_2, \cdots, a_n$。

### 2. 队列的基本逻辑运算

(1) 初始化队列 InitQueue($Q$)。

其作用是构造一个空队列 $Q$。

(2) 判断队列空 EmptyQueue($Q$)。

其作用是判断是否是空队列,若队列 $Q$ 为空,则返回 1; 否则返回 0。

(3) 判队列满 int Full_SeqQueue($Q$)。

(4) 入队 EnQueue($Q$,$x$)。

其作用是当队列不为满时,将数据元素 $x$ 插入队列 $Q$ 的队尾,使其为队列 $Q$ 的队尾元素。

(5) 出队 DeQueue($Q$,$x$)。

其作用是当队列 $Q$ 不为空时,将队头元素赋给 $x$,并从队列 $Q$ 中删除当前队头元素,而其后继元素成为队头元素。

(6) 取队头元素 GetFront($Q$,$x$)。

其作用是当队列 $Q$ 不为空时,将队头元素赋给 $x$ 并返回,操作结果只是读取队头元素,队列 $Q$ 不发生变化。

(7) 清空一个队列 SetNull_SeqQueue($Q$)。

### 4.2.3 顺序队列及循环队列的表示

#### 1. 顺序队列

1) 顺序队列的定义

队列的顺序存储结构称为顺序队列,顺序队列实际上是运算受限的顺序表。

和顺序表一样,顺序队列用一个向量空间来存放当前队列中的元素。由于队列的队头和队尾的位置是变化的,设置两个指针 front 和 rear 分别指示队头元素和队尾元素在向量空间中的位置,它们的初值在队列初始化时均应置为 0。

2) 顺序队列的类型定义

```
typedef char ElemType;
Typedef struct
   {  ElemType Element[maxsize]                    /* 存储队列元素数组 */
      int Rear,Front;                               /* 队头、对尾位置 */
   }SeqQueue;
SeqQueue ListQueue;                                 /* 定义一个结构体(参见图 4-9) */
```

**【问题思考】** 参照图 4-9 分析顺序队列存储结构。

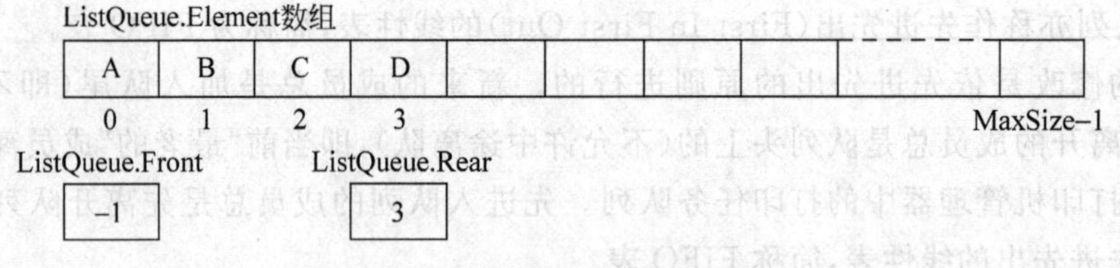


图 4-9 顺序队列存储结构

顺序队列的基本操作(参见图 4-10):

(1) 创建一个空队列。

```
void Init_SeqQueue (SeqQueue *Sq_pointer) /* 构造一个空队列 */
{   Sq_pointer->Front = -1; Sq_pointer->Rear = -1;
        /* 队尾、队头的位置都设置为 -1 */
}
```

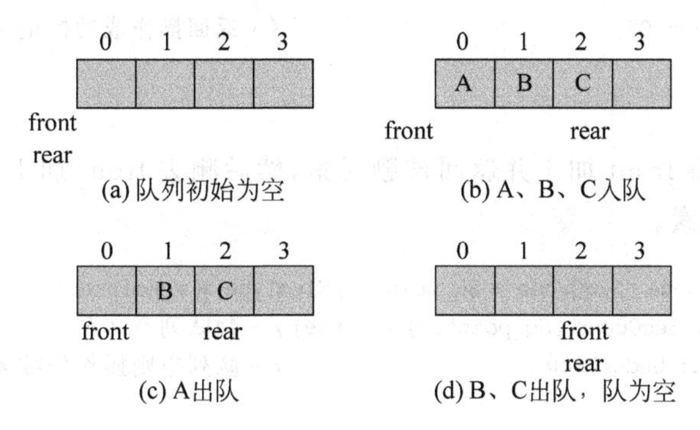


图 4-10 顺序队列操作示意图

(2) 判队列空。

```
int Empty_SeqQueue (SeqQueue * Sq_pointer)          /* 判队列空 */
    {   if (Sq_pointer -> Front ==  Sq_pointer -> Rear)
                return True;
        else
                return False;
    }
```

说明：当头尾指针相等时，队列为空。

(3) 判队列满。

```
int Full_SeqQueue (SeqQueue * Sq_pointer)        /* 判队列满 */
{   if (Sq_pointer -> Rear == MaxSize - 1) return True;
    else return False;
}
```

(4) 进队列。

```
int In_SeqQueue (SeqQueue * Sq_pointer,ElemType x)/* 进队列 */
{    if (Full_SeqQueue (Sq_pointer) == True)       /* 判队列满 */
         return OverFlow ;                         /* 队列满则操作失败 */
     else
     {   Sq_pointer -> Rear++;                     /* 队尾位置加 1 */
         Sq_pointer -> Element[Sq_pointer -> Rear] = x ;     /* 元素 x 赋值到队列位置 */
         return OK;                                /* 返回操作成功标记 */
     }
}
```

说明：入队时将 rear 加 1，然后将新元素插入 rear 所指的位置。

(5) 出队列。

```
int Out_SeqQueue(SeqQueue * Sq_pointer,ElemType * x_pointer)                /* 出队列 */
    {   if (Empty_SeqQueue (Sq_pointer) == True) /* 判队列空 */
             return UnderFlow ;                  /* 队列空则操作失败 */
        else
        {    * x_pointer = Sq_pointer -> Element[Sq_pointer -> Front + 1];
                      /* 取队头元素到 x_pointer 所指的空间 */
          Sq_pointer  -> Front++;                /* 队头位置加 1 */
```

```
            return OK;                          /*返回操作成功标记*/
        }
    }
```

说明：出队时，将 front 加 1 并返回被删元素，然后删去 front 加 1 所指的元素。

(6) 取队列头元素。

```
int GetFront_SeqQueue (SeqQueue *Sq_pointer,ElemType *x_pointer)        /*取队列头元素*/
    {   if (Empty_SeqQueue (Sq_pointer) == True) /*判队列空*/
            return UnderFlow ;                  /*队列空则操作失败*/
        else
        { *x_pointer = Sq_pointer->Element[Sq_pointer->Front+1];
                        /*取队头元素到 x_pointer 所指的空间*/
            return OK;                          /*返回操作成功标记*/
        }
    }
```

(7) 清空一个队列。

```
void SetNull_SeqQueue(SeqQueue *Sq_pointer)     /*清空一个队列*/
  {   Sq_pointer->Front = Sq_pointer->Rear = -1;
  }
```

**注意：在非空队列里，队头指针始终指向队头元素，尾指针始终指向队尾元素的前一位置。**

**【问题思考】** 分析顺序队列中的溢出现象。

(1) "下溢"现象。

当队列为空时，做出队运算产生的溢出现象。"下溢"是正常现象，常用作程序控制转移的条件。

(2) "真上溢"现象。

当队列满时，做进栈运算产生空间溢出的现象。"真上溢"是一种出错状态，应设法避免。

(3) "假上溢"现象。

由于入队和出队操作中，头尾指针只增加不减小，致使被删元素的空间永远无法重新利用。当队列中实际的元素个数远远小于存储空间的规模时，也可能由于尾指针已超越存储空间的上界而不能做入队操作，该现象称为"假上溢"现象，如图 4-11 所示。

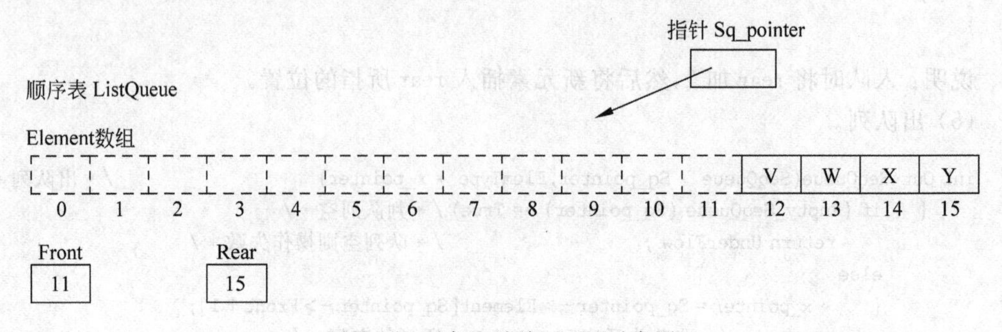


图 4-11 顺序队列"假上溢"示意图

假设下述操作序列作用在初始为空的顺序队列上：

```
EnQueue, DeQueue, EnQueue, DeQueue, …
```

尽管在任何时刻，队列元素的个数均不超过 1，但是只要该序列足够长，事先定义的存储空间无论多大均会产生指针越界错误。

**2. 循环队列**

为充分利用存储空间，克服“假上溢”现象的方法是：将顺序队列存储空间虚拟为一个首尾相接的圆环，存储在其中的队列称为循环队列(Circular Queue)(参见图 4-12)。

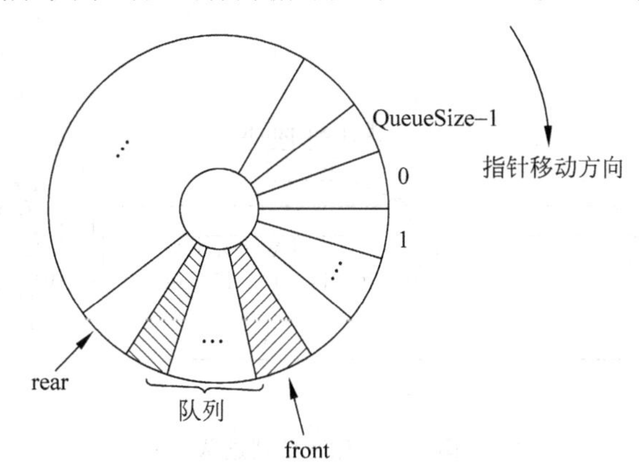


图 4-12　循环队列示意图

循环队列可在顺序表存储的数据类型定义基础上，调整操作算法实现。循环队列中进行出队、入队操作时，头尾指针仍要加 1，朝前移动。只不过当头尾指针指向存储空间上界(QueueSize-1)时，其加 1 操作的结果是指向存储空间的下界 0。

显然，因为循环队列元素的空间可以被利用，除非队列存储空间真的被队列元素全部占用，否则不会上溢。因此，除一些简单的应用外，真正实用的顺序队列是循环队列。

顺序表存储循环队列的基本操作：

(1) 判队列满(参见图 4-13)。

```
int Full_SeqQueue (SeqQueue * Sq_pointer)          /* 判队列满 */
{   if ((Sq_pointer -> Rear + 1) % MaxSize == Sq_pointer -> Front)
    return True;
    else return False;
}
```

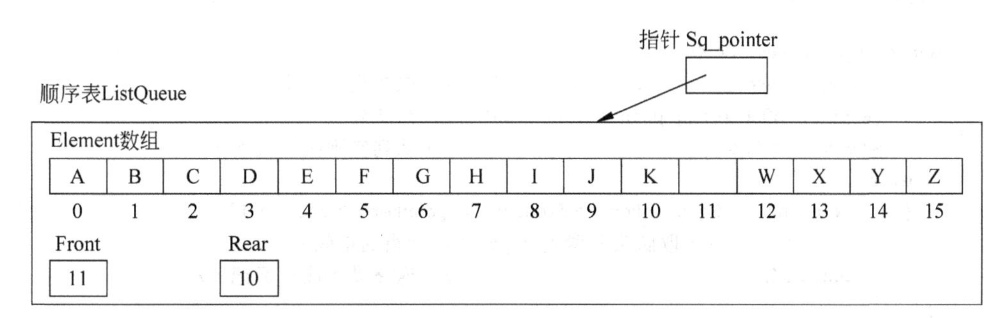


图 4-13　循环队列满的状态

说明：队尾指针加1时做溢出处理。

(2) 数据进队列(参见图 4-14)。

```
int In_SeqQueue(SeqQueue * Sq_pointer,ElemType x)/ * 进队列 * /
{    if (Full_SeqQueue (Sq_pointer) == True)          / * 判队列满 * /
        return OverFlow ;                             / * 队列满则操作失败 * /
     else
     {    Sq_pointer -> Rear = (Sq_pointer -> Rear + 1) % MaxSize;      / * 队尾位置加 1 * /
          Sq_pointer -> Element[Sq_pointer -> Rear] = x ;      / * 元素 x 赋值到队列位置 * /
          return OK;                                  / * 返回操作成功标记 * /
     }
}
```

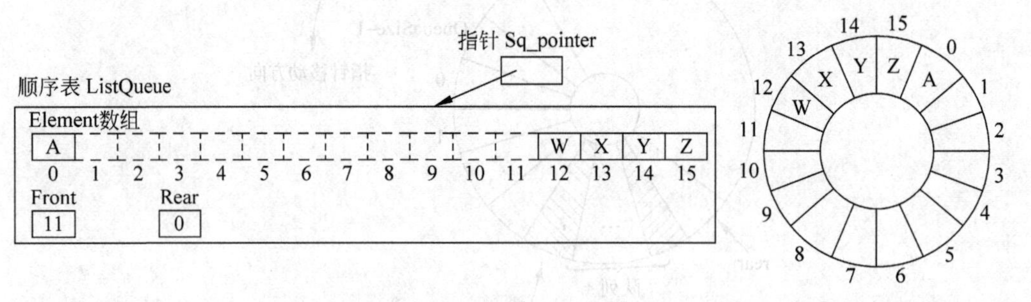


图 4-14　循环队列进队

(3) 数据出队列。

```
int Out_SeqQueue(SeqQueue * Sq_pointer,ElemType * x_pointer)                 / * 出队列 * /
{    if (Empty_SeqQueue (Sq_pointer) == True)     / * 判队列空 * /
          return UnderFlow ;                      / * 队列空则操作失败 * /
     else
     {     * x_pointer = Sq_pointer ->
           Element[(Sq_pointer -> Front + 1) % MaxSize];
                         / * 取队头元素到 x_pointer 所指的空间 * /
          Sq_pointer -> Front = (Sq_pointer -> Front + 1)
                         % MaxSize ;                  / * 队头位置加 1 * /
            return OK;                                / * 返回操作成功标记 * /
     }
}
```

(4) 取队列头元素。

```
int GetFront_SeqQueue (SeqQueue
          * Sq_pointer,ElemType * x_pointer)     / * 取队列头元素 * /
  {    if (Empty_SeqQueue (Sq_pointer) == True)  / * 判队列空 * /
          return UnderFlow ;                      / * 队列空则操作失败 * /
       else
     {  * x_pointer = Sq_pointer -> Element[Sq_pointer -> Front + 1];
                        / * 取队头元素到 x_pointer 所指的空间 * /
            return OK;                            / * 返回操作成功标记 * /
     }
}
```

**注意**：循环队列除上述 4 个操作外，其他 3 个操作与顺序队列相同。

**【问题思考】** 循环队列队首、队尾指针操作都涉及溢出处理。

### 4.2.4 循环队列的实现

**【例 4-5】** 为实现按货物到达的时间先后顺序配送货物，采用循环队列结构安排案例 4-2 物流公司送货任务，即先到的货物先配送，根据配送单任务序列顺序逐个依次完成送货任务。

设计分析：

根据货物配送任务序列顺序按时间到达顺序依次逐个完成送货的要求，建立循环队列结构实现(参见图 4-7)。

每个配送单包括序号、配送编号、姓名、地址、到达时间。

程序设计：

```
n#include "stdio.h"
#include "string.h"
#define MaxSize 16                              /* 循环队列长度 */
#define OK 1
#define True 1
#define False 0
#define OverFlow -1
#define UnderFlow -2
/* 定义配送单元素类型 */
typedef struct
{
    char number[7];                             /* 序号 */
    char id[10];                                /* 配送编号 */
    char name[10];                              /* 姓名 */
    char addr[20];                              /* 地址 */
    char time[9];                               /* 到达时间 */
}ElemType;
typedef struct
   {  ElemType Element[MaxSize];                /* 存储队列元素数组 */
       int Rear,Front;                          /* 队头、队尾位置 */
   }SeqQueue;
   void Init_SeqQueue(SeqQueue * Sq_pointer)    /* 构造一个空队列 */
    {
        Sq_pointer->Front = -1;
        Sq_pointer->Rear = -1;
        /* 队尾、队头的位置都设置为 -1 */
    }
int Full_SeqQueue (SeqQueue * Sq_pointer)       /* 判队列满 */
    {   if ((Sq_pointer->Rear + 1) % MaxSize == Sq_pointer->Front)
            return True;
         else return False;
    }
int Empty_SeqQueue (SeqQueue * Sq_pointer)      /* 判队列空 */
    {   if (Sq_pointer ->Front == Sq_pointer->Rear)
```

```
                return True;
        else
                return False;
    }
int In_SeqQueue(SeqQueue * Sq_pointer,ElemType x)/ * 进队列 * /
   {    if (Full_SeqQueue (Sq_pointer) == True)   / * 判队列满 * /
      return OverFlow ;                           / * 队列满则操作失败 * /
        else
   {  / * 队尾位置加 1 * /
Sq_pointer -> Rear = (Sq_pointer -> Rear + 1) % MaxSize;
               / * 元素 x 赋值到队尾指针位置 * /
            strcpy((Sq_pointer -> Element[Sq_pointer -> Rear]).number,x.number);
            strcpy((Sq_pointer -> Element[Sq_pointer -> Rear]).id,x.id);
            strcpy((Sq_pointer -> Element[Sq_pointer -> Rear]).name,x.name);
            strcpy((Sq_pointer -> Element[Sq_pointer -> Rear]).addr,x.addr);
            strcpy((Sq_pointer -> Element[Sq_pointer -> Rear]).time,x.time);
            return OK;                          / * 返回操作成功标记 * /
        }
    }
int Out_SeqQueue(SeqQueue * Sq_pointer,ElemType * x_pointer)          / * 出队列 * /
{
        if (Empty_SeqQueue (Sq_pointer) == True) / * 判队列空 * /
            return UnderFlow ;                  / * 队列空则操作失败 * /
        else
        {  / * 取队头元素到 x_pointer 所指的空间 * /
            strcpy(x_pointer -> number, (Sq_pointer -> Element[(Sq_pointer -> Front + 1) %
MaxSize]).number);
             strcpy(x_pointer -> id, (Sq_pointer -> Element[(Sq_pointer -> Front + 1) %
MaxSize]).id);
            strcpy(x_pointer -> name, (Sq_pointer -> Element[(Sq_pointer -> Front + 1) %
MaxSize]).name);
            strcpy(x_pointer -> addr, (Sq_pointer -> Element[(Sq_pointer -> Front + 1) %
MaxSize]).addr);
            strcpy(x_pointer -> time, (Sq_pointer -> Element[(Sq_pointer -> Front + 1) %
MaxSize]).time);
            Sq_pointer -> Front = (Sq_pointer -> Front + 1) % MaxSize ;   / * 队头位置加 1 * /
            return OK;                          / * 返回操作成功标记 * /
        }
    }
void SetNull_SeqQueue(SeqQueue * Sq_pointer)       / * 清空一个队列 * /
    { Sq_pointer -> Front =  Sq_pointer -> Rear = - 1;
    }
void main()
{ int i;
    ElemType x;
    SeqQueue ListQueue;
    Init_SeqQueue(&ListQueue);
    do
       {
        printf ("\n");
        printf ("1 --- 按货物到达时间提交送货任务,插入配送队列 Insert \n");
```

```
        printf ("2 --- 从配送队列出队一个配送单,送货给收货人 Delete \n");
        printf ("3 --- 退出\n");
        scanf (" % d",&i);
        switch(i)
          {
        case 1: printf("Please enter number: "); /* 输入序号 */
            scanf(" % s",x.number);
            printf("Please enter id: ");          /* 输入编号 */
            scanf(" % s",x.id);
            printf("Please enter name: ");        /* 输入姓名 */
            scanf(" % s",x.name);
            printf("Please enter addr: ");        /* 输入地址 */
            scanf(" % s",x.addr);
            printf("Please enter time: ");        /* 到达时间 */
            scanf(" % s",x.time);
            if (In_SeqQueue(&ListQueue,x)!= OK)
                printf ("队列满,插入失败,等待!\n");
            break;
        case 2:printf ("从配送队列中出队一个送货任务,准备输出配送单 print\n");
            if(Empty_SeqQueue(&ListQueue) == OK)
            {
                printf("配送队列空,无送货任务,等待!wait!\n");
                break;
            }
            Out_SeqQueue(&ListQueue,&x);          /* 出队列 */
            printf("\n 当前送货任务: number = % s,id = % s,name = % s,addr = % s,time = % s \
n", x.number,x.id,x.name, x.addr,x.time);
            break;
        case 3:break;
        default:printf("错误选择!Error 请重选");break;
          }
      } while (i!= 3);
    SetNull_SeqQueue(&ListQueue);                /* 清空一个队列 */
}
```

**【任务 4-5】** 针对案例 4-1 在例 4-4 中增加显示功能,可以列出当前全部配送任务清单。

**【例 4-6】** 队列的应用——舞伴问题。假设在周末舞会上,男士们和女士们进入舞厅时,各自排成一队。跳舞开始时,依次从男队和女队的队头上各出一人配成舞伴。若两队初始人数不相同,则较长的那一队中未配对者等待下一轮舞曲。现要求编写一个算法模拟上述舞伴配对问题。

问题分析:

先入队的男士或女士亦先出队配成舞伴。因此该问题具有典型的先进先出特性,可用队列作为算法的数据结构。

算法分析:

在算法中,假设男士和女士的记录存放在一个数组中作为输入,然后依次扫描该数组的各元素,并根据性别来决定是进入男队还是女队。当这两个队列构造完成之后,依次将两队当前的队头元素出队来配成舞伴,直至某队列变空为止。此时,若某队仍有等待配对者,算法输出此队列中等待者的人数及排在队头的等待者的名字,他(或她)将是下一轮舞曲开始时第一个可获得舞伴的人。

算法设计:

```
typedef struct{
    char name[20];
    char sex;                                   //性别,'F'表示女性,'M'表示男性
} Person;
typedef Person DataType;                        //将队列中元素的数据类型改为 Person
void DancePartner(Person dancer[],int num)
{ //结构数组 dancer 中存放跳舞的男女,num 是跳舞的人数
    int i;
    Person p;
    CirQueue Mdancers,Fdancers;
    InitQueue(&Mdancers);                       //男士队列初始化
    InitQueue(&Fdancers);                       //女士队列初始化
    for(i=0;i<num;i++){                         //依次将跳舞者依其性别入队
        p=dancer[i];
        if(p.sex=='F')
            EnQueue(&Fdancers.p);               //排入女队
        else
            EnQueue(&Mdancers.p);               //排入男队
    }
    printf("The dancing partners are: \n \n");
    while(!QueueEmpty(&Fdancers)&&!QueueEmpty(&Mdancers)){
        //依次输入男女舞伴名
        p=DeQueue(&Fdancers);                   //女士出队
        printf(" %s",p.name);                   //打印出队女士名
        p=DeQueue(&Mdancers);                   //男士出队
        printf(" %s\n",p.name);                 //打印出队男士名
    }
    if(!QueueEmpty(&Fdancers)){                 //输出女士剩余人数及队头女士的名字
        printf("\n There are %d women waitin for the next round.\n",Fdancers.count);
        p=QueueFront(&Fdancers);                //取队头
        printf(" %s will be the first to get a partner. \n",p.name);
    }else
        if(!QueueEmpty(&Mdancers)){             //输出男队剩余人数及队头者名字
            printf("\n There are %d men waiting for the next round.\n",Mdacers.count);
            p=QueueFront(&Mdancers);
            printf(" %s will be the first to get a partner.\n",p.name);
        }
}                                               //DancerPartners
```

【任务 4-6】 设计完整的 C 程序解决例 4-5 的问题。

## 4.2.5 链队列的表示

队列的链式存储结构简称为链队列。它是限制仅在表头删除和表尾插入的单链表。

### 1. 链队列结构数据类型定义

结点类型：

```
type char ElemType;
typedef struct node
  {   ElemType data;                              /* 数据域 */
      struct node * next;                         /* 指针域 */
  } Node;
```

链队列类型定义：

```
typedef struct
   {  Node  * Front;
       Node  * Rear;
   } LinkQueue;
```

**注意：**

(1) 增加指向链表上的最后一个结点的尾指针，便于在表尾做插入操作。

(2) 链队列示意图见图 4-15，图中 $Q$ 为 LinkQueue 型的指针。

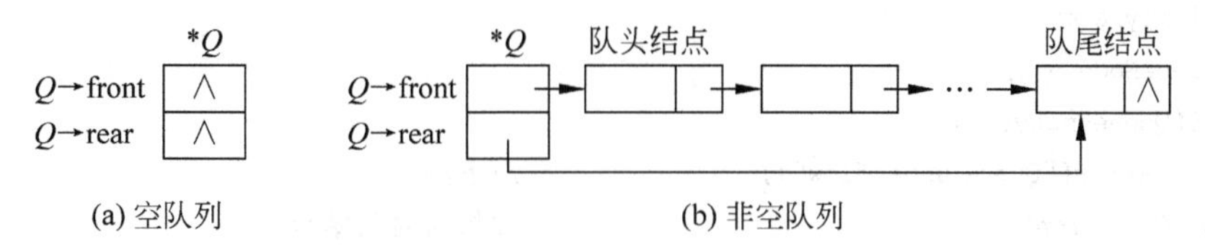


图 4-15　链队列存储结构示意图

### 2. 链队列的基本运算

1) 置空队

构造一个空队列(链队列)

```
void Init_LinkQueue (LinkQueue * Q)               /* 构造一个空链队列 */
     {    Q-> Front  = NULL;
          Q-> Rear  = NULL;
     }
```

说明：调用 Init_LinkQueue 的方法是

```
LinkQueue   Queue_Link;                           /* 定义链队列变量 */
Init_LinkQueue(&Queue_Link);                      /* 构造一个空链队列 */
```

Queue_Link 链队列队头和队尾两个指针构成的结构体的指针(参见图 4-15)。

2) 判队空

```
int QueueEmpty(LinkQueue * Q)
{
     if (Q->front == NULL) return True;
          else return False;                      //实际上只需判断队头指针是否为空即可
}
```

3）入队

```
void EnQueue(LinkQueue *Q, ElemType x)
{ //将元素 x 插入链队列尾部
    QueueNode *p=(QueueNode *)malloc(sizeof(QueueNode));                //申请新结点
    p->data=x;
    p->next=NULL;
    if(QueueEmpty(Q))
        Q->front=Q->rear=p;                          //将 x 插入空队列
    else { //x 插入非空队列的尾
        Q->rear->next=p;                             //*p 链到原队尾结点后
        Q->rear=p;                                   //队尾指针指向新的尾
    }
}
```

4）出队

```
DataType DeQueue (LinkQueue *Q)
{
    ElemType x;
    QueueNode *p;
    if(QueueEmpty(Q))
        Error("Queue underflow");                    //下溢
    p=Q->front;                                      //指向对头结点
    x=p->data;                                       //保存对头结点的数据
    Q->front=p->next;                                //将对头结点从链上摘下
    if(Q->rear==p)               //原队中只有一个结点,删去后队列变空,此时队头指针已为空
        Q->rear=NULL;
    free(p);                                         //释放被删队头结点
    return x;                                        //返回原队头数据
}
```

5）取队头元素

```
DataType QueueFront(LinkQueue *Q)
{
    if(QueueEmpty(Q))
        Error("Queue if empty.");
    return Q->front->data;
}
```

**注意：**

(1) 和链栈类似,无须考虑判队满的运算及上溢。

(2) 在出队算法中,一般只需修改队头指针。但当原队中只有一个结点时,该结点既是队头也是队尾,故删去此结点时亦需修改尾指针,且删去此结点后队列变空。

**【任务 4-7】** 以上讨论的是无头结点链队列的基本运算。和单链表类似,为了简化边界条件的处理,在队头结点前也可附加一个头结点,增加头结点的链队列的基本运算。

## 4.3 本章小结

1. 栈和队列是操作受限制的线性表。栈只允许在表的一端即栈顶一端做插入和删除操作,插入和删除的效率都非常高,不会引起表内元素的移动。

对栈的基本操作包括创建一个空栈、判栈空、判栈满、进栈、退栈、取栈顶元素及清空一个栈。

2. 栈的实现可以使用顺序栈和链栈。在顺序栈中需要设置一个变量记录栈的位置(如数组下标),而在链栈中使用一个头指针指向栈顶元素。

3. 队列允许在表的一端做插入操作,而在表的另一端做删除操作,插入的一端称为队尾,删除的一端称为队尾。对队列的基本操作包括创建一个空队列、判队空、判队满、进队列、出队列、取队头元素和清空一个队列等。

4. 队列的实现可以使用顺序队列、循环队列和链队列。在顺序队列中需要设置两个变量分别记录队头和队尾的位置,由于顺序队列会产生假溢出的问题,因此对于顺序表表示的队列通常应该使用循环队列,在循环队列中对队列满的判定要区别于对队列空的判定,长度为 $n$ 的数组最多能存储的队列元素是 $n-1$ 个;链队列中则有两个指针,分别指向队头和队尾元素。

5. 栈的特性是后进先出,队列的特性是先进先出,由于它们的特性使得其应用范围非常广泛。例如,栈可以解决数制转换、判断回文、火车调度等很实际的问题,而队列可以处理基数排序等问题。

## 习题

### 1. 填空

(1) 设有一个空栈,现有输入序列为 1,2,3,4,5,经过操作序列 push、pop、push、push、pop、push、posh、pop 后,现在已出栈的序列是________,栈顶指针的值是________。

(2) 设有栈 s,若线性表元素入栈顺序为 1,2,3,4,得到的出栈序列为 1,3,4,2,则用栈的基本运算 push、pop 描述的操作序列为________。

(3) 在顺序栈中,当栈顶指针 top=-1 时,表示________;当 top=MaxSize-1 时,表示________。

(4) 在有 $n$ 个元素的栈中,进栈和出栈操作的时间复杂度分别为________和________。

(5) 在顺序栈 s 中,出栈操作时要执行的语句序列中有 stop ________;进栈操作时要执行的语句序列中有 stop ________。

(6) 链栈 S,指向栈顶元素的指针是________。

(7) 若以链表作为栈的存储结构,则退栈操作时必须判别栈是否为________。

(8) 为了增加内存空间的利用率和减少发生上溢的可能性,通常由两个栈共享一片连续的内存空间。这时应将两个栈的________分别设在这片内存空间的两端,从而只有当两个栈的________在栈空间的某一位置相遇时，才产生上溢。

(9) 在队列结构中，允许插入的一端称为________，允许删除的一端称为________。

(10) 队列在进行出队操作时，首先要判断________；入队时首先要判断________。

(11) 设队列空间 $n=40$，队尾指针 rear＝6，队头指针 front＝25，则此循环队列中当前元素的数目是________。

(12) 在一个链队列中，若队头指针为 front，队尾指针为 rear，则判断该队列只有一个结点的条件为________。

(13) 设循环队列的头指针 front 指向队头元素，尾指针 rear 指向队尾元素后的一个空闲元素，队列的最大空间为 max，则队空的标志为________，队满的标志为________。当 rear＜front 时，队列长度是________。

### 2. 判断题

(1) 栈和队列都是限制存取点的线性结构。

(2) 用单链表表示的链式队列的队头在链表的链尾位置。

(3) 消除递归不一定需要使用栈。

(4) 设栈的输入序列是 $1,2,\cdots,n$，若输出序列的第一个元素是 $n$，则第 $i$ 个输出元素是 $n-i+1$。

(5) 在一个顺序循环队列中，队首指针指向队首元素的当前位置。

(6) 若一个栈的输入序列是 $1,2,3,\cdots,n$，输出序列的第一个元素是 $i$，则第 $i$ 个输出元素不确定。

(7) 当利用大小为 $n$ 的数字存储顺序循环队列时，该队列的最大长度为 $n-1$。

(8) 循环队列不会发生溢出。

(9) 链队列与循环队列相比，前者不会发生溢出。

(10) 直接或间接调用自身的算法就是递归算法。

### 3. 简答题

(1) 什么是顺序队列的假溢出现象?

(2) 简述下列算法的功能。

```
void Fun1(SeqStack s)
  {  int i,n,a[255];
     n = 0;
     while (!StackEmpty(s))
     {    a[n] = Pop(s);
          n++;
     }
     for (i = 0;i <= n - 1;i++)
     Push(s,a[i]);
  }
```

(3) 简述下列算法的功能。

```
void fun2(LinkStack s int e)
```

```
{ LinkStack t;int d;
    t = StackInit0;
    while(!StackEmpty(s))
    {   d = Pop(s);
        if(d!= e) Push(t,d);
    }
  while(!StackEmpty(t))
    {   d = Pop(t);
        Push(s,d);
     }
}
```

**4. 算法设计题**

(1) 对整体序列 $a_1,a_2,\cdots,a_n$,编写递归算法,求该序列的最大整数。

(2) 编写下面定义的递归函数的递归算法,并根据算法画出执行 $g(11)$时栈的变化过程(其中 $n/2$ 为整除运算)。

$$g(n)=\begin{cases}1, & n=0\\ n\times g(n/2), & n>0\end{cases}$$

(3) 请对如下 Ackerman 函数定义写出递归算法。

$$\mathrm{akm}(m,n)=\begin{cases}n+1 & m=0\\ \mathrm{akm}(m-1,1) & m\neq 0,n=0\\ \mathrm{akm}(m-1,\mathrm{akm}(m,n-1)) & m\neq 0,n\neq 0\end{cases}$$

(4) 对于算术表达式 3×(5−2)+7,用栈存储表达式中的运算符和操作数,试画出栈的变化过程。

(5) 试分析 1,2,3,4 的 24 种排列中,哪些序列可以通过相应的入栈、出栈得到。

(6) 设一个循环队列 Queue,只有头指针 front,不设尾指针,另设一个含有元素个数的计数器 count,试写出相应的入队算法和出队算法。

(7) 假设以 I 和 O 分别表示入栈和出栈操作。栈的初态和终态均为空,入栈和出栈的操作序列可表示为仅由 I 和 O 组成的序列,称可以操作的序列为合法序列,否则称为非法序列。

① 下面所示的序列中哪些是合法的?

A. IOIIOIOO B. IOOIOIIO C. IIIOIOIO D. IIIOOIOO

② 通过对①的分析,写出一个算法,判定所给的操作序列是否合法,若合法,返回 1,否则返回 0(假定被判定的操作序列已存入一维数组中)。

(8) 请利用两个栈 S1 和 S2 来模拟一个队列。已知栈的 3 个运算定义如下:

① Push(st,x)元素 x 入 st 栈;

② Pop(st,x)栈顶元素出栈并赋给变量 x;

③ Eempty(st)判 st 栈是否为空。

如何利用栈的运算实现队列的入队、出队和判队列是否为空的运算。

**5. 实训习题**

(1) 设在一个算术表达式中允许使用两种括号:圆括号“(”和“)”、方括号“[”和“]”。

试设计一个算法,利用栈结构来检查表达式中括号使用的合法性,即左、右括号是否配对,每对括号之间可以嵌套,但不允许交叉。

(2) 设从键盘输入一整数的序列 $a_1,a_2,a_3,\cdots,a_n$,试编写算法实现用顺序栈存储输入的整数。当 $a_i\neq-1$ 时,对栈进行连续出栈操作,直到栈空。算法应对异常情况(入栈时满的情况)给出相应的信息。

(3) 建立一个链队列,显示其每个结点值,并进行插入、删除处理。

(4) 假设以数组 arr[m]存放循环队列中的元素,同时设置一个标志 tag,以 tag=0 和 tag=1 来区别在队头指针(front)和队尾指针(rear)相等时,队列状态为"空"还是"满"。试编写与此结构相应的插入(Enqueue)和删除(Delqueue)算法。

(5) 商品货架管理。商品货架可以看成一个栈,栈顶商品的生产日期最早,栈底商品的生产日期最近。上货时,需要倒货架,以保证生产日期较近的商品在较靠下的位置。用队列和栈作为周转,实现上述管理过程。

(6) 停车场管理。设停车场是一个可停放 $n$ 辆车的狭长通道,且只有一个大门可供汽车进出。在停车场内,汽车按到达的先后次序,由北向南依次排列(假设大门在最南端)。若车场内已停满 $n$ 辆车,则后来的汽车需在门外的便道上等候,当有车开走时,便道上的第一辆车即可开入。当停车场内某车辆要离开时,在它之后进入的车辆必须先退出车场为它让路,待该车辆开出大门后,其他车辆再按原次序返回车场。每辆车离开停车场时,应按其停留时间的长短交费(在便道上停留的时间不收费)。试编写程序,模拟上述管理过程,要求以顺序栈模拟停车场,以链队列模拟便道。从终端读入汽车到达或离去的数据,每组数据包括3项:

① "到达"还是"离去";

② 汽车牌照号码;

③ "到达"或"离去"的时刻。

与每组输入信息相应的输出信息为:如果是到达的车辆,则输出其在车场中或便道上的位置;如果是离去的车辆,则输出其在停车场中停留的时间和应交的费用。(提示:需另设一个栈,临时停放为让路而从车场退出的车。)

# 第5章 串、数组、广义表

**主要知识点：**

- 串的基本概念，常用术语。
- 串的存储结构，串的运算。
- 串操作的应用方法和特点。

在早期的程序设计语言中，串仅在输入或输出中以直接量的形式出现，并不参与运算。随着计算机的发展，串在文字编辑、词法扫描、符号处理以及定理证明等许多领域得到越来越广泛的应用。在高级语言中开始引入了串变量的概念，如同整型、实型变量一样，串变量也可以参加各种运算。

线性表、栈、队列、串都是线性的数据结构，每一个元素都有直接的前驱和后继，数组、广义表是复杂的非线性结构，每一个元素可能有多个直接前驱和直接后继，我们可以讨论将其转换为线性结构，作为线性表的推广。

## 5.1 串

串（又称字符串）是一种特殊的线性表，它的每个结点仅由一个字符组成。

**【案例 5-1】** 采用顺序存储的字符串结构中，子串的操作实现。

### 5.1.1 串的基本概念

#### 1. 串

串(String)是零个或多个字符组成的有限序列。一般记为

S = "$a_1 a_2 \cdots\cdots a_n$"

其中：

① S 是串名；

② 双引号括起的字符序列是串值；

将串值括起来的双引号本身不属于串，它的作用是避免串与常数或与标识符混淆。

例如，"123"是数字字符串，它不同于整常数 123。

例如，"xl"是长度为 2 的字符串，而 xl 通常表示一个标识符。

③ $a_i(1\leqslant i\leqslant n)$可以是字母、数字或其他字符;

④ 串中所包含的字符个数称为该串的长度。

**2. 空串和空白串**

长度为零的串称为**空串**(Empty String),它不包含任何字符。仅由一个或多个空格组成的串称为**空白串**(Blank String)。

**注意**:空串和空白串的不同。例如" "和""分别表示长度为1的空白串和长度为0的空串。

**3. 子串和主串**

串中任意个连续字符组成的子序列称为该串的**子串**。包含子串的串相应地称为**主串**。

通常将子串在主串中首次出现时,该子串首字符对应的主串中的序号定义为子串在主串中的序号(或位置)。

例如,设A和B分别为

```
A = "This is a string"
B = "is"
```

则B是A的子串,B在A中出现了两次。其中首次出现对应的主串位置是3。因此称B在A中的序号(或位置)是3。

**注意**:

(1) 空串是任意串的子串;

(2) 任意串是其自身的子串。

**4. 串变量和串常量**

通常在程序中使用的串可分为串变量和串常量。

(1) 串变量。

串变量和其他类型的变量一样,其取值是可以改变的。

(2) 串常量。

串常量和整常数、实常数一样,在程序中只能被引用但不能改变其值,即只能读不能写。

(1) 串常量由直接量来表示,例如Error("overflow")中"overflow"是直接量。

(2) 串常量命名

有的语言允许对串常量命名,以使程序易读、易写。

例如,在C语言中,可定义串常量path

```
const char path[] = "dir/bin/appl";
```

## 5.1.2 串的存储结构

因为串是特殊的线性表，故其存储结构与线性表的存储结构类似。只不过由于组成串的结点是单个字符，所以存储时有一些特殊的技巧。

### 1. 串的顺序存储

串的顺序存储结构简称为顺序串；与顺序表类似，顺序串是用一组地址连续的存储单元来存储串中的字符序列。因此可用高级语言的字符数组来实现。

顺序串的具体描述：

```
#define MaxStrSize 256                    //该值依赖于应用，由用户定义
typedef char SeqString[MaxStrSize];       //SeqString 是顺序串类型
SeqString S;                              //S 是一个可容纳 255 个字符的顺序串
```

**注意：**

(1) 串值空间的大小在编译时刻就已确定，是静态的。难以适应插入、链接等操作。

(2) 直接使用定长的字符数组存放串内容外，一般可使用一个不会出现在串中的特殊字符放在串值的末尾来表示串的结束。所以串空间最大值为 MaxStrSize 时，最多只能放 MaxStrSize－1 个字符。

C 语言中以字符'\0'表示串值的终结，串"This is a string"的存储结构如图 5-1 所示。

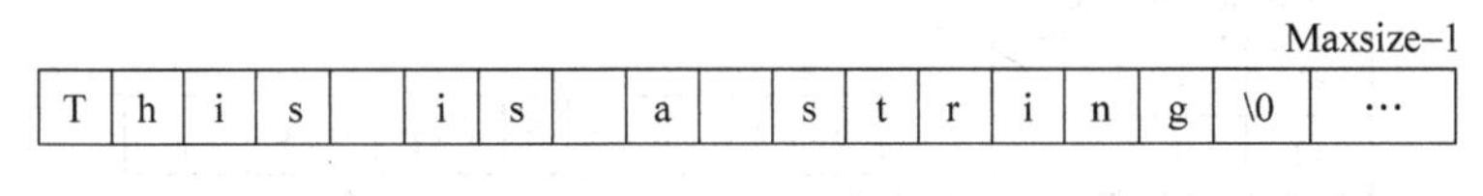

图 5-1 串的顺序存储

### 2. 串的链式存储

用单链表方式存储串值，串的这种链式存储结构简称为链串。

链串的结构类型定义

```
typedef struct node{
    char data;
    struct node *next;
  }LinkStrNode;                           //结点类型
typedef LinkStrNode *LinkString;          //LinkString 为链串类型
LinkString S;                             //S 是链串的头指针
```

**注意：**

(1) 链串和单链表的差异仅在于其结点数据域为单个字符。

(2) 一个链串由头指针唯一确定。

通常，将结点数据域存放的字符个数定义为结点的大小。结点的大小的值越大，存储密度越高。

(1) 结点大小为 1 的链串。

例如,串值为"abcdef"的结点大小为 1 的链串 S 如图 5-2 所示。

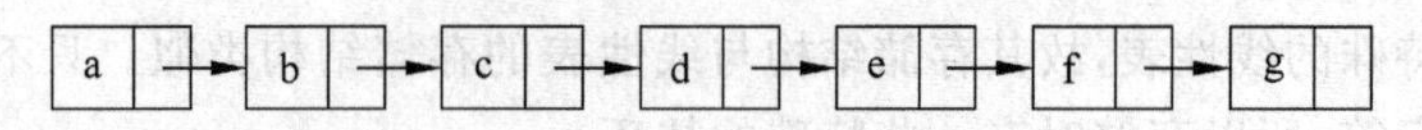


图 5-2 结点大小为 1 的链串

这种结构便于进行插入和删除运算,但存储空间利用率太低。

(2) 结点大小大于 1 的链串。

例如,串值为"abcdef"的结点大小为 4 的链串 S 如图 5-3 所示。

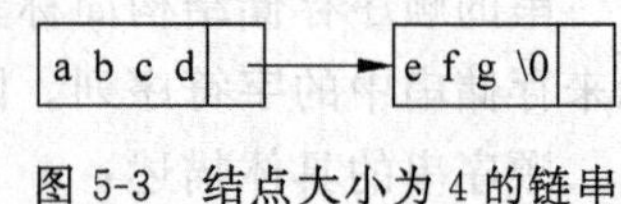


图 5-3 结点大小为 4 的链串

**注意**:

(1) 为了提高存储密度,可使每个结点存放多个字符。

(2) 当结点大小大于 1 时,串的长度不一定正好是结点大小的整数倍,因此要用特殊字符来填充最后一个结点,以表示串的终结。

(3) 虽然提高结点的大小使得存储密度增大,但是做插入、删除运算时,可能会引起大量字符的移动,给运算带来不便。

### 3. 串的索引存储结构

该方法是用串变量的名字作为关键字组织名字表,该表中存储的是串名和串值之间的对应关系,名字表一般是顺序存放的(参见图 5-4)。

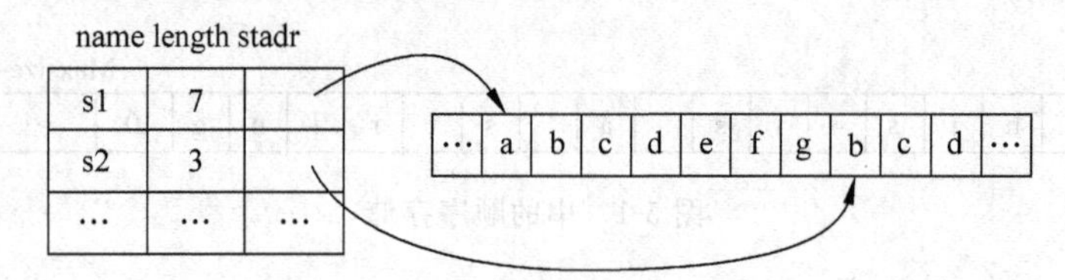


图 5-4 串的索引存储结构

带长度的名字表的 C 语言描述:

```
typedef struct
{
  char name[maxsize];
  int length;
  char * stadr;
}lnode
```

## 5.1.3 串的基本运算

对于串的基本运算,很多高级语言均提供了相应的运算符或标准的库函数来实现。为叙述方便,先定义几个相关的变量:

```
char s1[20] = "dir/bin/appl",s2[20] = "file.asm",s3[30], * p;
int result;
```

下面以 C 语言中的串运算为例介绍串的基本运算。

### 1. 求串长

```
int strlen(char * s);                    //求串 s 的长度
```

例如，

```
printf(" %d",strlen(s1));                //输出 s1 的串长 12
```

### 2. 串复制

```
char * strcpy(char * to, * from);        //将 from 串复制到 to 串中,并返回 to 开始处指针
```

例如，

```
strcpy(s3,s1);                           //s3 = "dir/bin/appl",s1 串不变
```

### 3. 联接

```
char * strcat(char * to,char * from);    //将 from 串复制到 to 串的末尾,
                                         //并返回 to 串开始处的指针
```

例如，

```
strcat(s3,"/");                          //s3 = "dir/bin/appl/"
strcat(s3,s2);                           //s3 = "dir/bin/appl/file.asm"
```

### 4. 串比较

```
int strcmp(char * s1,char * s2);         //比较 s1 和 s2 的大小,
//当 s1 < s2、s1 > s2 和 s1 = s2 时,分别返回小于 0、大于 0 和等于 0 的值
```

例如，

```
result = strcmp("baker","Baker");        //result > 0
result = strcmp("12","12");              //result = 0
result = strcmp("Joe","joseph")          //result < 0
```

### 5. 字符定位

```
char * strchr(char * s,char c);          //找 c 在字符串 s 中第一次出现的位置,
                                         //若找到,则返回该位置,否则返回 NULL
```

例如，

```
p = strchr(s2,'.');                      //p 指向"file"之后的位置
if(p) strcpy(p,".cpp");                  //s2 = "file.cpp"
```

**注意：**

(1) 上述操作是最基本的，其中后 4 个操作还有变种形式：strncpy、strncath 和 strnchr。

(2) 其他的串操作见 C 的<string.h>。在不同的高级语言中,串运算的种类及符号都不尽相同。

(3) 其余的串操作一般可由这些基本操作组合而成。

**【例 5-1】** 结合案例在顺序存储结构下子串操作的实现。

程序设计:

```
void substr(char * sub,char * s,int pos,int len){
//s 和 sub 是字符数组,用 sub 返回串 s 的第 pos 个字符起长度为 len 的子串
//其中 0<=pos<=strlen(s)-1,且数组 sub 至少可容纳 len+1 个字符
 if (pos<0||pos>strlen(s)-1||len<0)
   Error("parameter error!");
 strncpy(sub,&s[pos],len);                        //从 s[pos]起复制至多 len 个字符到 sub
}//substr
```

**【任务 5-1】** 顺序存储结构复制函数 strncpy 的实现。

## 5.2 数组

数组可看成是一种特殊的线性表,其特殊之处在于:表中的数据元素本身也是一种线性表。

### 5.2.1 数组的定义

由于数组中各元素具有统一的类型,并且数组元素的下标一般具有固定的上界和下界,因此,数组的处理比其他复杂的结构更为简单。多维数组是向量的推广。例如,二维数组。

#### 1. 数组(向量)——常用数据类型

一维数组(向量)是存储于计算机的连续存储空间中的多个具有统一类型的数据元素。同一数组的不同元素通过不同的下标标识。

$$(a_1, a_2, \cdots, a_n)$$

#### 2. 二维数组

二维数组 $A_{mn}$ 可视为由 $m$ 个行向量组成的向量,或由 $n$ 个列向量组成的向量。二维数组中的每个元素 $a_{ij}$ 既属于第 $i$ 行的行向量,又属于第 $j$ 列的列向量。

#### 3. 多维数组

三维数组 $A_{mnp}$ 可视为以二维数组为数据元素的向量。四维数组可视为以三维数组为数据元素的向量……

三维数组中的每个元素 $a_{ijk}$ 都属于三个向量。四维数组中的每个元素都属于四个向量……

## 5.2.2 数组的顺序存储方式

由于计算机内存是一维的,多维数组的元素应排成线性序列后存入存储器。数组一般不做插入和删除操作,即结构中元素个数和元素间关系不变化。一般采用顺序存储方法表示数组。

### 1. 行优先顺序

将数组元素按行向量排列,第 $i+1$ 个行向量紧接在第 $i$ 个行向量后面。

二维数组 $A_{mn}$ 的按行优先存储的线性序列为:

$$a_{11}, a_{12}, \cdots, a_{1n}, a_{21}, a_{22}, \cdots, a_{2n}, \cdots, a_{m1}, a_{m2}, \cdots, a_{mn}$$

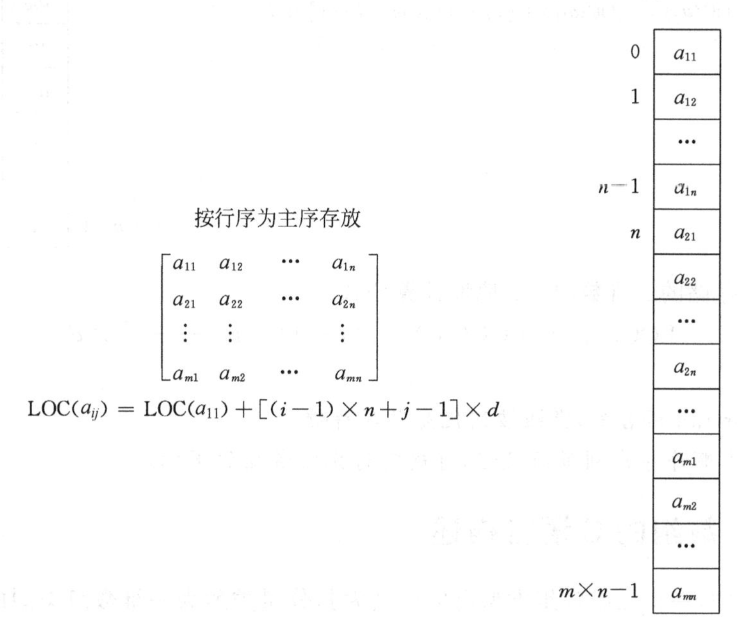


按行优先顺序存储的二维数组 $A_{mn}$ 地址计算公式

$$LOC(a_{ij}) = LOC(a_{11}) + [(i-1)\times n + j - 1]\times d$$

其中:

(1) $LOC(a_{11})$是开始结点的存放地址(即基地址)。

(2) $d$ 为每个元素所占的存储单元数。

(3) 由地址计算公式可得,数组中任一元素可通过地址公式在相同时间内存取,即顺序存储的数组是随机存取结构。

**注意:**

(1) C 语言中,数组按行优先顺序存储。

(2) 行优先顺序推广到多维数组,可规定为先排最右的下标。

### 2. 列优先顺序

将数组元素按列向量排列,第 $i+1$ 个列向量紧接在第 $i$ 个列向量后面。

二维数组 $A_{mn}$ 的按列优先存储的线性序列为：

$$a_{11},a_{21},\cdots,a_{m1},a_{12},a_{22},\cdots,a_{m2},\cdots,a_{1n},a_{2n},\cdots,a_{mn}$$

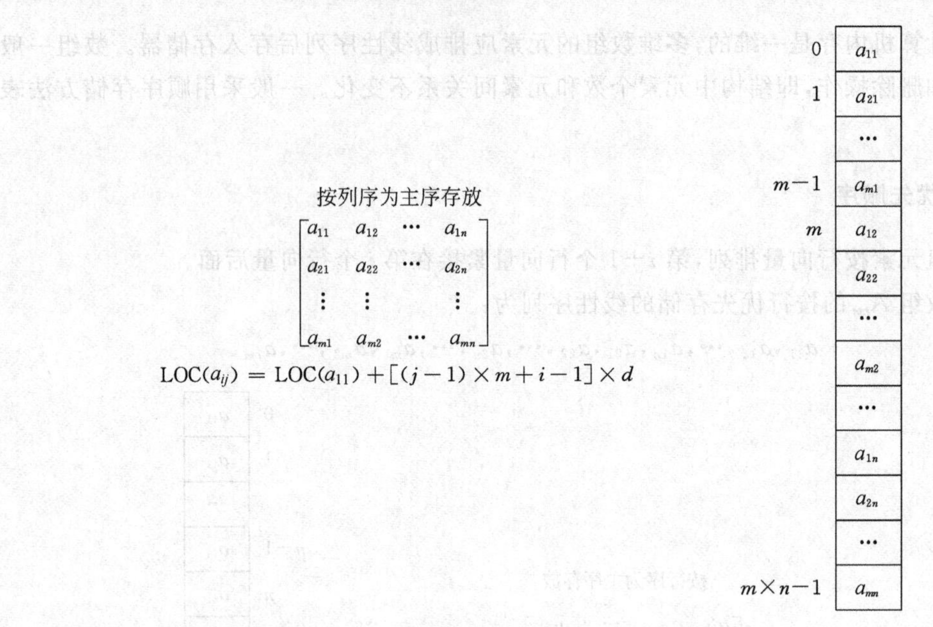


按列优先顺序存储的二维数组 $A_{mn}$ 地址计算公式

$$LOC(a_{ij}) = LOC(a_{11}) + [(j-1) \times m + i - 1] \times d$$

**注意：**

(1) 在 Fortran 语言中，数组按列优先顺序存储。

(2) 列优先顺序推广到多维数组，可规定为先排最左的下标。

### 5.2.3 数组的 C 语言描述

在 C 语言中，一个二维数组类型可以定义为其分量类型为一维数组类型的一维数组类型，也就是说，

```
typedef elemtype array2[m][n];
```

等价于：

```
typedef elemtype array1[n];
typedefarray1 array2[m];
```

数组一旦被定义，它的维数和维界就不再改变。因此，除了结构的初始化和销毁之外，数组只有存取元素和修改元素值的操作。

## 5.3 广义表

广义表是线性表的推广。线性表中的元素仅限于原子项(单个数据元素)，即不可以再分，而广义表中的元素既可以是原子项，也可以是子表(另一个线性表)(如果 $a_i$ 是单个数

据元素，则称 $a_i$ 为广义表的原子)。

### 1. 广义表的定义

广义表是 $n(n\geqslant 0)$ 个元素 $a_1,a_2,\cdots,a_i,\cdots,a_n$ 的有限序列。

其中：

(1) $a_i$ 是原子或者是一个广义表。

(2) 广义表通常记作：$\mathrm{Ls}=(a_1,a_2,\cdots,a_i,\cdots,a_n)$。

(3) Ls 是广义表的名字，$n$ 为它的**长度**。

(4) 若 $a_i$ 是广义表，则称它为 Ls 的**子表**。

**注意：**

(1) 广义表通常用圆括号括起来，用逗号分隔其中的元素。

(2) 为了区分原子和广义表，书写时用大写字母表示广义表，用小写字母表示原子。

(3) 若广义表 Ls 非空($n\geqslant 1$)，则 $a_1$ 是 LS 的表头，其余元素组成的表($a_2,a_3,\cdots,a_n$)称为 Ls 的表尾。

(4) 广义表是递归定义的。

### 2. 广义表表示

(1) 广义表常用表示。

① $E=()$

$E$ 是一个空表，其长度为 0。

② $L=(a,b)$

$L$ 是长度为 2 的广义表，它的两个元素都是原子，因此它是一个线性表。

③ $A=(x,L)=(x,(a,b))$

$A$ 是长度为 2 的广义表，第一个元素是原子 $x$，第二个元素是子表 $L$。

④ $B=(A,y)=((x,(a,b)),y)$

$B$ 是长度为 2 的广义表，第一个元素是子表 $A$，第二个元素是原子 $y$。

⑤ $C=(A,B)=((x,(a,b)),((x,(a,b)),y))$

$C$ 的长度为 2，两个元素都是子表。

⑥ $D=(a,D)=(a,(a,(a,(\cdots))))$

$D$ 的长度为 2，第一个元素是原子，第二个元素是 $D$ 自身，展开后它是一个无限的广义表。

(2) 广义表的深度。

一个表的“深度”是指表展开后所含括号的层数。

上述广义表中，表 $L$、$A$、$B$、$C$ 的深度为分别为 1、2、3、4，表 $D$ 的深度为$\infty$。

(3) 带名字的广义表表示。

如果规定任何表都是有名字的，为了既表明每个表的名字，又说明它的组成，则可以在每个表的前面冠以该表的名字，于是上例中的各表又可以写成：

① $E()$

② $L(a,b)$

③ $A(x,L(a,b))$

④ $B(A(x,L(a,b)),y)$

⑤ $C(A(x,l(a,b)),B(A(x,L(a,b)),y))$

⑥ $D(a,D(a,D(\cdots)))$

### 3. 广义表运算

广义表的两个特殊的基本运算：取表头 head(Ls)和取表尾 tail(Ls)。

根据表头、表尾的定义可知：任何一个非空广义表的表头是表中第一个元素，它可以是原子，也可以是子表，而其表尾必定是子表。

**【例 5-2】**

head($L$)=$a$,tail($L$)=($b$)

head($B$)=$A$,tail($B$)=($y$)

由于 tail($L$)是非空表，可继续分解得到：

head(tail($L$))=$b$,tail(tail($L$))=()

对非空表 $A$ 和($y$)，也可继续分解。

**注意**：广义表()和(())不同。前者是长度为 0 的空表，对其不能做求表头和表尾的运算；而后者是长度为 $l$ 的非空表(只不过该表中唯一的一个元素是空表)，对其可进行分解，得到的表头和表尾均是空表()。

## 5.4 本章小结

本章介绍了两种在数据元素组成上具有一定特殊性的线性表——串和数组，基本要点如下：

(1) 串的逻辑定义和存储结构的描述方法。

(2) 定长顺序串的基本运算的实现。

(3) 链串的基本运算的实现。

(4) 数组的逻辑定义和数组存储结构的描述方法。

广义表是一种复杂的非线性结构，是线性表的推广。本章介绍了广义表的概念、表示及基本运算。

## 习题

### 1. 填空

(1) 串是一种特殊的线性表，其特殊性在于表中的每个数据元素是________。

(2) 空串的长度是________，有空格构成的串成为空格串，那么空格串的长度是________。

(3) 已知 s1、s2 的值如下：

```
s1 = "bc cad cabcadf";
s2 = "abc"
```

则 Length(s1)的值是________；Concat(s1,s2)后 s1 的值是________，s2 的值是________；Index(s1,s2)的值是________；Equal(Substr(s1,8,3)，s2)的值是________；Replace(s1，s2，Substr(s1,0,2))后 s1 的值是________；Insert(s1,0,s2)后 s1 的值是________。

(4) 将一个 $A100*100$ 的三对角矩阵，按行优先存入一维数组 arr[298]中，$A$ 中元素 $a66,65$(即该元素下标 $i=66,j=65$)在 arr 数组中的位置 $k$ 为________。

(5) 三维数组 arr[5][2][3]的每个元素的长度为 4 个字节，如果数组元素以行优先的顺序存储，且第一个元素的地址是 4000，那么元素 arr[5][0][2]的地址是________。

**2. 判断题**

(1) 串中任意个字符组成的子序列称为该串的子串。

(2) 若字符串"ABCDEFG"采用链式存储，假设每个字符占用 1 个字节，每个指针占用 2 个字节。则该字符串的存储密度为 33.3%。

(3) 如果一个串中所有的字符均在另一个串中出现，则说明前者是后者的字串。

(4) 不含任何字符的串称为空串。

(5) 串是特殊的线性表。

(6) 稀疏矩阵压缩存储后，必会失去随即存取功能。

(7) 数组是一种复杂的数据结构，数组元素之间的关系既不是线性的，也不是树形的。

(8) 数组是同类型值的集合。

(9) 若串 S="software"，则其字串数目是 36。

(10) 数组 $Am*n$ 可以看成是有 $m$ 个行元素或 $n$ 个列元素构成的一维数组。

**3. 简答题**

(1) 设有三对角矩阵$(a_{ij})n*n(0<=i,j<=n-1)$，将其三条对角线上的元素存于数组 $B[3][n]$中使得元素 $B[u][v]=a_{ij}$，试推导出从$(i,j)$到$(u,v)$的下标变换公式。

(2) 设 s="abc"、t="xabcy"、u="zxabcyz"，试以图形描述堆存储结构。

(3) 试分析 Index(s,t)算法的时间复杂度。

(4) 三维数组 arr[5][2][3]的每个元素的长度为 4 个字节，试问该数组要占多少个字节的存储空间？如果数组元素以列优先的顺序存储，设第一个元素的首地址是 4000，试求元素 arr[5][0][2]的存储地址。

(5) 设对称矩阵

$$\boldsymbol{A}_{4\times4}=\begin{bmatrix}1&0&0&2\\0&3&0&0\\0&0&0&5\\2&0&5&0\end{bmatrix}$$

若将 **A** 中包括主对角线的下三角元素按列的顺序压缩到数组 arr 中：

| | | | | | | | | | |
|---|---|---|---|---|---|---|---|---|---|
| | | | | | | | | | |

① 试求出$\boldsymbol{A}$中任意元素的行列下标$i$、$j(0\leqslant i,\ j\leqslant 3)$与arr中元素的下标$k$之间的关系。

② 若将$\boldsymbol{A}$视为稀疏矩阵时,请给出其三元组顺序表。

(6) 请按行优先(低下标优先)及按列优先(高下标优先)顺序列出四维数组$a[1][2][1][2]$的所有元素在内存中的存储次序,首元素为$a0,0,0,0$。

(7) 特殊矩阵(对称矩阵与对角矩阵)和稀疏矩阵哪一种压缩存储后会失去随机存取的功能?为什么?

(8) 设$m\times n$阶稀疏矩阵$\boldsymbol{A}$有$t$个非零元素,试问非零元素的个数$t$达到什么程度时用三元组表示$\boldsymbol{A}$才有意义?

(9) 假定有下列$n\times n$矩阵($n$为奇数)

$$\boldsymbol{A}_{n\times n}=\begin{bmatrix} a_{1,1} & 0 & \cdots & & \cdots & 0 & a_{1,n} \\ 0 & a_{2,2} & \cdots & & \cdots & a_{2,n-1} & 0 \\ & & \cdots & & \cdots & & \\ & & & a_{\frac{n+1}{2},\frac{n+1}{2}} & \cdots & & \\ & & \cdots & & \cdots & & \\ a_{n,1} & 0 & \cdots & & \cdots & 0 & a_{n,n} \end{bmatrix}$$

如果用一维数组arr按行序存储$A$的非零元素,问:

① $\boldsymbol{A}$中非零元素的行下标与列下标的关系。

② 给出$\boldsymbol{A}$中非零元$a_{i,j}$的下标$(i,j)$与arr的下标$k$的关系。

**4. 算法设计题**

(1) 试以块链存储结构实现Assign$(s,t)$和Index$(s,t)$运算。

(2) 编写一个算法frequency,统计在一个输入字符串中各个不同字符出现的频度。

(3) 设二维数组$a[m][n]$,含有$m\times n$个整数。

① 写出算法判断$a$中所有元素是否互不相同?

② 试分析算法的时间复杂度。

(4) 若矩阵$\boldsymbol{A}_{m\times n}$中存在某个元素$a_{i,j}$满足:$a_{i,j}$是第$i$行中最小值且是第$j$列中的最大值,则称该元素为矩阵$\boldsymbol{A}$的一个鞍点。试编写一个算法,找出$\boldsymbol{A}$中的所有鞍点。

(5) 给定整型数组$b[m][n]$。已知$b$中数据在每一维方向都按从小到大的次序排列,且整型变量$x$在$b$中存在。编写一个算法,找出一对满足$b[i][j]=x$的$i$和$j$值,要求比较次数不超过$m+n$。

(6) 以三元组表存储的稀疏矩阵$\boldsymbol{A}$和$\boldsymbol{B}$,其非零元素个数分别为$a_{\text{num}}$和$b_{\text{num}}$。试编写算法将矩阵$\boldsymbol{B}$加到矩阵$\boldsymbol{A}$上去。$\boldsymbol{A}$的空间足够大,不另加辅助空间。

**5. 实训习题**

(1) $s$和$t$是用单链表存储的两个串,试设计一个算法,将$s$串中首次与串$t$匹配的子串逆置。

(2) 输入一个由若干单词组成的文本行,每个单词之间用若干个空格隔开,统计此文本中单词的个数。

(3) 一个文本串可用事先给定的字母映射表进行加密。例如,设字母映射表为:

```
a b c d e f g h i j k l m n o p q r s t u v w x y z
n g z q t c o b m u h e l k p d a w x f y I v r s j
```

则字符串"encrypt"被加密为"tkzwsdf",试写一算法将输入的文本串进行加密后输出;另写一算法,将输入的已加密的文本串进行解密后输出。

(4) $N$ 阶魔阵问题。给定一奇数 $n$,构造一个 $n$ 阶魔阵。$n$ 阶魔阵是一个 $n$ 阶方阵,其元素由自然数 1,2,3,…,$n$^2 组成。魔阵的每行元素之和,每列元素之和,以及主、副对角线元素之和均相等。即对于给定的奇整数 $n$,以及 $i=0,1,\cdots,n-1$,魔阵 $a$ 满足条件:

$$\sum_{j=0}^{n-1} a_{i,j} = \sum_{i=0}^{n-1} a_{i,j} = \sum_{i=0}^{n-1} a_{i,i} = \sum_{i=0}^{n-1} a_{i,n-i-1}$$

编写算法构造 $n$ 阶魔阵,要求输出结果的格式要具有 $n$ 阶方阵的形式。

# 第6章 查找

主要知识点：

- 查找的概念及相关术语。
- 顺序查找、二分查找、分块查找基本思想及实现。
- 散列表查找基本思想及实现。
- 比较各类查找的差异。

由于查找运算的使用频率很高，几乎在任何一个计算机系统软件和应用软件中都会涉及，所以当问题所涉及的数据量相当大时，查找方法的效率就显得格外重要。在一些实时查询系统中尤其如此。因此，本章将系统地讨论各种查找方法，并通过对它们的效率分析来比较各种查找方法的优劣。

本章通过一个关于"物流公司配送信息"查找任务的实现，学习和讨论有关查找的相关算法及实现。

**【案例 6-1】** 物流公司配送单信息管理查找功能的实现(参见表 6-1)。

**表 6-1 物流配送单信息表**

| 序号 | 配送编号 | 姓名 | 地址 |
|---|---|---|---|
| 1 | 20087711 | 刘佳佳 | 哈尔滨 |
| 2 | 20087750 | 邓玉莹 | 齐齐哈尔 |
| 3 | 20097554 | 聂洪波 | 牡丹江 |
| 4 | 20096550 | 李豆豆 | 长春 |
| 5 | 20096311 | 张江 | 吉林 |
| 6 | 20096546 | 李伟 | 延吉 |
| 7 | 20098003 | 于东 | 沈阳 |
| 8 | 20098013 | 石含 | 大连 |
| … | … | … | … |

需求描述：

物流公司对货物接收人配送单的信息管理，由于送货地址面向不同省份的城市，因此配送信息包括序号、配送编号、姓名、地址等相关信息。要求根据配送编号查询、浏览全部配送信息等功能。

基本要求：

(1) 构造顺序表存储结构，输入配送信息，依据顺序查找算法完成查询功能。求出在等概率下查找成功的平均查找长度并输出。

(2) 构造顺序表存储结构,以配送编号为关键字建立一个逻辑上有序的线性表,依据二分查找算法完成查询功能。求出在等概率下查找成功的平均查找长度。

(3) 构造一个以省份为关键字有序的索引顺序表,依据索引顺序查找算法完成查询功能。求出在等概率下查找成功的平均查找长度并输出。

(4) 构造散列表并以配送编号为关键字在散列表上查找,采用线性探测解决冲突的方法。求出在等概率下查找成功的平均查找长度并输出。

(5) 构造散列表并以配送编号为关键字在散列表上查找,采用链接法解决冲突的散列表。求出在等概率下查找成功的平均查找长度并输出。

本章介绍查找算法、分析查找功能并给出案例"物流公司配送信息"查找任务的程序设计实现。分析案例实现方法,结合案例设计自己的查找任务,例如"快餐连锁店餐饮管理系统"查找功能的实现。

## 6.1 查找的基本概念

查找问题普遍存在于人们的工作、生活中,也是数据结构基本的运算。查找(Search)的概念是根据给定的条件,在已经存储的一组数据中查找出满足条件的第一个指定数值的过程。例如日常生活中查字典、查询课程成绩和查询送货地址等。

### 6.1.1 查找表和查找

**查找表**是由同一类型数据作为被查找对象组成的数据元素的集合,而每个数据元素则由若干个数据项组成。表6-1中每个收货人的配送单信息作为一个数据元素,配送单中所有配送信息构成查找表或文件。序号、配送编号、姓名、地址等相关信息组成数据元素的数据项。并假设每个数据元素都有一个能唯一标识该结点的关键字。**关键字**是数据元素中某一个数据项或几个数据项的数值,它们可以唯一标识一个数据元素。配送编号就可以作为唯一标识配送数据元素的关键字。

**查找**(Searching)的定义是:给定一个数据项值 $K$,在含有 $n$ 个数据元素的查找表中找出关键字等于给定值 $K$ 的数据元素。若找到,则查找成功,返回该元素的信息或在表中的位置;否则查找失败,返回相关的指示信息。例如以姓名为关键字在配送信息表中找出这名收货人的配送编号、姓名和地址等数据信息。

### 6.1.2 查找表的数据结构表示

#### 1. 动态查找表和静态查找表

若在查找的同时对表做修改操作(如插入和删除),则相应的表称为动态查找表,否则称为静态查找表。

#### 2. 内查找和外查找

查找也有内查找和外查找之分。若整个查找过程都在内存进行,则称为内查找;反之,若查找过程中需要访问外存,则称为外查找。

### 6.1.3 平均查找长度 ASL

查找运算的主要操作是关键字的比较,所以通常把查找过程中对关键字需要执行的平均比较次数(也称为平均查找长度)作为衡量一个查找算法效率优劣的标准。

平均查找长度 ASL(Average Search Length)定义为:

$$ASL = \sum_{i=1}^{n} p_i c_i$$

其中:

(1) $n$ 是数据元素的个数;

(2) $p_i$ 是查找第 $i$ 个元素的概率。若不特别声明,认为每个数据元素的查找概率相等,即 $p_1 = p_2 \cdots = p_n = 1/n$。

(3) $c_i$ 是找到第 $i$ 个结点所需进行的比较次数。

例如,顺序存储线性表{1,2,3,4,5,6,7,8}的平均查找长度为

```
ASL = 1 * 1/8 + 2 * 1/8 + 3 * 1/8 + …… + 8 * 1/8 = 4.5
```

## 6.2 顺序查找

在表的组织方式中,线性表是最简单的一种。顺序查找是一种最简单的查找方法。

#### 1. 顺序查找的基本思想

基本思想:从表的一端开始,顺序扫描线性表,依次将扫描到的结点关键字和给定值 $K$ 相比较。若当前扫描到的结点关键字与 $K$ 相等,则查找成功;若扫描结束后,仍未找到关键字等于 $K$ 的结点,则查找失败。

#### 2. 顺序查找的存储结构要求

顺序查找方法既适用于线性表的顺序存储结构,也适用于线性表的链式存储结构(使用单链表作存储结构时,扫描必须从第一个结点开始)。

#### 3. 基于顺序结构的顺序查找算法的实现

**【例 6-1】** 采用顺序查找实现配送信息管理的查找功能。

构造顺序表存储结构,输入配送信息,依据顺序查找算法完成查询功能。

(1) 配送信息数据元素类型定义。

```
typedef struct
{
  char number[7];                          /*序号*/
  char id[10];                             /*配送编号*/
  char name[10];                           /*姓名 */
```

```
  char addr[20];                                   /* 地址 */
} ElemType;
```

(2) 查找关键字类型定义。

查找关键字类型 KeyType 根据实际应用情况而定义，根据任务要求，以配送编号类型作为关键字类型，应为字符数组，定义如下：

```
typedefchar KeyType[10];
```

(3) 查找表定义。

```
typedef struct
    {   ElemType Element[MaxSize];
        int Length;                                 /* 线性表的长度 */
    } SeqList;                                      /* 说明 List 数据类型 */
```

(4) 查找算法设计。

```
int SeqSearch(SeqList *L_pointer, KeyType k)
                                                    /* 查找指定元素 */
    {   int i = 0;
        while(i < L_pointer -> Length && strcmp(L_pointer -> Element[i].id,x)!= 0)
            i++;
        if (i == L_pointer -> Length) return -1;                       /* 查找失败 */
            else return i + 1;                      /* 返回 x 的逻辑位置即比较次数 */
    }
```

(5) 程序设计。

```
/* 采用顺序查找算法实现"配送信息管理" */
#include "stdio.h"
#include "string.h"
#define MaxSize 20
#define OverFlow -1
#define OK 1
#define Error -1
typedef struct
{
    char number[7];                                 /* 序号 */
    char id[10];                                    /* 配送编号 */
    char name[10];                                  /* 姓名 */
    char addr[20];                                  /* 地址 */
} ElemType;
typedef char KeyType[10];
typedef struct
    {   ElemType Element[MaxSize];
        int Length;                                 /* 线性表的长度 */
    } SeqList;                                      /* 说明 List 数据类型 */
void Init_SeqList(SeqList *L_pointer)               /* 构造一个空表 */
    {
        L_pointer -> Length = 0;
    }
```

```
int Insert_Last(SeqList * L_pointer, ElemType x)
    {                                                       /*插入一个元素(尾插)*/
     if (L_pointer->Length == MaxSize)
        {   printf("表满");
            return OverFlow;
        }
        else
        {   /*在表尾插入一个配送数据*/
            /*输入配送数据*/
          strcpy(L_pointer->Element[L_pointer->Length].number,x.number);
                                                                  /*输入序号*/
          strcpy(L_pointer->Element[L_pointer->Length].id,x.id);    /*输入配送编号*/
          strcpy(L_pointer->Element[L_pointer->Length].name,x.name);   /*输入姓名*/
          strcpy(L_pointer->Element[L_pointer->Length].addr,x.addr);    /*输入地址*/
          (L_pointer->Length)++;                    /*线性表长度加1*/
           return OK;                               /*插入成功,返回 */
        }
    }
int SeqSearch(SeqList * L_pointer, KeyType k)      /*查找指定元素*/
    {   int i = 0;
        while(i < L_pointer -> Length && strcmp(L_pointer -> Element[i].id,k)!= 0)
            i++;
        if (i== L_pointer -> Length) return -1;                   /*查找失败*/
            else return i+1;                        /*返回x的逻辑位置即比较次数 */
    }
void Show_SeqList(SeqList * L_pointer)             /*遍历线性表*/
    {   int j;
        printf("\n");
        if (L_pointer->Length == 0)
            printf(" 空表(NULL)!\n");
        else
           for(j = 0;j < L_pointer->Length; j++)/*显示*/
           {
            printf(" %7s %10s %10s %7s\n ",L_pointer->Element[j].number,L_pointer->
Element[j].id,
L_pointer->Element[j].name,L_pointer->Element[j].addr);
           }
    }
    void SetNull_SeqList(SeqList *L_pointer)       /*清空线性表 */
    {
        L_pointer->Length = 0;
    }
    void main()
    {  int i,loca;
       SeqList seq_l;                                /*顺序查找表*/
       char x_id[10];
       ElemType x;
       Init_SeqList(&seq_l);                         /*构造一个空表 */
        do
        {   printf ("\n");
            printf ("1 --- 插入一个配送数据(Insert)\n");
```

```
            printf ("2 --- 查询一个配送数据(Locate)\n");
            printf ("3 --- 显示所有配送数据(Show)\n");
            printf ("4 --- 退出\n");
            fflush(stdin);
            scanf(" %d",&i);
            switch(i)
            {   case 1:printf ("请输入要插入的配送数据\n");
                        printf("Please enter number: "); /* 输入序号 */
                        scanf(" %s",x.number);
                        printf("Please enter id: ");     /* 输入配送编号 */
                        scanf(" %s",x.id);
                        printf("Please enter name: ");   /* 输入姓名 */
                        scanf(" %s",x.name);
                        printf("Please enter adrress: ");/* 输入地址 */
                        scanf(" %s",x.addr);
                        if (Insert_Last(&seq_l,x)!= OK)
                            printf ("插入失败\n");
                        break;
                case 2: printf ("\n 请输入要查询的配送编号: ");
                      scanf(" %s", x_id);
                       loca = SeqSearch(&seq_l, x_id);
                       if (loca!= -1)
                            printf("查找成功!存储位置: %d",loca);
                       else
                            printf("查找失败!");
                       break;
                case 3: Show_SeqList(&seq_l);break;
                case 4: break;
                default:printf("错误选择!请重选");break;
            }
        } while (i!= 4);
        SetNull_SeqList(&seq_l);                /* 清空线性表 */
    }
```

**【问题思考】**

(1) 你完成的作业任务查找应如何实现?

(2) 求出在等概率下查找成功的平均查找长度并输出。

### 4. 算法分析

(1) 成功时的顺序查找的平均查找长度:

$$ASL_{sq} = \sum_{i=1}^{n} p_i c_i$$

在等概率情况下,查找概率 $p_i = 1/n (1 \leqslant i \leqslant n)$,故成功的平均查找长度为:

$$(1+2+\cdots+n)/n = (n+1)/2$$

即查找成功时的平均比较次数约为表长的一半。若 $K$ 值不在表中,则需进行 $n+1$ 次比较之后才能确定查找失败。

(2) 表中各结点的查找概率并不相等的 ASL。

例如在由全校学生的病历档案组成的线性表中,体弱多病同学的病历的查找概率必然高于健康同学的病历,由于上式的 $ASL_{sq}$ 在 $p_n \leqslant p_{n-1} \leqslant \cdots \leqslant p_2 \leqslant p_1$ 时达到最小值。

分析如下:

若事先知道表中各结点的查找概率不相等及其分布情况,则应将表中结点按查找概率由大到小地存放,以便提高顺序查找的效率。为了提高查找效率,对算法 SeqSearch 做如下修改:每当查找成功,就将找到的结点和其前驱(若存在)结点交换。这样,使得查找概率大的结点在查找过程中不断往前移,以便于在以后的查找中减少比较次数。

(3) 顺序查找的优点。

算法简单,且对表的结构无任何要求,无论是用向量还是用链表来存放结点,也无论结点之间是否按关键字有序,它都同样适用。

(4) 顺序查找的缺点。

查找效率低,因此,当 $n$ 较大时不宜采用顺序查找。

## 6.3 二分查找

二分查找又称折半查找,它是一种效率较高的查找方法。二分查找要求线性表是有序表,即表中元素按关键字有序(参见图 6-1),配送信息元素以配送编号作为关键字,不妨设有序表是递增有序的,即按配送编号由低到高的顺序组成线性表逻辑顺序。

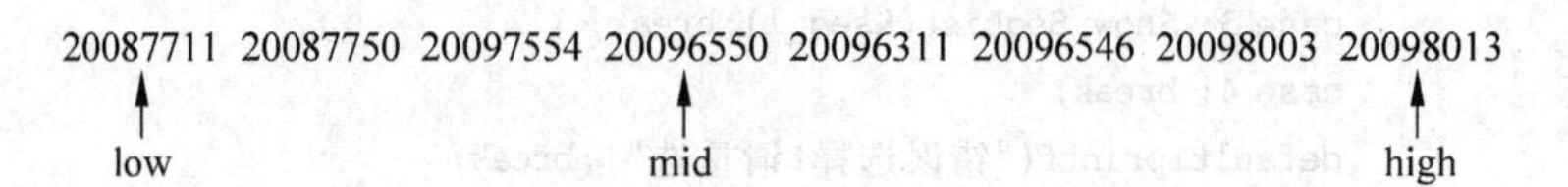


图 6-1 以配送编号为关键字的配送信息有序表 $R$[low..high]

### 1. 二分查找算法的基本思想

二分查找的基本思想是(设 $R$[low..high]是当前的查找区间):

(1) 确定该区间的中点位置:

$$\text{mid} = \lfloor (\text{low} + \text{high})/2 \rfloor$$

(2) 将待查的 $K$ 值与 $R$[mid].key 比较:若相等,则查找成功并返回此位置,否则须确定新的查找区间,继续二分查找,具体方法如下:

① 若 $K < R$[mid].key,则由表的有序性可知 $R$[mid.. high].keys 均大于 $K$,因此若表中存在关键字等于 $K$ 的结点,则该结点必定是在位置 mid 左边的子表 $R$[low..mid−1]中,故新的查找区间是左子表 $R$[low..mid−1]。

② 类似地,若 $K > R$[mid].key,则要查找的 $K$ 必在 mid 的右子表 $R$[mid+1.. high]中,即新的查找区间是右子表 $R$[mid+1.. high]。下一次查找是针对新的查找区间进行的。

因此，从初始的查找区间 $R[1..n]$ 开始，每经过一次与当前查找区间的中点位置上的结点关键字的比较，就可确定查找是否成功，不成功则当前的查找区间就缩小一半。这一过程重复直至找到关键字为 $K$ 的结点，或者直至当前的查找区间为空(即查找失败)时为止。

### 2. 二分查找的存储结构设计

二分查找方法的存储结构与顺序查找存储结构相同，既适用于线性表的顺序存储结构，也适用于线性表的链式存储结构。

### 3. 基于顺序结构的二分查找算法的实现

**【例 6-2】** 采用二分查找，以配送编号为关键字实现配送信息查找功能。

构造顺序表存储结构，按配送编号由低到高的顺序输入配送信息，依据二分查找查找算法完成查询功能。

(1) 元素类型和查找表的设计与例 6-1 中的顺序查找相同。

(2) 二分查找算法。

```
int BinSearch(SeqList L_pointer,KeyType k)
{ /* 在有序表 Element[0..Length-1]中进行二分查找,成功时返回结点的位置,失败时返回零 */
    int low = 0,high =  Length - 1,mid;                /* 置当前查找区间上、下界的初值 */
    while(low <= high){                               /* 当前查找区间 Element[0..Length-1]非空  */
        mid = (low + high)/2;
        if(strcom(L_pointer->Element[mid].number,k) == 0) return mid;  /* 查找成功返回 */
        if strcom(L_pointer->Element[mid].number,k)> 0)
            high = mid - 1;                            /* 继续在 R[low..mid-1]中查找 */
        else
            low = mid + 1;                             /* 继续在 R[mid+1..high]中查找 */
    }
    return 0;                                         /* 当 low> high 时表示查找区间为空,查找失败 */
}                                                      /* BinSeareh */
```

思考问题：求出在等概率下查找成功的平均查找长度并输出。

**【任务 6-1】**

实现二分查找功能完整的程序设计(参见 6.2 节)。

### 4. 二分查找的算法分析

虽然二分查找的效率高，但是要将表按关键字排序。而排序本身是一种很费时的运算。即使采用高效率的排序方法也要花费 $O(n\lg n)$ 的时间。

二分查找只适用顺序存储结构。为保持表的有序性，在顺序结构里插入和删除都必须移动大量的结点。因此，二分查找特别适用于那种一经建立就很少改动、而又经常需要查找的线性表。

对那些查找少而又经常需要改动的线性表，可采用链表作存储结构，进行顺序查找。链表上无法实现二分查找。

**【问题思考】** 为什么二分查找能够提高效率？

## 6.4 分块查找

分块查找(Blocking Search)又称索引顺序查找。它是一种性能介于顺序查找和二分查找之间的查找方法。就是把被查找的数据元素分成若干块,每块中记录的存放顺序是无序的,但块与块之间必须按关键字有序。即第一块中任一记录的关键字都小于第二块中任一记录的关键字,而第二块中任一记录的关键字都小于第三块中任一记录的关键字,以此类推。参见表 6-1 配送信息表,按收货人地址所在区域(省)将配送数据分成三块,区域(省)之间以配送编号作为关键字有序,同一区域(省)的配送信息以配送编号作为关键字无序。

该算法要为被查找的表建立一个索引表,索引表中的一项对应于表中的一块,索引表中含有这一块中的最大关键字和指向块内第一个记录位置的指针,索引表中各项关键字有序(参见图 6-2)。

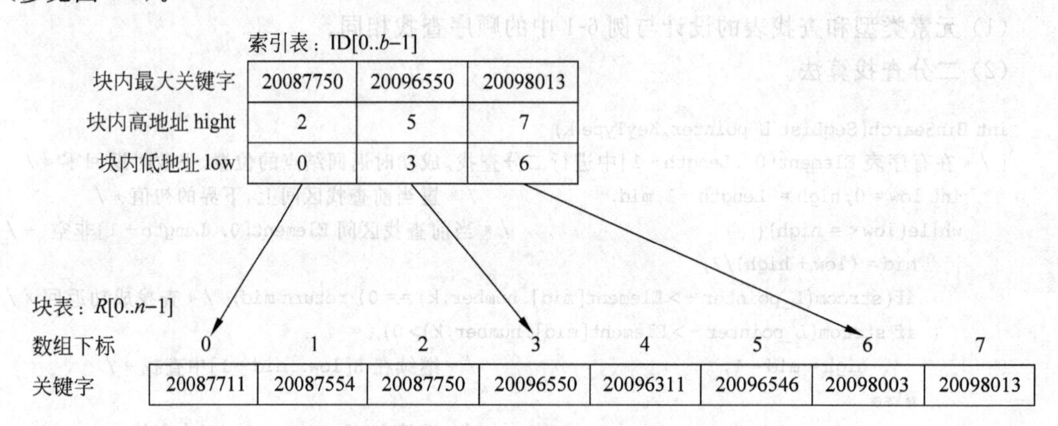


图 6-2 配送信息的分块查找结构(参见表 6-1)

### 1. 分块查找的基本思想

分块查找的基本思想是:

(1) 查找索引表,索引表是有序表,可采用二分查找或顺序查找,以确定待查的结点在哪一块。

(2) 在已确定的块中进行顺序查找由于块内无序,只能用顺序查找。

### 2. 分块查找表存储结构

二分查找表由“分块有序”的线性表和索引表组成。

1)“分块有序”的线性表

表 $R[0..n-1]$根据实际情况分成大小相当的 $b$ 个块;每一块中的关键字不一定有序,但前一块中的最大关键字必须小于后一块中的最小关键字,即表是“分块有序”的。参见图 6-2 块表 $R$,由 8 个以配送编号为关键字的数据元素组成。

2) 索引表

抽取各块中的最大关键字及其起始位置构成一个索引表 $ID[0..b-1]$,即:$ID[i]$($0\leqslant$

$i\leqslant b-1$)中存放第 $i$ 块的最大关键字及该块在表 $R$ 中的起始和结束位置。由于表 $R$ 是分块有序的,所以索引表是一个递增有序表。参见图 6-2 索引表 ID,分成 3 个块,块内最大关键字分别是 20087750、20096550、20098013,并存有该块在块表 $R$ 中的起始和结束位置。

### 3. 分块查找算法的实现

**【例 6-3】** 构造一个以区域(省)为关键字有序的索引顺序表,采用分块查找实现配送信息管理查找功能。

(1) 元素类型和快表作为查找表的设计与例 6-1 中的顺序查找相同。

(2) 索引表的类型定义如下:

```
typedef struct                              /* 索引表类型定义 */
{  KeyType key;                             /* 关键字 */
   int low,high;                            /* 每块的低、高地址 */
}IdxType;
```

(3) 分块查找的实现(参见图 6-2)。

(在线性表 $R$ 和含 $m$ 个元素的索引表中分块查找关键字为 $k$ 的元素,若找到返回其序号;若找不到返回−1)。

```
int BlkSearch(SeqList L_pointer,IdxType idx[ ],int m,KeyType k)
{  int low = 0,high = m - 1,mid,i,j,find = 0;
   while(low <= high&&!find)           /* 当低地址小于等于高地址并且未找到相等关键字时 */
   {                                        /* 在索引表中进行折半查找 */
      mid = (low + high)/2;
      if(strcom(k,idx[mid].key)< 0)
         high = mid - 1;
      else if(strcom(k,idx[mid].key)> 0)
         low = mid + 1;
      else
     {  high = mid - 1;
         find = 1;
      }
   }
   if(low < m)                         /* 如果低地址小于索引表长,则关键字在某块中可能存在 */
   {  i = idx[low].low;                     /* 该块的低地址赋给 i */
      j = idx[low].high;                    /* 该块的高地址赋给 j */
  }
  while(i < j && strcom(L_pointer - > Element[i],k)!= 0)      /* 在块内查找符合元素 */
      i++;
   if(i > j)                                /* 该块中没有找到关键字为 k 的元素 */
      return( - 1);
   else                                     /* 若找到,返回其下标值 */
      return(i);
}
```

**【问题思考】** 求出在等概率下查找成功的平均查找长度并输出。

**【任务 6-2】** 实现分块查找功能完整的程序设计(参见 6.2 节)。

(4) 分块查找功能完整的程序设计参见 6.1 节顺序查找程序设计,设计中注意索引表

ID的定义及构造。

#### 4. 算法分析

(1) 采用分块查找的平均查找长度ASL的计算过程,可以考虑两种查找过程。整个查找过程的平均查找长度是两次查找的平均查找长度之和。

① 以二分查找来确定块,分块查找成功时的平均查找长度:

$$ASL_{blk} = ASL_{bn} + ASL_{sq} \approx lg(b+1) - 1 + (s+1)/2 \approx lg(n/s+1) + s/2$$

② 以顺序查找确定块,分块查找成功时的平均查找长度:

$$ASL'_{blk} = (b+1)/2 + (s+1)/2 = (s^2 + 2s + n)/(2s)$$

**注意**:当$s=\sqrt{n}$时$ASL'_{blk}$取极小值$\sqrt{n}+1$,即当采用顺序查找确定块时,应将各块中的结点数选定为$\sqrt{n}$。

(2) 块的大小。

在实际应用中,分块查找不一定要将线性表分成大小相等的若干块,可根据表的特征进行分块。例如某物流公司的配送信息登记表,可按省份或城市分块。

(3) 结点的存储结构。

各块可放在不同的向量中,也可将每一块存放在一个单链表中。

(4) 分块查找的优点。

① 在表中插入或删除一个记录时,只要找到该记录所属的块,就在该块内进行插入和删除运算。

② 因块内记录的存放是任意的,所以插入或删除比较容易,无须移动大量记录。

分块查找的主要代价是增加一个辅助数组的存储空间和将初始表分块排序的运算。

## 6.5 散列表查找

6.2节~6.4节学习的顺序查找、二分查找、分块查找是基于比较运算来实现的,即是通过比较元素的值,来确定下一次查找的位置。散列方法不同于这些查找方法,它不以关键字的比较为基本操作,采用根据关键字直接计算被查元素地址的思想实现查找。

针对案例配送信息管理查找功能的实现,构造散列表并以配送编号为关键字在散列表上查找,分别采用开放定址法和拉链法解决冲突,完成查找功能。

### 6.5.1 散列表查找的基本思想和相关概念

散列表查找是对给定的关键字key,用一个函数$H(key)$计算出该关键字所标识元素的地址。例如表6-1所示配送信息表中,若以配送编号为关键字查找配送信息,如给定的配送编号20097554,可以通过后两位值"54"转换为元素在表中的地址(序号)54来实现。在理想情况下,无须任何比较就可以找到待查关键字,查找的期望时间为$O(1)$。

散列方法也称为哈希方法,在用函数$H$计算给定关键字key的地址时,称函数$H$为**散列函数**或**哈希函数**(Hash),称计算出来的地址为$H(key)$为**散列地址**,按这种方法建立的查找表称为**散列表**或**哈希表**。

散列函数经过计算将关键字转换为散列表中的地址。由于关键字的某种随机性，使得这种转换达到一一对应的关系很难实现，因此就会存在不同的关键字对应相同地址的情况。这种现象称为**冲突**。为此要选择一个恰当的散列函数避免冲突，然而冲突是很难避免的。因此需要从两个方面着手解决：一方面是选择好的散列函数构造散列表，使冲突尽可能少的发生；另一方面是冲突产生后处理好出现的冲突。

## 6.5.2　散列函数的构造方法

### 1. 散列函数的选择标准

散列函数的标准有两条：一个是函数计算简单，另一个是函数值作为地址应分布均匀。

简单指散列函数的计算简单快速；均匀指对于关键字集合中的任一关键字，散列函数能以等概率将其映射到表空间的任何一个位置上。也就是说，散列函数能将作为关键字的子集 $K$ 随机均匀地分布在散列表的地址集 $\{0,1,\cdots,m-1\}$ 上，以使冲突最小化。

### 2. 常用散列函数

1) 直接定址法(Immediately Allocate)

$$\text{Hash(key)} = a \cdot \text{key} + b \quad (a、b \text{ 为常数})$$

取关键字的某个线性函数值为散列地址，这类函数是一一对应函数，不会产生冲突，但要求地址集合与关键字集合大小相同，因此，对于较大的关键字集合不适用。

例如，关键字集合为{100,300,500,700,800,900}，选取散列函数为

$$\text{Hash(key)} = \text{key}/100$$

则存放如图 6-3 所示。为简单起见，假定关键字是定义在自然数集合上。

| 0 | 1 | 2 | 3 | 4 | 5 | 6 | 7 | 8 | 9 |
|---|---|---|---|---|---|---|---|---|---|
|  | 100 |  | 300 |  | 500 |  | 700 | 800 | 900 |

图 6-3　直接定址法构造的散列表

2) 除留余数法(Division Method)

$$\text{Hash(key)} = \text{key}\%p \quad (p \text{ 是一个整数})$$

取关键字除以 $p$ 的余数作为散列地址。

3) 乘余取整法(Multiplicative Method)

$$\text{Hash(key)} = \lfloor B * (A * \text{key} \% 1) \rfloor \quad (A、B \text{ 均为常数，且 } 0 < A < 1, B \text{ 为整数})$$

用关键字 key 乘以 $A$，取其小数部分($A * \text{key} \% 1$ 就是取 $A * \text{key}$ 的小数部分)，之后再用整数 $B$ 乘以这个值，取结果的整数部分作为散列地址。

该方法 $B$ 取什么值并不关键，但 $A$ 的选择却很重要，最佳的选择依赖于关键字集合的特征。

4) 数字分析法(Digit analysis Method)

设关键字集合中，每个关键字均由 $m$ 位组成，每位上可能有 $r$ 种不同的符号。

例如，若关键字是 4 位十进制数，则每位上可能有十个不同的数符 0～9，所以 $r=10$。

例如,若关键字是仅由英文字母组成的字符串,不考虑大小写,则每位上可能有 26 种不同的字母,所以 $r=26$。

数字分析法根据 $r$ 种不同的符号,在各位上的分布情况,选取某几位,组合成散列地址。

5) 平方取中法

平方取中法即取关键字平方后的中间几位为散列函数。如 $K=308$,$K^2=94864$,$H(K)=486$,能扩大键值差别,散列地址比较均匀。

6) 折叠法(Folding Method)

将关键字自左到右分成位数相等的几部分,最后一部分可以不同。将这几部分叠加求和,按散列表表长,取后几位作为散列地址。

有两种叠加方法:

① 移位法——将各部分的最后一位对齐相加。

② 间界叠加法——从一端向另一端沿各部分分界来回折叠后,最后一位对齐相加。

例如,关键字为 key=25346358705,设散列表长为三位数,则可对关键字每三位一部分来分割。关键字分割为如下四组:253|463|587|05,如图 6-4 所示。

| 移位法 | 间界叠加法 |
| --- | --- |
| 253 | 253 |
| 463 | 364 |
| 587 | 587 |
| + 05 | + 50 |
| 1308 | 1254 |
| Hash(key)=308 | Hash(key)=254 |

图 6-4 移位法和折叠法示例

7) 任务"采用散列表实现配送信息管理查找"散列函数的构造

根据表 6-1 以配送编号作为配送信息查找的关键字的分析,设计散列函数取配送编号的后 2 位,然后根据表长采用除留余数作为散列表地址。

采用直接定址法构造散列函数 atoi:

$$\text{Hash(key)} = (\text{atoi(key)} - (\text{atoi(key)}/100) * 100) \% m$$

atoi 是将字符数组型的关键字配送编号转换为数值类型的函数,$m$ 为表长。

### 6.5.3 处理冲突的方法

通常有两类方法处理冲突:开放定址(Open Addressing)法和拉链(Chaining)法。前者是将所有结点均存放在散列表 $T[0..m-1]$中;后者通常是将互为同义词的结点链成一个单链表,而将此链表的头指针放在散列表 $T[0..m-1]$中。

为了便于分析散列表冲突情况,定义装填因子 $\alpha$ 等于表中填入的记录数/散列表长度。$\alpha$ 标志了散列表的装满程度。直观地看,$\alpha$ 越小,发生冲突的可能性就越小;$\alpha$ 越大,即表中记录已很多,发生冲突的可能性就越大。

#### 1. 开放定址法

用开放定址法解决冲突的做法是:当冲突发生时,使用某种探查(亦称探测)技术在散列表中形成一个探查(测)序列。沿此序列逐个单元地查找,直到找到给定的关键字,或者碰到一个开放的地址(即该地址单元为空)为止(若要插入,在探查到开放的地址,则可将待插入的新结点存入该地址单元)。查找时探查到开放的地址则表明表中无待查的关键字,即查找失败。

注意用开放定址法建立散列表时,建表前须将表中所有单元(更严格地说,是指单元中存储的关键字)置空。空单元的表示与具体的应用相关,应该用一个不会出现的关键字来表示空单元。

开放定址法的一般形式为:

$$h_i = (h_{i-1}(\text{key}) + d_i)\%m \quad i = 0,2,\cdots,r-1 \quad r \leqslant m$$

其中:$h(\text{key})$为散列函数,$h_0 = h(\text{key})$,$d_i$ 为增量序列,$m$ 为表长,$r$ 是表中元素的数量。

开放定址法要求散列表的装填因子 $\alpha \leqslant 1$,实用中取 $\alpha$ 为 0.5~0.9 之间的某个值为宜。

按照形成探查序列的方法不同,可将开放定址法区分为线性探查法、二次探查法、双重散列法等。

1) 线性探查法(Linear Probing)

该方法的基本思想是将散列表 $T[0..m-1]$看成是一个循环向量,若初始探查的地址为 $d$(即 $h(\text{key})=d$),则最长的探查序列为 $d,d+1,d+2,\cdots,m-1,0,1,\cdots,d-1$,即:探查时从地址 $d$ 开始,首先探查 $T[d]$,然后依次探查 $T[d+1],\cdots$,直到 $T[m-1]$,此后又循环到 $T[0],T[1],\cdots$,直到探查到 $T[d-1]$为止。

探查过程终止于三种情况:

(1) 若当前探查的单元为空,则表示查找失败(若是插入则将 key 写入其中);

(2) 若当前探查的单元中含有 key,则查找成功,但对于插入意味着失败;

(3) 若探查到 $T[d-1]$时仍未发现空单元也未找到 key,则无论是查找还是插入均意味着失败(此时表满)。

**【例 6-4】** 将表 6-1 配送信息中一组收货人配送编号的关键字序列为(20087711,20087750,20097554,20096550,20096311,20096546,20098003,20098013),采用直接定址法和除留余数法构造散列函数,用线性探查法解决冲突构造这组关键字的散列表。

分析过程:为了减少冲突,通常令装填因子 $\alpha<1$。这里关键字个数 $n=8$,不妨取 $m=11$,此时 $\alpha \approx 0.73$,散列表为 $T[0..10]$,散列函数:Hash(key)=(atoi(key)-(atoi(key)/100)*100)%11(参见图 6-5)。

| 散列表$T$ | 0 | 1 | 2 | 3 | 4 | 5 | 6 | 7 | 8 | 9 | 10 |
|---|---|---|---|---|---|---|---|---|---|---|---|
| key | 20087711 | 20096311 | 20096546 | 20098003 | 20098013 | | 20087750 | 20096550 | | | 20097754 |
| 搜索次数 | 1 | 2 | 1 | 1 | 3 | | 1 | 2 | | | 1 |

图 6-5 散列表

本题中各元素的存放过程如下:

Hash(20087711)=0,可直接存放到 $T[0]$中。

Hash(20087750)=6,可直接存放到 $T[6]$中。

Hash(20097554)=10,可直接存放到 $T[10]$中。

Hash(20096550)=6,因为 $T[6]$已被 20087750 占用,故向后搜索存放到 $T[7]$中。

Hash(20096311)=0,因为 $T[0]$已被 20087711 占用,故向后搜索存放到 $T[1]$中。

Hash(20096546)=2,可直接存放到 $T[2]$中。

Hash(20098003)=3,可直接存放到 $T[3]$中。

Hash(20098013)=2,因为 $T[2]$已被 20096546 占用,向后搜索 $T[3]$已被 20098003 占

用,再向后搜索存放到 $T[4]$中。

2) 二次探查法(Quadratic Probing)

二次探查法的探查序列是: $h_i=(h(\text{key})+i*i)\%m \quad 0\leqslant i\leqslant m-1$

说明:

(1) $d_i=i^2$

(2) 探查序列为 $d=h(\text{key}),d+1^2,d+2^2,\cdots$,等。

该方法是在原定位置的两边交替的搜索,其偏移位置是次数的平方,故称为二次探测法。该方法的缺陷是不易探查到整个散列空间。

3) 双重散列法(Double Hashing)

该方法是开放定址法中最好的方法之一,它的探查序列是:

$h_i=(h(\text{key})+i*h_1(\text{key}))\%m \quad 0\leqslant i\leqslant m-1$ //即 $d_i=i*h_1(\text{key})$

即探查序列为: $d=h(\text{key}),(d+h_1(\text{key}))\%m,(d+2h_1(\text{key}))\%m$ 等。该方法使用了两个散列函数 $h(\text{key})$和 $h_1(\text{key})$,故也称为双散列函数探查法。

**注意:**

定义 $h_1(\text{key})$的方法较多,但无论采用什么方法定义,都必须使 $h_1(\text{key})$的值和 $m$ 互素,才能使发生冲突的同义词地址均匀地分布在整个表中,否则可能造成同义词地址的循环计算。

**2. 拉链法**

1) 拉链法解决冲突的方法

拉链法解决冲突的做法是:将所有关键字为同义词的结点链接在同一个单链表中。若选定的散列表长度为 $m$,则可将散列表定义为一个由 $m$ 个头指针组成的指针数组 $T[0..m-1]$。凡是散列地址为 $i$ 的结点,均插入到以 $T[i]$为头指针的单链表中。$T$ 中各分量的初值均应为空指针。在拉链法中,装填因子 $\alpha$ 可以大于1,但一般均取 $\alpha\leqslant 1$。

**【例 6-5】** 将表 6-1 配送信息中一组配送单配送编号的关键字序列为(20087711,20087750,20097554,20096550,20096311,20096546,20098003,20098013),采用直接定址法和除留余数法构造散列函数,用拉链法解决冲突构造这组关键字的散列表。

分析过程:为了减少冲突,通常令装填因子 $\alpha<1$。这里关键字个数 $n=8$,不妨取 $m=11$,此时 $\alpha\approx 0.73$,散列表为 HLL[0..10],散列函数: Hash(key)=(atoi(key)−(atoi(key)/100)*100)%11(参见图 6-6)。

本题中各元素的存放过程如下:

Hash(20087711)=0,可链接到 HLL[0]队列中。

Hash(20087750)=6,可链接到 HLL[6]队列中。

Hash(20097554)=10,可链接到 HLL[10]队列中。

Hash(20096550)=6,作为 20087750 的后继,可链接到 HLL[6]队列的队尾。

Hash(20096311)=0,作为 20087711 的后继,可链接到 HLL[0]队列的队尾。

Hash(20096546)=2,可链接到 HLL[2]队列中。

Hash(20098003)=3,可链接到 HLL[3]队列中。

Hash(20098013)=2,作为 20096546 的后继,可链接到 HLL[2]队列的队尾。

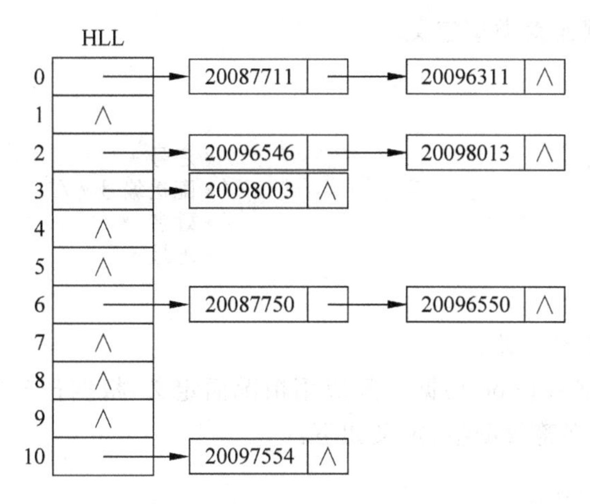


图 6-6 拉链法解决冲突构造关键字的散列表

**注意**：当把 $h(\text{key})=i$ 的关键字插入第 $i$ 个单链表时，既可插入在链表的头上，也可以插在链表的尾上。这是因为必须确定 key 不在第 $i$ 个链表时，才能将它插入表中，所以也就知道链尾结点的地址。

2）拉链法的优点

与开放定址法相比，拉链法有如下几个优点：

(1) 拉链法处理冲突简单，且无堆积现象，即非同义词绝不会发生冲突，因此平均查找长度较短；

(2) 由于拉链法中各链表上的结点空间是动态申请的，故它更适合于造表前无法确定表长的情况；

(3) 开放定址法为减少冲突，要求装填因子 $\alpha$ 较小，故当结点规模较大时会浪费很多空间。而拉链法中可取 $\alpha\geqslant 1$，且结点较大时，拉链法中增加的指针域可忽略不计，因此节省空间；

(4) 在用拉链法构造的散列表中，删除结点的操作易于实现。只要简单地删去链表上相应的结点即可。而对开放地址法构造的散列表，删除结点不能简单地将被删结点的空间置为空，否则将截断在它之后填入散列表的同义词结点的查找路径。这是因为各种开放地址法中，空地址单元(即开放地址)都是查找失败的条件。因此在用开放地址法处理冲突的散列表上执行删除操作，只能在被删结点上做删除标记，而不能真正删除结点。

3）拉链法的缺点

指针需要额外的空间，故当结点规模较小时，开放定址法较为节省空间，而若将节省的指针空间用来扩大散列表的规模，可使装填因子变小，这又减少了开放定址法中的冲突，从而提高平均查找速度。

### 6.5.4 散列表查找的实现

#### 1. 基于开放定址法解决冲突，构造散列表实现查找

**【例 6-6】** 配送信息管理查找功能的实现(任务分析参见 6.5.3 节中开放定址法线性探查思想)。

(1) 配送信息数据元素类型定义。

```
typedef struct
{
    char number[7];                                  /*序号*/
    char id[10];                                     /*配送编号*/
    char name[10];                                   /*姓名 */
    char addr[20];                                   /*地址*/
} ElemType;
```

(2) 查找关键字类型定义。

查找关键字类型 KeyType 根据实际应用情况而定义,根据任务要求,以配送编号类型作为关键字类型,应为字符数助组,定义如下:

```
typedefchar KeyType[10];
```

(3) 作为顺序表的散列查找表定义。

```
typedef ElemType HashList[HashMaxSize];           /*说明 HashList 数据类型*/
```

(4) 散列查找算法的设计。

参照 6.5.2 节中"采用散列表实现配送信息管理查找"散列函数的构造,以及 6.5.3 节中开放的定址法的分析。

(5) 程序设计。

```
/*采用开放定址法解决冲突,构造散列表的 "货物配送信息管理"*/
#include "stdio.h"
#include "string.h"
#include "stdlib.h"
#define HashMaxSize 11
#define OK 1
#define ERROR -1
typedef struct
{
  char number[7];                              /*序号*/
  char id[10];                                 /*配送编号*/
  char name[10];                               /*姓名 */
  char addr[20];                               /*地址*/
} ElemType;
typedef ElemType HashList[HashMaxSize];
typedef char KeyType[7];
void Init_HashList (HashList HLL)
  {   int i;
      for (i=0;i<HashMaxSize;i++)
          strcpy(HLL[i].id,"");                /*清空关键字配送编号*/
  }
  void Clear_HashList (HashList HLL)
  {   int i;
      for (i=0;i<HashMaxSize;i++)
          strcpy(HLL[i].id,"");                /*清空关键字配送编号*/
  }
```

```
int Hash_Div(char Key[10],int residue)
{    char s1[3];int i,k;
     for (i=6;i<8;i++)
         s1[i-6]= Key[i];
     k=atoi(s1);
     return k% residue;
}
int Insert_Hash(HashList HLL,int m, ElemType x)

    {    int d,i;
         d= Hash_Div(x.id,m);
         i=d;
         while (strcmp(HLL[d].id,"")!=0 && strcmp(HLL[d].id,x.id)!=0)
         {    d=(d+1)%m;
              if (i==d) break;
         }
         if(strcmp(HLL[d].id,"")==0)
         {
           strcpy(HLL[d].number,x.number);        /*输入序号*/
           strcpy(HLL[d].id,x.id);                /*输入配送编号*/
           strcpy(HLL[d].name,x.name);            /*输入姓名*/
           strcpy(HLL[d].addr,x.addr);            /*输入地址*/
           return OK;
         }
         return ERROR;
    }
int Locate_Hash(HashList HLL,int m, ElemType y)
    {    int d,i;
         d= Hash_Div(y.id,m);
         i=d;
         while (strcmp(HLL[d].id,"")!=0 && strcmp(HLL[d].id,y.id)!=0)
         {    d=(d+1)%m;
              if (i==d) break;
         }
         if(strcmp(HLL[d].id,y.id)==0)
           return d;
         else
         return -1;
    }
int Delete_Hash(HashList HLL,int m, ElemType z)
    {    int d,i;
         d= Hash_Div(z.id,m);
         i=d;
         while (strcmp(HLL[d].id,"")!=0 && strcmp(HLL[d].id,z.id)!=0)
         {    d=(d+1)%m;
              if (i==d) break;
         }
         if(strcmp(HLL[d].id, z.id)==0)
         {    strcpy(HLL[d].id,"");
              printf("\n %s 已经删除! \n",z.number);
              return d;
```

```
    }
    return -1;
}
void main()
{  HashList ha_l;int i;
   ElemType x;
   //char x_number[7],x_id[10],x_name[10],x_addr[20];
   int loca;
   Init_HashList(ha_l);
   do
    {   printf ("\n");
        printf ("1 --- 插入一个配送数据(Insert)\n");
        printf ("2 --- 查询一个配送数据(Locate)\n");
        printf ("3 --- 删除一个配送数据(Delete)\n");
        printf ("4 --- 退出\n");
        scanf (" %d",&i);
        switch(i)
        {   case 1:printf ("请输入要插入的配送数据\n");
                   printf("Please enter number: ");          /*输入序号*/
                   scanf(" %s",x.number);
                   printf("Please enter id: ");              /*输入编号*/
                   scanf(" %s",x.id);
                   printf("Please enter name: ");            /*输入姓名*/
                   scanf(" %s",x.name);
                   printf("Please enter addr: ");            /*输入地址*/
                   scanf(" %s",x.addr);
                   if (Insert_Hash(ha_l,11,x)!= OK)
                      printf ("插入失败\n");
                  break;
          case 2: printf ("请输入要查询的配送单编号: \n");
                 scanf(" %s", x.id);
                 loca = Locate_Hash(ha_l,11,x);
                 if (loca!= -1)
                      printf("查找成功!存储位置: %d",loca);
                 else
                    printf("查找失败!");
                 break;
          case 3: printf ("请输入要删除的配送单编号: \n");
                 scanf(" %s", x.id);
                 loca = Delete_Hash(ha_l,11,x);
                 if (loca!= -1)
                    printf("删除成功!存储位置: %d",loca);
                 else
                    printf("删除失败!");
          case 4: break;
          default:printf("错误选择!请重选");break;
        }
    } while (i!= 4);
   Clear_HashList(ha_l);                     /*清空线性表 */
}
```

**【问题思考】**

(1) 你完成的作业任务查找应如何实现?

(2) 求出在等概率下查找成功的平均查找长度并输出。

### 2. 基于拉链法解决冲突构造散列表实现查找

**【例 6-7】** 配送信息管理查找功能的实现。

(1) 配送信息数据元素类型定义。

```
typedef struct
{
   char number[7];                          /* 序号 */
   char id[10];                             /* 配送编号 */
   char name[10];                           /* 姓名 */
   char addr[20];                           /* 地址 */
} ElemType;
```

(2) 链表节点定义。

```
typedef struct node
    {    ElemType data;
         struct node * next;                /* 指针域 */
    } HashLinkNode, * HashLinkList;
         /* 说明 HashLinkList 数据类型 */
```

(3) 作为指针数组的散列查找表定义。

```
HashLinkList HLL[HashMaxSize];
```

(4) 程序设计。

```
    /* 采用拉链法解决冲突,构造散列表的 "物流公司货物配送信息管理" */
    #include "stdio.h"
    #define HashMaxSize 11
    #define OK 1
    #define ERROR - 1
typedef struct
{
   char number[7];                          /* 序号 */
   char id[10];                             /* 配送编号 */
   char name[10];                           /* 姓名 */
   char addr[20];                           /* 地址 */
 } ElemType;
typedef struct node
    {    ElemType data;
         struct node * next;                /* 指针域 */
    } HashLinkNode, * HashLinkList;
         /* 说明 HashLinkList 数据类型 */
void Init_HashLinkList (HashLinkList HLL[])
    {    int i;
         for (i = 0;i < HashMaxSize;i++)
```

```
            HLL[i] = NULL;
    }
void Clear_HashLinkList(HashLinkList HLL[])
   {   HashLinkNode *p, *q;
       int i;
       for (i = 0;i < HashMaxSize;i++)
       {   p= HLL[i];
            while(p!= NULL)
            {    q = p;
                 p = p -> next;
                 free(q);
            }
          HLL[i] = NULL;
       }
    }
int Hash_Div(char Key[10],int residue)
{   char s1[3];int i,k;
    for (i = 6;i <= 8;i++)
        s1[i - 6]= Key[i];
    k = atoi(s1);
     return k % residue;
    }
int Insert_HashLinkList(HashLinkList HLL[],int m, ElemType x)
    {  int d;
        HashLinkNode *p, *q;
        d = Hash_Div(x.ElemType.id,m);
        p = (HashLinkList)malloc(sizeof(HashLinkNode));
        if (p == NULL)
            return OverFlow;
         strcpy(p -> data.number,x.number);
         strcpy(p -> data.id,x.id);
         strcpy(p -> data.name,x.name);
         strcpy(p -> data.addr,x.addr);
        p -> next = NULL;
        if HLL[d] == NULL
            HLL[d] = p;
         else
         {
            q = HLL[d];
            while (q -> next!= NULL) q = q -> next;
                  q = p;
          }
        return OK;
    }
    void Display_HashLinkList(HashLinkList HLL[],int m)
    {   HashLinkNode *p;
        int i;
        for(i = 0;i < m;i++)
        {   p = HLL[i];
            printf("\n HLL[ %d] is ",i);
            if (p == NULL)
```

```
            printf(" NULL");
        while (p!= NULL)
        {   printf("                        % d",p->ElemType.id);
            p=p->next;
        }
    }
}
HashLinkNode * Locate_HashLinkList(HashLinkList HLL[],int m, ElemType x)

{   int d; HashLinkNode * p;
    d=Hash_Div(x.id,m);
    p=HLL[d];
    while (p!= NULL)
    {   if (strcmp(p->id,x.id) == 0)
            return p;
    }
    return NULL;
}
int Delete_HashLinkList(HashLinkList HLL[],int m, ElemType z)
{   int d; HashLinkNode * p, * q;
    d=Hash_Div(z.id,m);
    p=HLL[d];
     q=p;
    while(p!= NULL)
    {   if (strcmp(p->id,z.id) == 0)
            {   q->next=p->next;
                free(p);
                return OK;
             }
            q=p;
            p=p->next;
     }
     return Error ;
}
```

**【问题思考】**

(1) 你完成的作业任务查找应如何实现？

(2) 求出在等概率下查找成功的平均查找长度并输出。

**【任务 6-3】** 完善例 6-7 物流配送信息管理查找功能。

### 6.5.5 散列表查找分析

散列查找过程仍是一个给定值与关键字进行比较的过程，评价散列查找效率仍要用 ASL 散列查找过程与给定值进行比较的关键字的个数取决于散列函数、处理冲突的方法和散列表的填满因子。

装填因子 $\alpha$＝表中填入的记录数/散列表长度

$\alpha$ 标志了散列表的装满程度。直观地看，$\alpha$ 越小，发生冲突的可能性就越小；$\alpha$ 越大，即表中记录已很多,发生冲突的可能性就越大。

假定散列函数是均匀的,则影响查找效率的因素就剩下两个:处理冲突的方法和散列表的装填因子。实际上,散列表的平均查找长度是装填因子 $\alpha$ 的函数,只是不同的处理冲突的方法,其函数不同。表 6-2 列出了几种不同处理冲突方法的平均查找长度。

表 6-2 几种不同处理冲突方法的平均查找长度

| 处理冲突的方法 | 平均查找长度 | |
|---|---|---|
| | 查找成功时 | 查找不成功时 |
| 线性探测法 | $S_{nl} \approx \frac{1}{2}\left(1+\frac{1}{1-\alpha}\right)$ | $U_{nl} \approx \frac{1}{2}\left(1+\frac{1}{(1-\alpha)^2}\right)$ |
| 二次探测法与再哈希法 | $S_{nr} \approx = -\frac{1}{\alpha}\ln(1-\alpha)$ | $U_{nr} \approx \frac{1}{1-\alpha}$ |
| 链地址法 | $S_{nc} \approx 1+\frac{\alpha}{2}$ | $U_{nc} \approx \alpha+e^{-\alpha}$ |

散列查找的重要特性,就是平均查找长度不是散列表中记录个数 $n$ 的函数,而是 $\alpha$ 的函数。因此,不管表长多大,总可以选择一个合适的装填因子 $\alpha$ 以便将平均查找长度限定在一个范围内。这是和顺序查找、折半查找等方法不同的。正是由于这个特性,使散列查找成为一种很受欢迎的组织表的方法。

## 6.6 本章小结

1. 对于顺序表和链表存储的线性表中的数据,都可以使用顺序查找思想;对于数据有序存储在顺序表中的数据可以采取二分查找法。二分查找法的效率要高于顺序查找,但是要求数据的有序排列。

2. 分块查找在实际应用中将数据分成几个数据块,并构造出索引表,每个索引项的索引值用来存储对应块中的最大的数据,块内的数据可以无序,但是第 $i$ 块中的所有数据都要大于第 $i-1$ 块的数据。

3. 散列表是以线性表中的每个元素的某个数据项 Key 为自变量,使用函数 $H$(Key)计算出函数值,并将该值解释为一块连续存储空间的单元地址,将数据元素存储到该单元中。$H$(Key)函数称为哈希函数或散列函数;计算结果称为哈希地址或散列地址。求散列地址的方法有直接地址法、除留余数法、数字分析法、平方取中法和折叠法。

4. 当 Key1≠Key2,而 $H$(Key1)=$H$(Key2),也就是说,不同的关键字映射到同一个散列地址上的两个 Key 称为同义词。从理论上说,冲突是不可避免的。解决冲突的思想大体分为两种:开放定址法和链接法。

5. 开放定址法是从产生冲突的那个单元开始,按照事先约定的探测方法,从散列表中查找一个空闲的存储单元,存放产生冲突的还未插入的元素。链接法的思想是用单链表将发生冲突的同义词数据元素链接起来。散列表中的每个存储单元存储的是一个由同义词数据元素组成的单链表的表头指针。

# 习题

## 1. 填空

(1) 衡量查找算法效率的主要标准是________。

(2) 在各种查找算法中,平均查找长度与节点个数 $n$ 无关的查找方法是________。

(3) 以折半查找方法查找一个线性表时,此线性表必须是________存储的________表。

(4) 在哈希查找中,装填因子的值越大,则存取元素时发生冲突的可能性就________。

(5) 采用顺序查找的方法查找长度为 $n$ 的线性表,其平均比较次数为________。

(6) 在哈希查找中,处理冲突的方法有________和________。

(7) 已知一个有序表为{12,14,16,23,45,67,78,90,100},用折半查找的方法查找值为67的元素时,比较次数为________。

(8) 已知一组关键字{10,21,45,22,18,52},哈希函数为 $H(k)=k \bmod 7$,则元素10的同义词有________个。

(9) 在二叉排序树上进行________遍历,可以得到一个关键字的递增序列。

(10) 在哈希表上进行查找的过程与________的过程基本一致。

## 2. 判断题

(1) 二叉排序树的查找和折半查找的时间性能相同。

(2) 哈希表的结点中只包含数据元素本身的信息,不包含任何指针。

(3) 哈希表的查找效率主要取决于哈希造表时选取的哈希函数和处理冲突的方法。

(4) 进行折半查找时,要求查找表必须以顺序方式存储。

(5) 对于两棵具有相同关键字集合的形状不同的二叉排序树,按中序遍历它们得到的序列的顺序是一样的。

(6) 采用线性探测法处理冲突时,当从哈希表中删除一个记录时,不应该将该记录所在地位置置空,因为这会影响以后的查找。

(7) 当所有记录的关键字都相等时,用这些关键字值构成的二叉排序树的特点是只有右子树。

(8) 两个关键字对同一个哈希地址产生争夺的现象称为冲突。

(9) 在哈希表中,当表的容量大于表中填入的数据时,就不会发生冲突现象。

(10) 删除一棵二叉排序树的一个结点,再重新插入上去,一定能得到原来的二叉排序树。

## 3. 简答题

(1) 对大小均为 $n$ 的有序顺序表和无序顺序表分别进行查找,试就下列3种情况分别讨论两者在等概率情况下平均查找长度是否相同?

① 查找成功

② 查找失败

③ 查找成功,表中有多个关键字等于给定值的记录,一次查找要求找出所有记录。

(2) 已知一组元素为{44,26,80,68,13,77,30},画出按该顺序输入生成的二叉顺序树。

(3) 把序列{13,15,22,8,34,19,21,29}插入到一个初始为空的哈希表中,哈希函数采用 $H(k)=(k \bmod 7)+1$,分别用下列方法处理冲突:

① 使用线性探测法处理冲突:

② 使用步长为 2 的线性探测法处理冲突:

③ 采用拉链法处理冲突。

**4. 算法设计**

(1) 试编写一个顺序查找算法,要求将监视哨设在高下标端。

(2) 设计算法,求出给定二叉排序树中值最大的结点。

(3) 试编写一个算法,求出指定结点在给定的二叉排序树中所在地层数。

(4) 对给定的二叉树,假设其中各结点的值均不相同,设计算法判断该二叉树是否是二叉排序树。

(5) 设计算法,删除二叉排序树中所有关键字不小于 $x$ 的结点,并释放结点空间。

**5. 实训习题**

(1) 设计一个算法,利用折半查找算法在一个有序表中插入一个值为 $x$ 的元素,并保持表的有序性。

(2) 哈希表设计,为班级 40 个人的姓名计一个哈希表,假设姓名用汉语拼音表示。要求用除留余数法构造哈希表函数,用线性探测法处理冲突,平均查找长度的上限为 2。

(3) 简单的员工管理系统。每个员工的信息包括编号、姓名、性别、出生年月、学历、职务、电话和住址等。系统的功能如下:

① 查询——按特定条件查找员工。

② 修改——按编号对某个员工的某项信息进行修改。

③ 插入——加入新员工的信息。

④ 删除——按编号删除已离职的员工的信息。

# 第7章 排序

**主要知识点：**

- 排序的基本概念。
- 插入、交换、选择、快速、归并排序等排序的基本思想。
- 分析各种排序方法的使用特点及其性能分析，并能加以灵活应用。

排序是数据处理过程中经常使用的一种运算，是日常工作和软件设计中最常见的运算之一。排序就是将一组无序的数据元素按其关键字的某种次序排列成有规律的序列。本章通过一个关于“物流配送货单信息”排序任务的实现，学习和讨论有关排序的相关算法及实现。

**【案例 7-1】** 物流配送货单信息排序功能的实现(参见表 7-1 物流配送货单信息表)。

表 7-1 物流配送货单信息

| 序号 | 配送编号 | 姓名 | 地址 |
|---|---|---|---|
| 1 | 20087711 | 刘佳佳 | 哈尔滨 |
| 2 | 20087707 | 邓玉莹 | 齐齐哈尔 |
| 3 | 20087714 | 魏秀婷 | 牡丹江 |
| 4 | 20087720 | 王安然 | 长春 |
| … | … | … | … |

需求描述：要求根据配送编号作为关键字排序，浏览全部配送信息。

基本要求：构造线性表数据结构，输入配送信息，依据排序算法完成排序功能，分析排序特点及其性能分析。

**【任务 7-1】** 本章介绍多种排序算法，结合案例“物流配送货单信息”排序任务的实现，给出一个实用系统的排序功能需求描述。在后续内容的学习过程中，设计自己的排序操作任务的功能实现。

## 7.1 排序的基本概念及存储结构

### 7.1.1 排序的基本概念

#### 1. 排序(sort)或分类

所谓排序，就是要整理文件中的记录，使之按关键字递增(或递减)次序排列起来。其确切定义如下：

输入：$n$ 个记录 $R_1,R_2,\cdots,R_n$，其相应的关键字分别为 $K_1,K_2,\cdots,K_n$。

输出：$R_{i1},R_{i2},\cdots,R_{in}$，使得 $K_{i1}\leqslant K_{i2}\leqslant\cdots\leqslant K_{in}$。(或 $K_{i1}\geqslant K_{i2}\geqslant\cdots\geqslant K_{in}$)。

说明：

(1) 被排序的对象由一组记录组成(参见表7-1)。记录则由若干个数据项组成。其中有一项可用来标识一个记录，称为关键字项。该数据项的值称为关键字(Key)。

(2) 用来作排序运算依据的关键字，可以是数字类型，也可以是字符类型，关键字的选取应根据问题的要求而定。

例如，在高考成绩统计中将每个考生作为一个记录。每条记录包含准考证号、姓名、各科的分数和总分数等项内容。若要唯一地标识一个考生的记录，则必须用“准考证号”作为关键字。若要按照考生的总分数排名次，则需用“总分数”作为关键字。

### 2. 排序的稳定性

当待排序记录的关键字均不相同时，排序结果是唯一的，否则排序结果不唯一。在待排序的文件中，若存在多个关键字相同的记录，经过排序后这些具有相同关键字的记录之间的相对次序保持不变，该排序方法是稳定的；若具有相同关键字的记录之间的相对次序发生变化，则称这种排序方法是不稳定的。

**注意**：排序算法的稳定性是针对所有输入实例而言的。即在所有可能的输入实例中，只要有一个实例使得算法不满足稳定性要求，则该排序算法就是不稳定的。

### 3. 排序方法的分类

在排序过程中，若整个文件都是放在内存中处理，排序时不涉及数据的内、外存交换，则称之为内部排序(简称内排序)；反之，若排序过程中要进行数据的内、外存交换，则称之为外部排序。

**注意**：

(1) 内排序适用于记录个数不很多的小文件。

(2) 外排序则适用于记录个数太多，不能一次将其全部记录放入内存的大文件。

内部排序方法可以分为五类：插入排序、选择排序、交换排序、归并排序和分配排序。

### 4. 排序算法分析

大多数排序算法都有两个基本的操作：

(1) 比较两个关键字的大小；

(2) 改变指向记录的指针或移动记录本身。

**注意**：第(2)种基本操作的实现依赖于待排序记录的存储方式。

### 5. 排序算法性能评价

评价排序算法好坏的标准主要有两条：一个是执行时间和所需的辅助空间，另一个是算法本身的时间复杂程度。

1) 排序算法的空间复杂度

若排序算法所需的辅助空间并不依赖于问题的规模 $n$，即辅助空间是 $O(1)$，则称为就地排序。非就地排序一般要求的辅助空间为 $O(n)$。

2) 排序算法的时间开销

大多数排序算法的时间开销主要是关键字之间的比较和记录的移动。有的排序算法其执行时间不仅依赖于问题的规模,还取决于输入实例中数据的状态。

### 7.1.2 排序的存储结构

#### 1. 待排文件的常用三类存储方式

(1) 以顺序表(或直接用向量)作为存储结构。

排序过程是对记录本身进行物理重排,通过关键字之间的比较判定,将记录移到合适的位置。

(2) 以链表作为存储结构。

排序过程无须移动记录,仅需修改指针。通常将这类排序称为链表(或链式)排序。

(3) 用顺序的方式存储待排序的记录,但同时建立一个辅助表(如包括关键字和指向记录位置的指针组成的索引表)。

#### 2. 排序过程

只需对辅助表的表目进行物理重排(即只移动辅助表的表目,而不移动记录本身)。适用于难以在链表上实现,仍需避免在排序过程中移动记录的排序方法。

#### 3. 文件的顺序存储结构表示

**【例 7-1】** 案例 7-1"物流配送货单信息排序功能的实现"(参见表 7-1 物流配送货单信息表)中,顺序存储结构的实现。

C 语言描述:

```
#define n 100                          //待排序的记录数目
typedef struct{                        //记录类型
    char number[7];                    /* 序号 */
    char id[10];                       /* 配送编号 */
    char name[10];                     /* 姓名 */
    char addr[20];                     /* 地址 */
     }ElemType;                        //其他数据项的定义
typedef struct {
        ElemType Element[MaxSize];
        int Length;                    /* 线性表的长度 */
    }SeqList;                          /* 说明 List 数据类型 */
```

**注意**:若关键字类型没有比较算符,则可事先定义宏或函数来表示比较运算。

## 7.2 插入排序

插入排序(Insertion Sort)的基本思想是:每次将一个待排序的记录,按其关键字大小插入到前面已经排好序的子文件中的适当位置,直到全部记录插入完成为止。

初始关键字序列为 [71] 63 82 96 87 37 48 71′。在排序算法分析过程中，有两个整数相同，皆为71，用逗号区分。

### 7.2.1 直接插入排序

假设待排序的记录存放在数组 $R[1..n]$ 中。初始时，$R[1]$ 自成1个有序区，无序区为 $R[2..n]$。从 $i=2$ 起直至 $i=n$ 为止，依次将 $R[i]$ 插入当前的有序区 $R[1..i-1]$ 中，生成含 $n$ 个记录的有序区。

排序过程的某一中间时刻，$R$ 被划分成两个子区间 $R[1..i-1]$(已排好序的有序区)和 $R[i..n]$(当前未排序的部分，可称无序区)。直接插入排序的基本操作是将当前无序区的第1个记录 $R[i]$ 插入到有序区 $R[1..i-1]$ 中适当的位置上，使 $R[1..i]$ 变为新的有序区。

插入排序与打扑克时整理手上的牌非常类似。摸来的第1张牌无须整理，此后每次从桌上的牌(无序区)中摸最上面的1张并插入左手的牌(有序区)中正确的位置上。为了找到这个正确的位置，须自左向右(或自右向左)将摸来的牌与左手中已有的牌逐一比较。

一趟直接插入排序方法的操作如下：首先在当前有序区 $R[1..i-1]$ 中查找 $R[i]$ 的正确插入位置 $k(1\leqslant k\leqslant i-1)$；然后将 $R[k..i-1]$ 中的记录均后移一个位置，腾出 $k$ 位置上的空间插入 $R[i]$。

**注意**：若 $R[i]$ 的关键字大于等于 $R[1..i-1]$ 中所有记录的关键字，则 $R[i]$ 就是插入原位置。

**【例 7-2】** 采用直接插入排序设计排序功能。

(1) 排序过程分析。

| | 监视哨<br>$R[0]$ | $R[1]$ | $R[2]$ | $R[3]$ | $R[4]$ | $R[5]$ | $R[6]$ | $R[7]$ | $R[8]$ |
|---|---|---|---|---|---|---|---|---|---|
| 初始关键字 | | [71] | 83 | 82 | 96 | 48 | 73 | 97 | 71′ |
| $i=2$ | (83) | [71 | 83] | 82 | 96 | 48 | 73 | 97 | 71′ |
| $i=3$ | (82) | [71 | 82 | 83] | 96 | 48 | 73 | 97 | 71′ |
| $i=4$ | (96) | [71 | 82 | 83 | 96] | 48 | 73 | 97 | 71′ |
| $i=5$ | (48) | [48 | 71 | 82 | 83 | 96] | 73 | 97 | 71′ |
| $i=6$ | (73) | [48 | 71 | 73 | 82 | 83 | 96] | 97 | 71′ |
| $i=7$ | (97) | [48 | 71 | 73 | 82 | 83 | 96 | 97] | 71′ |
| $i=8$ | (71′) | [48 | 71 | 71′ | 73 | 82 | 83 | 96 | 97] |

(2) 算法描述。

```
void InsertSort(SeqList R)
    {                                   //对顺序表 R 中的记录 R[1..n]按递增序进行插入排序
int i,j;
for(i = 2;i <= n; i++)                          //依次插入 R[2], …,R[n]
  if(R[i].key < R[i - 1].key){          //若 R[i].key 大于等于有序区中所有的 keys,则 R[i]
                                                //应在原有位置上
     R[0] = R[i];j = i - 1;                     //R[0]是哨兵,且是 R[i]的副本
    do{                              //从右向左在有序区 R[1..i-1]中查找 R[i]的插入位置
     R[j + 1] = R[j];                           //将关键字大于 R[i].key 的记录后移
```

```
        j-- ;
        }while(R[0].key<R[j].key);               //当 R[i].key≥R[j].key 时终止
      R[j+1] = R[0];                             //R[i]插入到正确的位置上
      }                                          //endif
}                                                //InsertSort
```

(3) 哨兵的作用。算法中引进的附加记录 $R[0]$称监视哨或哨兵(Sentinel)。哨兵有两个作用：

① 进入查找(插入位置)循环之前，它保存了 $R[i]$的副本，使不致于因记录后移而丢失 $R[i]$的内容；

② 在查找循环中“监视”下标变量 $j$ 是否越界。一旦越界(即 $j=0$)，因为 $R[0]$.key 和自己比较，循环判定条件不成立使得查找循环结束，从而避免了在该循环内的每一次均要检测 $j$ 是否越界(即省略了循环判定条件“$j>=1$”)。

**【问题思考】**

① 实际上，一切为简化边界条件而引入的附加结点(元素)均可称为哨兵。

② 引入哨兵后使得测试查找循环条件的时间大约减少了一半，所以对于记录数较大的文件节约的时间就相当可观。对于类似排序这样使用频率非常高的算法，要尽可能地减少其运行时间。所以不能把上述算法中的哨兵视为雕虫小技，而应该深刻理解并掌握这种技巧。

③ 采用单链表结构实现给定输入实例的排序，可以设计结点作为哨兵。

直接插入排序算法分析：

(1) 最好情况，原 $n$ 个记录递增有序。

比较关键字 $n-1$ 次

移动记录 $2(n-1)$次

(2) 最坏情况，原 $n$ 个记录递减有序。

比较关键字的次数：

$$\sum_{i=2}^{n} i = 2+3+\cdots+\mathrm{n}$$
$$=(n-1)(n+2)/2$$
$$=O(n^2)$$

移动记录的次数(个数)：

$$\sum_{i=2}^{n}(i+1) = 3+4+\cdots+(n+1)$$
$$=(n-1)(n+4)/2 \text{ 次}$$
$$=O(n^2)$$

(3) 平均比较关键字的次数约为：

$$\sum_{i=2}^{n}(i+1)/2 = (3+4+\cdots+(n+1))/2$$
$$=(n-1)(n+4)/4$$
$$=O(n^2)$$

平均移动记录的次数约为：

$$\begin{aligned}\sum_{i=2}^{n}(i+3)/2 &= (5+6+\cdots+(n+3))/2 \\ &= (n-1)(n+8)/2 \\ &= O(n^2)\end{aligned}$$

所以时间复杂度为 $O(n^2)$。

(4) 只需少量中间变量作为辅助空间。

(5) 算法是稳定的。

## 7.2.2 希尔排序

先取一个小于 $n$ 的整数 $d_1$ 作为第一个增量，把文件的全部记录分成 $d_1$ 个组。所有距离为 $d_1$ 的倍数的记录放在同一个组中。先在各组内进行直接插入排序；然后取第二个增量 $d_2<d_1$，重复上述的分组和排序，直至所取的增量 $d_t=1(d_t<d_{t-1}<\cdots<d_2<d_1)$，即所有记录放在同一组中进行直接插入排序为止。该方法实质上是一种分组插入方法。

将待排序的记录划分成几组，从而减少参与直接插入排序的数据量，当经过几次分组排序后，记录的排列已经基本有序，这个时候再对所有的记录实施直接插入排序。该排序算法的优点是让关键字值小的元素能很快前移，且序列若基本有序时，再用直接插入排序处理，时间效率会高很多。

**【例 7-3】** 采用希尔排序设计排序功能。

(1) 排序过程分析。

关键字初始序列分别是：

| R[1] | R[2] | R[3] | R[4] | R[5] | R[6] | R[7] | R[8] |
|---|---|---|---|---|---|---|---|
| 71 | 83 | 82 | 96 | 48 | 73 | 97 | 71′ |

第一趟排序时取增量 $d_1=8/2=4$，将序列分成四组：(R1,R5)，(R2,R6)，(R3,R7)，(R4,R8)，对每一组分别做直接插入排序，使各组成为有序序列；以后每次让 $d$ 缩小一半。

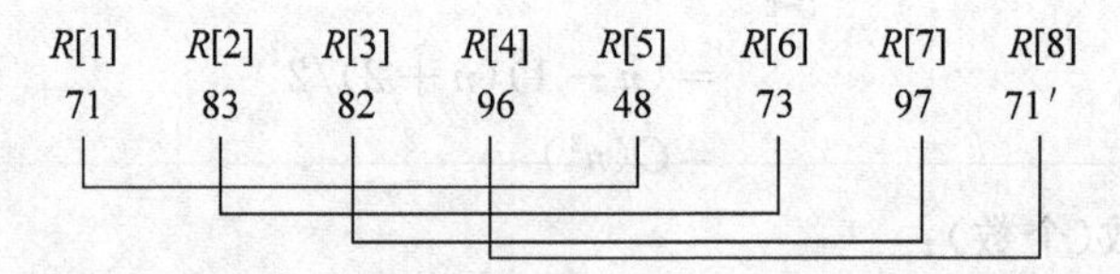


第一趟排序后，待排序数据的关键字分别是：

| R[1] | R[2] | R[3] | R[4] | R[5] | R[6] | R[7] | R[8] |
|---|---|---|---|---|---|---|---|
| 48 | 73 | 82 | 71′ | 71 | 83 | 97 | 96 |

第二趟排序时设增量 $d_2=d_1/2=2$，将序列分两组：(R1,R3,R5,R7)和(R2,R4,R6,R8)，每组做直接插入排序。

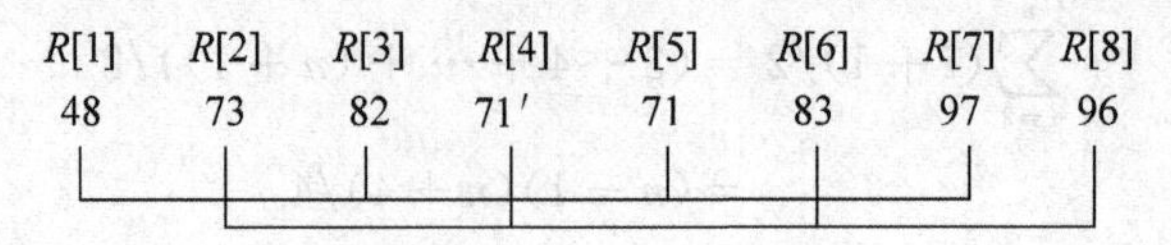

第二趟排序后,待排序数据的关键字分别是:

48 71′ 71 73 82 83 97 96

第三趟取增量 $d_3=d_2/2=1$,对整个序列做直接插入排序,最后得到有序序列:

48 71′ 71 73 82 83 96 97

(2) 算法描述。

```
void ShellPass(SeqList R,int d)
   {                                          //希尔排序中的一趟排序,d为当前增量
     for(i = d + 1;i <= n; i++)               //将R[d + 1..n]分别插入各组当前的有序区
       if(R[i].key < R[i - d].key){
         R[0] = R[i];j = i - d;               //R[0]只是暂存单元,不是哨兵
         do {                                 //查找R[i]的插入位置
            R[j + d]; = R[j];                 //后移记录
            j = j - d;                        //查找前一记录
         }while(j > 0&&R[0].key < R[j].key);
         R[j + d] = R[0];                     //插入R[i]到正确的位置上
       }                                      //endif
   }                                          //ShellPass
  void ShellSort(SeqList R)
   {
int increment = n;                            //增量初值,不妨设n > 0
do {
   increment = increment/2;                   //求下一增量
           ShellPass(R,increment);            //一趟增量为increment的Shell插入排序
  }while(increment > 1)
} //ShellSort
```

**【思考问题】** 当增量 $d=1$ 时,ShellPass 和 InsertSort 基本一致,只是由于没有哨兵而在内循环中增加了一个循环判定条件“$j>0$”,以防下标越界。

算法分析:

(1) 增量序列的选择。

Shell 排序的执行时间依赖于增量序列。最后一个增量必须为 1。有人通过大量的实验,给出了目前较好的结果:当 $n$ 较大时,比较和移动的次数约在 $n^{1.25}\sim1.6n^{1.25}$ 之间。

(2) 希尔排序的时间性能优于直接插入排序。

当文件初态基本有序时直接插入排序所需的比较和移动次数均较少。

① 当 $n$ 值较小时,$n$ 和 $n^2$ 的差别也较小,即直接插入排序的最好时间复杂度 $O(n)$ 和最坏时间复杂度 $O(n^2)$ 差别不大。

② 在希尔排序开始时增量较大,分组较多,每组的记录数目少,故各组内直接插入较快,后来增量 $d_i$ 逐渐缩小,分组数逐渐减少,而各组的记录数目逐渐增多,但由于已经按 $d_{i-1}$ 作为距离排过序,使文件较接近于有序状态,所以新的一趟排序过程也较快。

因此,希尔排序在效率上较直接插入排序有较大的改进。

(3) 稳定性。

希尔排序是不稳定的。参见上述实例,该例中两个相同关键字 71 在排序前后的相对次序发生了变化。

## 7.3 交换排序

交换排序是一类通过交换逆序元素进行排序的方法。其基本思想是:对待排序序列中的记录两两比较其关键字,发现两个记录呈现逆序时就交换两记录的位置,直到没有逆序的记录为止。

应用交换排序基本思想的主要排序方法有冒泡排序和快速排序,本书示例采用顺序存储结构实现交换排序。

### 7.3.1 冒泡排序

将被排序的记录数组 $R[1..n]$垂直排列,每个记录 $R[i]$看作是重量为 $R[i]$. key 的气泡。根据轻气泡不能在重气泡之下的原则,从下往上扫描数组 $R$:凡扫描到违反本原则的轻气泡,就使其向上“飘浮”。如此反复进行,直到最后任何两个气泡都是轻者在上,重者在下为止。

(1) 初始情况。

$R[1..n]$为无序区。

(2) 第一趟扫描。从无序区底部向上依次比较相邻的两个气泡的重量,若发现轻者在下、重者在上,则交换两者的位置。即依次比较($R[n]$,$R[n-1]$),($R[n-1]$,$R[n-2]$),…,($R[2]$,$R[1]$);对于每对气泡($R[j+1]$,$R[j]$),若 $R[j+1]$. key<$R[j]$. key,则交换 $R[j+1]$和 $R[j]$的内容。

第一趟扫描完毕时,“最轻”的气泡就飘浮到该区间的顶部,即关键字最小的记录被放在最高位置 $R[1]$上。

(3) 第二趟扫描。扫描 $R[2..n]$。扫描完毕时,“次轻”的气泡飘浮到 $R[2]$的位置上……

最后,经过 $n-1$ 趟扫描可得到有序区 $R[1..n]$。

**注意**:第 $i$ 趟扫描时,$R[1..i-1]$和 $R[i..n]$分别为当前的有序区和无序区。扫描仍是从无序区底部向上直至该区顶部。扫描完毕时,该区中最轻气泡飘浮到顶部位置 $R[i]$上,结果是 $R[1..i]$变为新的有序区。

**【例 7-4】** 采用冒泡排序设计排序功能。

(1) 排序过程分析。

关键字初始序列分别是:

| $R[1]$ | $R[2]$ | $R[3]$ | $R[4]$ | $R[5]$ | $R[6]$ | $R[7]$ | $R[8]$ |
|---|---|---|---|---|---|---|---|
| 71 | 83 | 82 | 96 | 48 | 73 | 97 | 71′ |

冒泡排序过程示例参见图 7-1。

| | 初始关键字 | 产生第1个气泡 | 产生第2个气泡 | 产生第3个气泡 | 产生第4个气泡73 | 未选出气泡结束 |
|---|---|---|---|---|---|---|
| $R[1]$ | 71 | 48 | 48 | 48 | 48 | 48 |
| $R[2]$ | 83 | 71 | 71 | 71 | 71 | 71 |
| $R[3]$ | 82 | 83 | 71′ | 71′ | 71′ | 71′ |
| $R[4]$ | 96 | 82 | 83 | 73 | 73 | 73 |
| $R[5]$ | 48 | 96 | 82 | 82 | 82 | 82 |
| $R[6]$ | 73 | 71′ | 96 | 83 | 83 | 83 |
| $R[7]$ | 97 | 73 | 73 | 96 | 96 | 96 |
| $R[8]$ | 71′ | 97 | 97 | 97 | 97 | 97 |

图 7-1 冒泡排序过程示例

(2) 算法分析。因为每一趟排序都使有序区增加了一个气泡，在经过 $n-1$ 趟排序之后，有序区中就有 $n-1$ 个气泡，而无序区中气泡的重量总是大于等于有序区中气泡的重量，所以整个冒泡排序过程至多需要进行 $n-1$ 趟排序。

(3) 算法设计。

```
void BubbleSort(SeqList R)
 {                                        //R(1..n)是待排序的文件,采用自下向上扫描,对R做冒泡排序
   int i,j;
   Boolean exchange;                      //交换标志
   for(i=1;i<n;i++){                      //最多做n-1趟排序
     exchange=FALSE;                      //本趟排序开始前,交换标志应为假
     for(j=n-1;j>=i; j--)                 //对当前无序区R[i..n]自下向上扫描
      if(R[j+1].key<R[j].key){            //交换记录
        R[0]=R[j+1];                      //R[0]不是哨兵,仅做暂存单元
        R[j+1]=R[j];
        R[j]=R[0];
        exchange=TRUE;                    //发生了交换,故将交换标志置为真
      }
     if(!exchange)                        //本趟排序未发生交换,提前终止算法
       return;
   }                                      //endfor(外循环)
 }                                        //BubbleSort
```

**【问题思考】** 若在某一趟排序中未发现气泡位置的交换，则说明待排序的无序区中所有气泡均满足轻者在上、重者在下的原则，因此，冒泡排序过程可在此趟排序后终止。在算法中，引入一个布尔量 exchange，在每趟排序开始前，先将其置为 FALSE。若排序过程中发生了交换，则将其置为 TRUE。各趟排序结束时检查 exchange，若未曾发生过交换则终止算法，不再进行下一趟排序。

算法分析：

(1) 算法的最好时间复杂度。

若文件的初始状态是正序的，一趟扫描即可完成排序。所需的关键字比较次数 $C$ 和记录移动次数 $M$ 均达到最小值：

$C_{min}=n-1$

$M_{min}=0$。

冒泡排序最好的时间复杂度为 $O(n)$。

(2) 算法的最坏时间复杂度。

若初始文件是反序的,需要进行 $n-1$ 趟排序。每趟排序要进行 $n-i$ 次关键字的比较($1 \leqslant i \leqslant n-1$),且每次比较都必须移动记录三次来达到交换记录位置。在这种情况下,比较和移动次数均达到最大值:

$C_{max}=n(n-1)/2=O(n^2)$

$M_{max}=3n(n-1)/2=O(n^2)$

冒泡排序的最坏时间复杂度为 $O(n^2)$。

(3) 算法的平均时间复杂度为 $O(n^2)$。

虽然冒泡排序不一定要进行 $n-1$ 趟,但由于它的记录移动次数较多,故平均时间性能比直接插入排序要差得多。

(4) 算法稳定性。

冒泡排序是就地排序,且它是稳定的。

**【问题思考】** 上述的冒泡排序还可做如下的改进:

(1) 记住最后一次交换发生位置 lastExchange 的冒泡排序。

在每趟扫描中,记住最后一次交换发生的位置 lastExchange(该位置之前的相邻记录均已有序)。下一趟排序开始时,$R$[1.. lastExchange-1]是有序区,$R$[lastExchange.. n]是无序区。这样,一趟排序可能使当前有序区扩充多个记录,从而减少排序的趟数。

(2) 改变扫描方向的冒泡排序。

① 冒泡排序的不对称性。能一趟扫描完成排序的情况:只有最轻的气泡位于 $R[n]$的位置,其余的气泡均已排好序,那么也只需一趟扫描就可以完成排序。例如,对初始关键字序列 12,18,42,44,45,67,94,10,就仅需一趟扫描。需要 $n-1$ 趟扫描完成排序情况:当只有最重的气泡位于 $R[1]$的位置,其余的气泡均已排好序时,则仍需做 $n-1$ 趟扫描才能完成排序。例如,对初始关键字序列:97,48,71,71′,73,82,83,就需 6 趟扫描。

② 造成不对称性的原因。每趟扫描仅能使最重气泡"下沉"一个位置,因此使位于顶端的最重气泡下沉到底部时,需做 $n-1$ 趟扫描。

## 7.3.2 快速排序

快速排序采用分治法的策略,即将原问题分解为若干个规模更小但结构与原问题相似的子问题。递归地对这些子问题求解,然后将这些子问题的解组合为原问题的解。

快速排序的基本思想是从待排序列中任取一个元素(例如取第一个)作为中心,所有比它小的元素一律前放,所有比它大的元素一律后放,形成左右两个子表;然后再对各子表重新选择中心元素并依此规则调整,直到每个子表的元素只剩一个,此时便成为有序序列了。要求采用顺序存储结构,因为每趟可以确定不止一个元素的位置,而且呈指数增加,所以排序过程特别快,称为快速排序。

**【例 7-5】** 采用快速排序设计排序功能。

(1) 排序过程。

R[1] R[2] R[3] R[4] R[5] R[6] R[7] R[8]
71 83 82 96 48 73 97 71′

初始关键字序列： [71] 83 82 96 48 73 97 71′
R[0]=[71] i↑（枢轴） ↑j
j向前扫描 i↑ ↑j
第一次交换之后： [48] 83 82 96 [] 73 97 71′
i↑ ↑j
i向后扫描 i↑ ↑j
第二次交换之后： 48 [] 82 96 83 73 97 71′
i↑ ↑j
j向前扫描 i↑ ↑j
完成一趟排序： 48 71 82 96 83 73 97 71′
i↑ ↑j

初始关键字序列： 71 83 82 96 48 73 97 71′
一趟排序之后： [48] 71 [82 96 83 73 97 71′]

分别进行快速排序：

| R[1] | R[2] | R[3] | R[4] | R[5] | R[6] | R[7] | R[8] |
|---|---|---|---|---|---|---|---|
| 48 | | [82 | 96 | 83 | 73 | 97 | 71′] |
| 结束 | | [71′ | 73] | 82 | [83 | 97 | 96] |
| | | | | 结束 | | | |
| | | 71′ | [73] | | 83 | [97 | 96] |
| | | 结束 | 73 | | 结束 | [96] | 97 |
| | | | 结束 | | | 96 | 结束 |
| | | | | | | 结束 | |

快速排序后的序列：48 71 71′ 73 82 83 96 97

（2）算法设计。

设当前待排序的无序区为 R[low..high]：

① 分解。

在 R[low..high]中任选一个记录作为基准(Pivot)，以此基准将当前无序区划分为左、右两个较小的子区间 R[low..pivotpos−1)和 R[pivotpos+1..high]，并使左边子区间中所有记录的关键字均小于等于基准记录的关键字 pivot.key，右边的子区间中所有记录的关键字均大于等于 pivot.key，而基准记录 pivot 则位于正确的位置(pivotpos)上，它无须参加后续的排序。

② 求解。

通过递归调用快速排序对左、右子区间 R[low..pivotpos−1]和 R[pivotpos+1..high]快速排序。

③ 组合。

因为当“求解”步骤中的两个递归调用结束时,其左、右两个子区间已有序。对快速排序而言,“组合”步骤无须做什么,可看作是空操作。

(3) 算法描述。

① 划分算法。

```
int Partition(SeqList R,int i,int j)
  {                                   //调用 Partition(R,low,high)时,对 R[low..high]做划分,
  //并返回基准记录的位置
    ElemType pivot = R[i];                    //用区间的第 1 个记录作为基准
    while(i<j){                               //从区间两端交替向中间扫描,直至 i=j 为止
      while(i<j&&R[j].key>=pivot.key)         //pivot 相当于在位置 i 上
        j--;                                  //从右向左扫描,查找第 1 个关键字小于
                                              //pivot.key 的记录 R[j]
      if(i<j)                                 //表示找到的 R[j]的关键字<pivot.key
          R[i++]=R[j];                        //相当于交换 R[i]和 R[j],交换后 i 指针加 1
      while(i<j&&R[i].key<=pivot.key)         //pivot 相当于在位置 j 上
          i++;             //从左向右扫描,查找第 1 个关键字大于 pivot.key 的记录 R[i]
      if(i<j)                                 //表示找到了 R[i],使 R[i].key>pivot.key
          R[j--]=R[i];                        //相当于交换 R[i]和 R[j],交换后 j 指针减 1
    }                                         //endwhile
    R[i]=pivot;                               //基准记录已被最后定位
    return i;
  }                                           //partition
```

说明:

第一步,(初始化)设置两个指针 $i$ 和 $j$,它们的初值分别为区间的下界和上界,即 $i=$ low,$j=$high;选取无序区的第一个记录 $R[i]$(即 $R[\text{low}]$)作为基准记录,并将它保存在变量 pivot 中;

第二步,令 $j$ 自 high 起向左扫描,直到找到第 1 个关键字小于 pivot.key 的记录 $R[j]$,将 $R[j]$移至 $i$ 所指的位置上,这相当于 $R[j]$和基准 $R[i]$(即 pivot)进行了交换,使关键字小于基准关键字 pivot.key 的记录移到了基准的左边,交换后 $R[j]$中相当于是 pivot;然后,令 $i$ 指针自 $i+1$ 位置开始向右扫描,直至找到第 1 个关键字大于 pivot.key 的记录 $R[i]$,将 $R[i]$移到 $i$ 所指的位置上,这相当于交换了 $R[i]$和基准 $R[j]$,使关键字大于基准关键字的记录移到了基准的右边,交换后 $R[i]$中又相当于存放了 pivot;接着令指针 $j$ 自位置 $j-1$ 开始向左扫描,如此交替改变扫描方向,从两端各自往中间靠拢,直至 $i=j$ 时,$i$ 便是基准 pivot 最终的位置,将 pivot 放在此位置上就完成了一次划分。

② 快速算法。

```
void QuickSort(SeqList R,int low,int high)
  {                                           //对 R[low..high]快速排序
    int pivotpos;                             //划分后的基准记录的位置
    if(low<high){                             //仅当区间长度大于 1 时才须排序
      pivotpos = Partition(R,low,high);       //对 R[low..high]做划分
      QuickSort(R,low,pivotpos-1);            //对左区间递归排序
```

```
        QuickSort(R,pivotpos + 1,high);          //对右区间递归排序
      }
    }                                            //QuickSort
```

【例 7-6】 物流配货信息管理系统的实现,要求以配送编号为关键字升序排序,排序功能算法采用快速算法实现(参见表 7-1)。

数据存储结构:

采用顺序存储结构。

程序设计:

```
#define MaxSize 100                              //待排序的记录数目
#define OverFlow -1
#define OK 1
#define Error -1
    typedef struct
    {
        char number[7];                          /*序号*/
        char id[10];                             /*配送编号*/
        char name[10];                           /*姓名*/
        char addr[20];                           /*地址*/
    }ElemType;
    typedef struct
    {
        ElemType Element[MaxSize];
        int Length;                              /*线性表的长度*/
    }SeqList;                                    /*说明 List 数据类型*/

   void Init_SeqList(SeqList *L_pointer)         /*构造一个空表*/
    {
      L_pointer ->Length = 0;
    }
   void Show_SeqList(SeqList * L_pointer)        /*遍历线性表*/
    {   int j;
        printf("\n");
        if (L_pointer ->Length == 0)
            printf("空表(NULL)!\n");
        else
          for(j = 0;j < L_pointer ->Length; j++)/*显示*/
            printf(" %7s %10s %10s %20s \n ",
            L_pointer->Element[j].number, L_pointer->Element[j].id,
            L_pointer->Element[j].name, L_pointer->Element[j].addr);
            printf("\n");
    }
  int Insert_Last(SeqList *L_pointer,ElemType x)
    {
       if (L_pointer->Length == MaxSize)
        {   printf("表满");
            return OverFlow;
```

```
            }
            else
            {                                              /* 在表尾插入一个配送数据 */
/* 输入序号 */
strcpy(L_pointer->Element[L_pointer->Length].number,x.number);       /* 输入序号 */
strcpy(L_pointer->Element[L_pointer->Length].id,x.id);             /* 输入配送编号 */
strcpy(L_pointer->Element[L_pointer->Length].name,x.addr);           /* 输入姓名 */
strcpy(L_pointer->Element[L_pointer->Length].addr,x.addr);           /* 输入地址 */
L_pointer->Length ++;                                  /* 线性表长度加 1 */
            return OK;                                 /* 插入成功,返回 */
            }
        }
        int Location_SeqList(SeqList *L_pointer, char *x)        /* 查找指定姓名的配送数据 */
        {
            int i = 0;
            while(i < L_pointer ->Length && strcmp(L_pointer ->Element[i] .name,x))
                i++;
            if (i== L_pointer ->Length) return -1;                        /* 查找失败 */
            else return i+1;                           /* 返回 x 的逻辑位置 */
        }
        int Delete_SeqList(SeqList *L_pointer, int i)/* 删除线性表的第 i 个元素 */
        {
            int j;
            if(i<1 || i>L_pointer ->Length)          /* 判断参数的正确性 */
            {
                printf ("不存在第 i 个元素");
                return Error ;
            }
            for(j=i-1;j<=L_pointer ->Length-1; j++)                          /* 删除 */
                L_pointer ->Element[j]= L_pointer ->Element[j+1];          /* 向左移动 */
            L_pointer ->Length--;                      /* 线性表长度减 1 */
            return OK ;
        }
    int Partition(SeqList *R,int i,int j)
    {
        ElemType pivot;
        pivot=R->Element[i];
        while(i<j){
            while(i<j&&strcmp(R->Element[j].id,pivot.id)>=0)
                j--;
            if(i<j)
                R->Element[i++]=R->Element[j];
            while(i<j&&strcmp(R->Element[i].id,pivot.id)<=0)
                i++;
            if(i<j)
                 R->Element[j--]=R->Element[i];
        }
      R->Element[i]=pivot;
```

```
    return i;
  }
void QuickSort(SeqList * R,int low,int high)
  {
    int pivotpos;
    if(low<high){
       pivotpos=Partition(R,low,high);
       QuickSort(R,low,pivotpos-1);
       QuickSort(R,pivotpos+1,high);
     }
  }
 int Location_SeqList(int Element[],int Length,int x)

  {    int i=0;
       while(i<Length && Element[i]!=x)
           i++;
       if (i==Length) return -1;
           else return i+1;
  }
void SetNull_SeqList(SeqList * L_pointer)        /*清空线性表 */
  {
     L_pointer->Length =0;
  }


   void main()
  {
       int i,loca,del_id=0;
       ElemType y;
       SeqList x, * Lx_pointer;

       Lx_pointer=&x;

       Init_SeqList(Lx_pointer);                    /*构造一个空表 */
       do
       {   printf ("\n");
           printf ("1---插入一条配送信息(Insert)\n");
           printf ("2---查询一条配送信息(Locate)\n");
           printf ("3---删除一条配送信息(Delete\n");
           printf ("4---显示所有配送信息(Show)\n");
           printf ("5---排序所有配送信息(Sort)\n");
           printf ("6---退出\n");
           scanf ("%d",&i);
           switch(i)
           {   case 1: printf ("请输入要插入的配送信息\n");
                       printf("Please enter number: ");                    /*输入序号*/
                       scanf("%s",y.number);
                       printf("Please enter id: ");                     /*输入配送序号*/
                       scanf("%s",y.id);
```

```
                    printf("Please enter name: ");                    /* 输入姓名 */
                    scanf(" % s",y.name);
                    printf("Please enter address: ");                 /* 输入地址 */
                    scanf(" % s",y.addr);
                    if (Insert_Last(Lx_pointer,y)!= OK)
                        printf ("插入失败\n");
                    break;
            case 2: printf ("请输入要查询的配送信息姓名\n"); scanf(" % s",y.name);
                    loca = Location_SeqList(Lx_pointer,y.name);
                    if (loca!= - 1) printf("查找成功!存储位置: % d",loca);
                    else printf("查找失败!");
                    break;
            case 3: printf ("请输入要删除的配送信息姓名\n"); scanf (" % s",y.name);
                    loca = Location_SeqList(Lx_pointer,y.name);
                    if (loca!= - 1)
                        if(Delete_SeqList(Lx_pointer,loca)!= OK)
                            printf ("删除失败\n");
                    break;
            case 4: Show_SeqList(Lx_pointer);break;
            case 5: QuickSort(Lx_pointer,0,Lx_pointer - > Length - 1);
            Show_SeqList(Lx_pointer);break;
            case 6: break;
            default:printf("错误选择!请重选");break;
        }
    } while (i!= 6);
    SetNull_SeqList(Lx_pointer);              /* 清空线性表 */
}
```

**【任务 7-2】** 分别采用直接插入排序、希尔排序、冒泡排序实现实现例 7.6 的排序需求。

**【问题思考】** 为排序整个文件,须如何调用 QuickSort 完成对 $R[l..n]$的排序。

算法分析:快速排序的时间主要耗费在划分操作上,对长度为 $k$ 的区间进行划分,共需 $k-1$ 次关键字的比较。

(1) 最坏时间复杂度。

最坏情况是每次划分选取的基准都是当前无序区中关键字最小(或最大)的记录,划分的结果是基准左边的子区间为空(或右边的子区间为空),而划分所得的另一个非空的子区间中记录数目,仅仅比划分前的无序区中记录个数减少一个。

因此,快速排序必须做 $n-1$ 次划分,第 $i$ 次划分开始时区间长度为 $n-i+1$,所需的比较次数为 $n-i(1\leqslant i\leqslant n-1)$,故总的比较次数达到最大值:

$$C_{\max} = n(n-1)/2 = O(n^2)$$

如果按上面给出的划分算法,每次取当前无序区的第 1 个记录为基准,那么当文件的记录已按递增序(或递减序)排列时,每次划分所取的基准就是当前无序区中关键字最小(或最大)的记录,则快速排序所需的比较次数反而最多。

(2) 最好时间复杂度。

在最好情况下，每次划分所取的基准都是当前无序区的“中值”记录，划分的结果是基准的左、右两个无序子区间的长度大致相等。总的关键字比较次数为 $O(n\lg n)$。

(3) 基准关键字的选取。

在当前无序区中选取划分的基准关键字是决定算法性能的关键。

① “三者取中”的规则。

“三者取中”规则，即在当前区间里，将该区间首、尾和中间位置上的关键字比较，取三者之中值所对应的记录作为基准，在划分开始前将该基准记录和该区伺的第 1 个记录进行交换，此后的划分过程与上面所给的 Partition 算法完全相同。

② 取位于 low 和 high 之间的随机数 $k$(low$\leqslant k\leqslant$high)，用 $R[k]$作为基准。

选取基准最好的方法是用一个随机函数产生一个取位于 low 和 high 之间的随机数 $k$(low$\leqslant k\leqslant$high)，用 $R[k]$作为基准，这相当于强迫 $R$[low..high]中的记录是随机分布的。用此方法所得到的快速排序一般称为随机的快速排序。

**注意**：随机化的快速排序与一般的快速排序算法差别很小。但随机化后，算法的性能大大地提高了，尤其是对初始有序的文件，一般不可能导致最坏情况的发生。算法的随机化不仅仅适用于快速排序，也适用于其他需要数据随机分布的算法。

(4) 平均时间复杂度。

尽管快速排序的最坏时间为 $O(n^2)$，但就平均性能而言，它是基于关键字比较的内部排序算法中速度最快者，快速排序亦因此而得名。它的平均时间复杂度为 $O(n\log n)$。

(5) 空间复杂度。

快速排序在系统内部需要一个栈来实现递归。若每次划分较为均匀，则其递归树的高度为 $O(\log n)$，故递归后需栈空间为 $O(\log n)$。最坏情况下，递归树的高度为 $O(n)$，所需的栈空间为 $O(n)$。

(6) 稳定性。

快速排序是非稳定的，例如[2,$\underline{2}$,1]。

## 7.4 选择排序

选择排序(Selection Sort)的策略是每一趟从待排序的记录中选出关键字最小的记录，顺序放在已排好序的子文件的最后，直到全部记录排序完毕。常用的选择排序方法有直接选择排序和堆排序，本节学习直接选择排序。

直接选择排序的基本思想是：假设待排序序列有 $n$ 个记录($R_1,R_2,\cdots,R_n$)，先从 $n$ 个记录中选出关键字最小的记录 $R_k$，将该记录与第 1 个记录交换位置，完成第一趟排序；然后从剩下的 $n-1$ 个记录中再找出一个关键字最小的记录与第 2 个记录交换位置，依此反复，第 $i$ 趟从剩余的 $n-i+1$ 个记录中找出一个关键字最小的记录和第 $i$ 个记录交换，对 $n$ 个记录经过 $n-1$ 趟排序即可得到有序序列。

**【例 7-7】** 采用直接选择排序设计排序功能。

(1) 直接选择排序的过程。

| | $R[1]$ | $R[2]$ | $R[3]$ | $R[4]$ | $R[5]$ | $R[6]$ | $R[7]$ | $R[8]$ |
|---|---|---|---|---|---|---|---|---|
| 初始关键字序列： | 71 | 83 | 82 | 96 | 48 | 73 | 97 | 71′ |
| 第一趟排序后： | [48] | 83 | 82 | 96 | 71 | 73 | 97 | 71′ |
| 第二趟排序后： | [48 | 71] | 82 | 96 | 83 | 73 | 97 | 71′ |
| 第三趟排序后： | [48 | 71 | 71′] | 96 | 83 | 73 | 97 | 82 |
| 第四趟排序后： | [48 | 71 | 71′ | 73] | 83 | 96 | 97 | 82 |
| 第五趟排序后： | [48 | 71 | 71′ | 73 | 82] | 96 | 97 | 83 |
| 第六趟排序后： | [48 | 71 | 71′ | 73 | 82 | 83] | 97 | 96 |
| 第七趟排序后： | [48 | 71 | 71′ | 73 | 82 | 83 | 96] | 97 |
| 直接选择排序后的序列： | 48 | 71 | 71′ | 73 | 82 | 83 | 96 | 97 |

(2) 算法设计。

① 初始状态：无序区为 $R[1..n]$，有序区为空。

② 第 1 趟排序。

在无序区 $R[1..n]$中选出关键字最小的记录 $R[k]$，将它与无序区的第 1 个记录 $R[1]$交换，使 $R[1..1]$和 $R[2..n]$分别变为记录个数增加 1 个的新有序区和记录个数减少 1 个的新无序区。

……

③ 第 $i$ 趟排序。

第 $i$ 趟排序开始时，当前有序区和无序区分别为 $R[1..i-1]$和 $R[i..n]$($1\leqslant i\leqslant n-1$)。该趟排序从当前无序区中选出关键字最小的记录 $R[k]$，将它与无序区的第 1 个记录 $R[i]$交换，使 $R[1..i]$和 $R[i+1..n]$分别变为记录个数增加 1 个的新有序区和记录个数减少 1 个的新无序区。

这样，$n$ 个记录的文件的直接选择排序可经过 $n-1$ 趟直接选择排序得到有序结果。

(3) 算法描述。

直接选择排序的具体算法如下：

```
void SelectSort(SeqList R)
{
  int i,j,k;
  for(i = 1;i < n;i++){                              //做第 i 趟排序(1≤i: n-1)
    k = i;
    for(j = i + 1;j <= n;j++)                        //在当前无序区 R[i..n]中选 key 最小的记录 R[k]
      if(R[j].key < R[k].key)
        k = j;                                       //k 记下目前找到的最小关键字所在的位置
```

```
        if(k!= i){                                          //交换 R[i]和 R[k]
          R[0] = R[i]; R[i] = R[k]; R[k] = R[0];            //R[0]作暂存单元
         }                                                  //endif
      }                                                     //endfor
   }                                                        //SeleetSort
```

**【任务 7-3】** 采用直接选择排序实现实现例 7.6 的排序需求。

算法分析：

(1) 关键字比较次数。

无论文件初始状态如何，在第 $i$ 趟排序中选出最小关键字的记录，需做 $n-i$ 次比较，因此，总的比较次数为：

$$n(n-1)/2 = O(n^2)$$

(2) 记录的移动次数。

当初始文件为正序时，移动次数为 0。

文件初态为反序时，每趟排序均要执行交换操作，总的移动次数取最大值 $3(n-1)$。

直接选择排序的平均时间复杂度为 $O(n^2)$。

(3) 直接选择排序是一个就地排序。

(4) 稳定性分析。

直接选择排序是不稳定的，例如[2,$\underline{2}$,1]。

## 7.5 归并排序

归并排序(Merge Sort)是利用“归并”技术来进行排序。归并是指将若干个已排序的子文件合并成一个有序的文件。

采用归并的基本思想排序，可将具有 $n$ 个待排序记录的序列看成是 $n$ 个长度为 1 的有序序列，进行两两归并，得到 $\lceil n/2 \rceil$ 个长度为 2 的有序序列，再进行两两归并，得到 $\lceil n/4 \rceil$ 个长度为 4 的有序序列，如此重复，直至得到一个长度为 $n$ 的有序序列为止，实现归并排序。

若 $n$ 为偶数，则产生 $n/2$ 个长度为 2 的有序子序列；若 $n$ 为奇数，最后一个子序列轮空不参与归并，本趟归并完成后，原序列产生一个长度为 2 的有序子序列和一个长度为 1 的有序子序列，后续归并如此完成。

上述的每次归并操作，均是将两个有序的子文件合并成一个有序的子文件，故称其为“二路归并排序”。类似地，有 $k(k>2)$路归并排序。

**【例 7-8】** 采用归并排序设计排序功能。

(1) 归并排序的过程

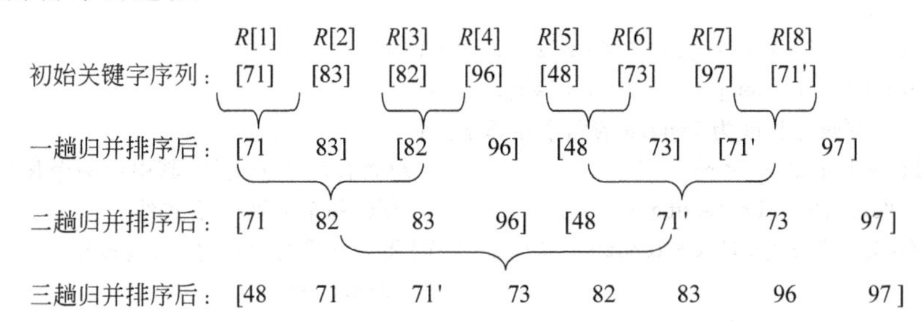

(2) 两路归并算法设计。

设两个有序的子文件放在同一向量中相邻的位置上：$R[\text{low}..m]$,$R[m+1..\text{high}]$,先将它们合并到一个局部的暂存向量 $R1$ 中,待合并完成后将 $R1$ 复制回 $R[\text{low}..\text{high}]$中。

① 合并过程。

合并过程中,设置 $i$、$j$ 和 $p$ 三个指针,其初值分别指向这三个记录区的起始位置。合并时依次比较 $R[i]$和 $R[j]$的关键字,取关键字较小的记录复制到 $R1[p]$中,然后将被复制记录的指针 $i$ 或 $j$ 加 1,以及指向复制位置的指针 $p$ 加 1。

重复这一过程直至两个输入的子文件有一个已全部复制完毕(不妨称其为空),此时将另一非空的子文件中剩余记录依次复制到 $R1$ 中即可。

② 动态申请 $R1$ 实现时,因为申请的空间可能很大,故须加入申请空间是否成功的处理。

(3) 算法描述。

① 将两个有序的子文件 $R[\text{low}..m]$和 $R[m+1..\text{high}]$归并成一个有序的子文件 $R[\text{low}..\text{high}]$。

```
void Merge(SeqList R,int low,int m,int high)
    {                           //将两个有序的子文件 R[low..m]和 R[m+1..high]归并成一个有序的
                                //子文件 R[low..high]
     int i=low,j=m+1,p=0;                           //置初始值
     RecType *R1;                                   //R1 是局部向量,若 p 定义为此类型指针速度更快
     R1=(ReeType *)malloc((high-low+1)*sizeof(RecType));
     if(!R1)                                        //申请空间失败
       Error("Insufficient memory available!");
     while(i<=m&&j<=high)                           //两子文件非空时取其小者输出到 R1[p]上
       R1[p++]=(R[i].key<=R[j].key)?R[i++]: R[j++];
     while(i<=m)                                    //若第 1 个子文件非空,则复制剩余记录到 R1 中
       R1[p++]=R[i++];
     while(j<=high)                                 //若第 2 个子文件非空,则复制剩余记录到 R1 中
       R1[p++]=R[j++];
     for(p=0,i=low; i<=high; p++,i++)
       R[i]=R1[p];                                  //归并完成后将结果复制回 R[low..high]
    }                                               //Merge
```

② 对 $R[1..n]$做一趟归并排序。

```
void MergePass(SeqList R,int length)
    {                                               //对 R[1..n]做一趟归并排序
     int i;
     for(i=1;i+2*length-1<=n;i=i+2*length)
     Merge(R,i,i+length-1,i+2*length-1);
          //归并长度为 length 的两个相邻子文件
     if(i+length-1<n)                               //尚有两个子文件,其中后一个长度小于 length
       Merge(R,i,i+length-1,n);                     //归并最后两个子文件
     //注意: 若 i≤n 且 i+length-1≥n 时,则剩余一个子文件轮空,无须归并
    }                                               //MergePass
```

③ 二路归并排序算法。

```
void MergeSort(SeqList R)
 {                                    //采用自底向上的方法,对 R[1..n]进行二路归并排序
   int length;
   for(length = 1; length < n; length * = 2)
      MergePass(R,length);                          //有序段长度≥n 时终止
 }
```

**【任务 7-4】** 采用二路归并排序实现实现例 7.6 的排序需求。

**【问题思考】** 若用单链表做存储结构,如何设计就地的归并排序。

算法分析:

(1) 稳定性。归并排序是一种稳定的排序。

(2) 存储结构要求。可用顺序存储结构。也易于在链表上实现。

(3) 时间复杂度。对长度为 $n$ 的文件,需进行 $\lceil \log_2 n \rceil$ 趟二路归并,每趟归并的时间为 $O(n)$,故其时间复杂度无论是在最好情况下还是在最坏情况下均是 $O(n\log_2 n)$。

(4) 空间复杂度。需要一个辅助向量来暂存两有序子文件归并的结果,故其辅助空间复杂度为 $O(n)$,显然它不是就地排序。

## 7.6 本章小结

1. 排序是将一组记录按照某个域的递增或递减的次序重新排列起来的过程。

一般情况下,数据对象可能有多个数据项,用于排序的数据项即为排序域或排序项,该域中的每个值则称为排序码。

2. 排序算法的稳定性:如果在待排序数据中有两个数据对象 $a[i]$和 $a[j]$,它们的排序码满足 $a[i]$.key == $a[j]$.key,并且在排序前,$a[i]$排列在 $a[j]$之前,如果在排序后,$a[i]$仍然排在 $a[j]$之前,称该排序方法是稳定的,否则,该排序方法是不稳定的。

3. 算法效率分析:在评价不同的排序算法时,可以通过计算比较次数和移动次数的方法实现,"if(a[j]<a[min])"是比较,"temp=a[min]"是移动。

## 习题

### 1. 填空

(1) 若对 $n$ 个元素进行直接插入排序,在进行第 $i$ 趟($1 \leqslant i \leqslant n-1$)排序时,为寻找插入位置最多需要进行________次元素的比较。

(2) 在对 $n$ 个元素进行直接选择排序的过程中,需要进行________趟选择和交换。

(3) 若对 $n$ 个元素进行堆排序,则在构成初始堆的过程中需要进行________次筛运算。

(4) 直接选择排序的平均时间复杂度为________。

(5) 在内排序中,不稳定的排序方法有________、________、________和________。

**2. 判断题**

(1) 即使排序算法是不稳定的,但该算法仍有实际应用价值。

(2) 如果把一个大顶堆看成一棵二叉树,根元素层次为1,则层次越大的元素越小。

(3) 如果某排序算法是稳定的,那么该算法一定是具有实际应用的价值。

(4) 快速排序法在最好的情况下的时间复杂程度是 $O(n)$。

(5) 直接插入排序时,关键字的比较次数与记录的初始排列无关。

(6) 对一无序序列而言,用堆排序比用直接插入排序花费的时间多。

(7) 再待排序数据基本有序的情况下,快速排序效果最好。

(8) 排序算法的稳定性是指排序算法中的比较次数保持不变,且算法能够终止。

(9) 排序要求数据一定要以顺序方式储存。

(10) 基数排序所需时间不仅与序列的大小有关,而且还与关键字的位数和基数有关。

**3. 简答题**

(1) 设待排序列的关键字为(89,98,10,23,05,17,69,45,28,19),分别按下面要求写出排序过程,对前5种排序方法,写出每趟排序记录关键字比较的次数。

① 直接插入排序

② 希尔排序

③ 冒泡排序

④ 快速排序

⑤ 选择排序

⑥ 堆排序

⑦ 归并排序

⑧ 基数排序

(2) 上题的排序算法中,哪些易于在链表(包括单链表、双向链表和循环列表)上实现?

(3) 若文件初始状态为逆序,则直接插入、直接选择和冒泡排序哪一个更好?

(4) 若文件初始状态为逆序,同时要求排序稳定,则在直接插入、直接选择、冒泡排序和快速排序中应选哪一个更适宜?

(5) 高度为 $h$ 的堆中,最多有多少个元素,最少有多少元素? 在大顶堆中,关键字最小的元素可能存放在堆的哪些地方?

(6) 设有1000个无序的记录,希望用最快的速度挑选其中前10个最大记录,最好用哪种排序方法?

(7) 如果一个关键字序列有 $n$ 个字符串组成,每个串最多有8个小写英文字母,利用基数排序思路,此题中关键字有效位 $d$ 是多少? 分配和收集共几趟? 基数 rd 是多少? 在某一趟中分配队列的个数是多少?

(8) 判断下列序列是否是堆(大顶堆或小顶堆),若不是堆,则把它们调整成堆。

① (100,85,98,77,80,60,82,40,20,10,60)

② (12,70,33,65,24,56,48,98,86,33)

③ (103,97,56,38,66,23,42,12,30,52,06,20)

④ (05,56,20,23,40,38,29,61,35,76,28,100)

**4. 实训习题**

(1) 改写直接插入排序算法(要求:改写成将监视哨设在最高位)。

(2) 建立一个有 20 个数的表,用希尔排序算法进行排序后,输出排序前后的结构。

(3) 假设有一个机场的空中管理系统需要对请求降落的飞机进行排序后决定降落次序,排序是根据以下特征考虑的。靠前的特征具有较高的优先级;该飞机是否具有特权;该飞机到达机场的预期时间(1~10 分钟),时间越短优先级越高;该飞机是国际航班还是国内航班,国际航班优先;该飞机类型(按优先级高低分为:A 为大型客机、B 为支线客机、C 为大型货机、D 为支线货机、E 为小型飞机、F 为直升飞机);按飞机相对跑道位置(按优先级分:0 正对跑道、1 跑到侧面、2 跑到反面)。请设计请求记录的储存结构,按基数排序思想写出对请求进行排序的算法。

# 第8章 树与二叉树

**主要知识点：**

- 树和森林的概念。包括树的定义、树的术语和性质。
- 二叉树的结构特性，二叉树的各种存储结构的特点。
- 二叉树的遍历方法及遍历算法。
- 树的各种存储结构及其特点，树、森林与二叉树的转换方法。
- 建立哈夫曼树和哈夫曼编码的方法及带权路径长度的计算。

树形结构是一类非常重要的非线性结构，它可以很好地描述客观世界中广泛存在的具有分支关系或层次特性的对象，因此在计算机领域里有着广泛应用，如操作系统中的文件管理、编译程序中的语法结构和数据库系统信息组织形式等。本章将详细讨论这种数据结构，特别是二叉树结构。

## 8.1 树

### 8.1.1 树的实例

如图 8-1 所示为书的目录结构。

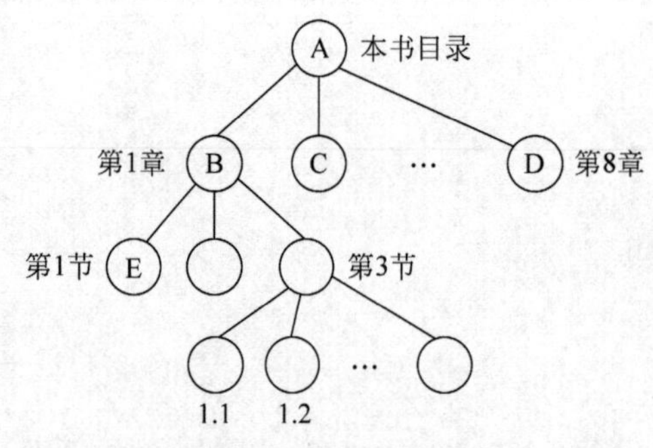


图 8-1 书的目录结构

**【案例 8-1】** 物流配送中心组织机构信息管理(如图 8-2 所示)。

案例需求分析：

(1) 创建物流配送中心管理结构；

(2) 显示管理机构信息；

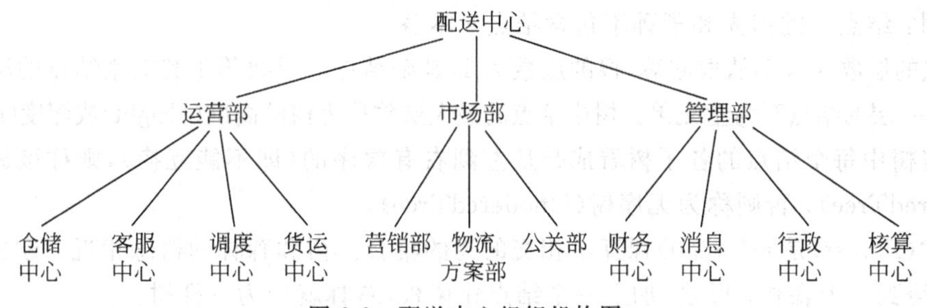

图 8-2 配送中心组织机构图

(3) 查找部门信息；

(4) 统计配送中心管理部门的数目；

(5) 修改部门信息；

数据结构设计：

根据物流配送中心以及各部门之间的隶属关系，建立树形数据结构，采用二叉链表存储结构。

### 8.1.2 树

#### 1. 树的定义

树的递归定义：

树(Tree)是 $n(n\geqslant0)$个结点的有限集 $T$，$T$ 为空时称为空树，否则它满足如下两个条件：

(1) 有且仅有一个特定的称为根(Root)的结点；

(2) 其余的结点可分为 $m(m\geqslant0)$个互不相交的子集 $T_1,T_2,\cdots,T_m$，其中每个子集本身又是一棵树，并称其为根的子树(Subree)。

**注意**：树的递归定义刻画了树的固有特性：一棵非空树是由若干棵子树构成的，而子树又可由若干棵更小的子树构成。

#### 2. 树结构的基本术语以及有关概念

树中的一个结点拥有的子树数称为该结点的度(Degree)；一棵树的度是指该树中结点的最大度数；度为零的结点称为叶子(Leaf)或终端结点；度不为零的结点称分支结点或非终端结点；除根结点之外的分支结点统称为内部结点；根结点又称为开始结点。

树中某个结点的子树之根称为该结点的孩子(Child)，相应地，该结点称为孩子的双亲(Parents)。同一个双亲的孩子称为兄弟(Sibling)。

若树中存在一个结点序列 $k_1,k_2,\cdots,k_i$，使得 $k_i$ 是 $k_{i+1}$的双亲($1\leqslant i<j$)，则称该结点序列是从 $k_1$到 $k_j$ 的一条路径(Path)。路径的长度指路径所经过的边(即连接两个结点的线段)的数目，等于 $j-1$。

**注意**：若一个结点序列是路径，则在树的树形图表示中，该结点序列“自上而下”地通过路径上的每条边。从树的根结点到树中其余结点均存在一条唯一的路径。

若树中结点 $k$ 到 $k_s$ 存在一条路径，则称 $k$ 是 $k_s$ 的祖先(Ancestor)，$k_s$ 是 $k$ 的子孙(Descendant)。一个结点的祖先是从根结点到该结点路径上所经过的所有结点，而一个结点的子孙则是以该结点为根的子树中的所有结点。

说明：结点 $k$ 的祖先和子孙不包含结点 $k$ 本身。

结点的层数(Level)从根起算，根的层数为1，其余结点的层数等于其双亲结点的层数加1。双亲在同一层的结点互为堂兄弟。树中结点的最大层数称为树的高度(Height)或深度(Depth)。

若将树中每个结点的各子树看成是从左到右有次序的(即不能互换)，则称该树为有序树(OrderedTree)；否则称为无序树(UnoderedTree)。

森林(Forest)是 $m(m\geqslant 0)$ 棵互不相交的树的集合。树和森林的概念相近。删去一棵树的根，就得到一个森林；反之，加上一个结点作树根，森林就变为一棵树。

#### 3. 树形结构的逻辑特征

树形结构的逻辑特征可用树中结点之间的父子关系来描述：

(1) 树中任一结点都可以有零个或多个直接后继(即孩子)结点，但至多只能有一个直接前驱(即双亲)结点。

(2) 树中只有根结点无前驱，它是开始结点；叶结点无后继，它们是终端结点。

(3) 祖先与子孙的关系是对父子关系的延拓，它定义了树中结点之间的纵向次序。

(4) 有序树中，同一组兄弟结点从左到右有长幼之分。

说明：若 $k_1$ 和 $k_2$ 是兄弟，且 $k_1$ 在 $k_2$ 的左边，则 $k_1$ 的任一子孙都在 $k_2$ 的任一子孙的左边，那么就定义了树中结点之间的横向次序。

二叉树是树形结构的一个重要类型。许多实际问题抽象出来的数据结构往往是二叉树的形式，即使是一般的树也能简单地转换为二叉树，而且二叉树的存储结构及其算法都较为简单，因此二叉树显得特别重要。

#### 4. 树的基本操作

定义在树 $T$ 上的基本操作：

(1) Initiate($t$)初始化一棵树 $t$；

(2) Root($x$)求结点 $x$ 所在树的根结点；

(3) Parent($t,x$)求树 $t$ 中结点 $x$ 的双亲结点；

(4) Child($t,x,i$)求树 $t$ 中结点 $x$ 的第 $i$ 个孩子结点；

(5) RightSibling($t,x$)求树 $t$ 中结点 $x$ 的第一个右边兄弟结点；

(6) Insert($t,x,i,s$)把以 $S$ 为结点的树插入到树 $t$ 中作为结点 $x$ 的第 $i$ 棵子树；

(7) Delete($t,x,i$)在树 $t$ 中删除结点 $x$ 的第 $i$ 棵子树。

## 8.2 二叉树

### 8.2.1 二叉树的概念及基本运算

#### 1. 二叉树的递归定义

二叉树(BinaryTree)是 $n(n\geqslant 0)$ 个结点的有限集，它或者是空集($n=0$)，或者由一个根结点及两棵互不相交的、分别称作这个根的左子树和右子树的二叉树组成。

### 2. 二叉树的五种基本形态

二叉树可以是空集；根可以有空的左子树或右子树；或者左、右子树皆为空。二叉树的 5 种基本形态如图 8-3 所示。

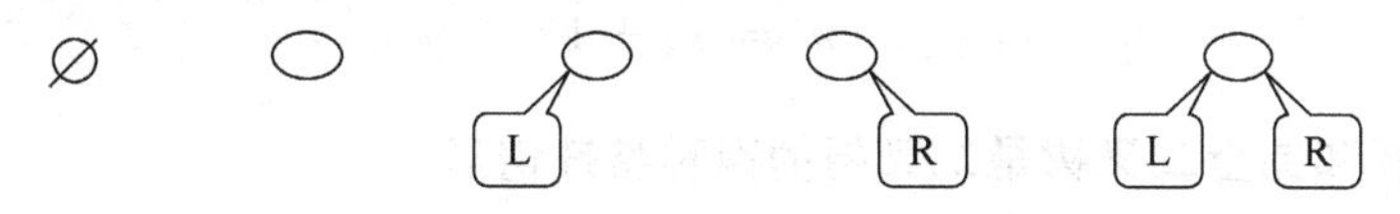


图 8-3 二叉树的 5 种基本形态

### 3. 二叉树不是树的特例

(1) 二叉树与无序树不同。

二叉树中，每个结点最多只能有两棵子树，并且有左右之分。

二叉树并非是树的特殊情形，它们是两种不同的数据结构。

(2) 二叉树与度数为 2 的有序树不同。

在有序树中，虽然一个结点的孩子之间是有左右次序的，但是若该结点只有一个孩子，就无须区分其左右次序。而在二叉树中，即使是一个孩子也有左右之分。

### 4. 二叉树性质

性质 1 二叉树第 $i$ 层上的结点数目最多为 $2^{i-1}(i\geqslant 1)$。

证明：用数学归纳法证明。

归纳基础：$i=1$ 时，有 $2^{i-1}=2^0=1$。因为第 1 层上只有一个根结点，所以命题成立。

归纳假设：假设对所有的 $j(1\leqslant j<i)$ 命题成立，即第 $j$ 层上至多有 $2^{j-1}$ 个结点，证明 $j=i$ 时命题亦成立。

归纳步骤：根据归纳假设，第 $i-1$ 层上至多有 $2^{i-2}$ 个结点。由于二叉树的每个结点至多有两个孩子，故第 $i$ 层上的结点数至多是第 $i-1$ 层上的最大结点数的 2 倍。即 $j=i$ 时，该层上至多有 $2\times 2^{i-2}=2^{i-1}$ 个结点，故命题成立。

性质 2 深度为 $k$ 的二叉树至多有 $2^k-1$ 个结点($k\geqslant 1$)。

证明：在具有相同深度的二叉树中，仅当每一层都含有最大结点数时，其树中结点数最多。因此利用性质 1 可得，深度为 $k$ 的二叉树的结点数至多为：

$$2^0+2^1+\cdots+2^{k-1}=2^k-1$$

故命题正确。

性质 3 在任意一棵二叉树中，若终端结点的个数为 $n_0$，度为 2 的结点数为 $n_2$，则 $n_0=n_2+1$。

证明：因为二叉树中所有结点的度数均不大于 2，所以结点总数(记为 $n$)应等于 0 度结点数、1 度结点(记为 $n_1$)和 2 度结点数之和：

$$n=n_0+n_1+n_2 \tag{8-1}$$

另外，1 度结点有一个孩子，2 度结点有两个孩子，故二叉树中孩子结点总数是：

$$n_l + 2n_2$$

树中只有根结点不是任何结点的孩子,故二叉树中的结点总数又可表示为:

$$n = n_1 + 2n_2 + 1 \tag{8-2}$$

由式(8-1)和式(8-2)得到:

$$n_0 = n_2 + 1$$

**5. 满二叉树和完全二叉树是二叉树的两种特殊情形**

1) 满二叉树

一棵深度为 $k$ 且有 $2^k-1$ 个结点的二叉树称为满二叉树。

满二叉树的特点:

(1) 每一层上的结点数都达到最大值。即对给定的高度,它是具有最多结点数的二叉树。

(2) 满二叉树中不存在度数为 1 的结点,每个分支结点均有两棵高度相同的子树,且树叶都在最下一层上。

例如图 8-4(a)是一个深度为 4 的满二叉树。

2) 完全二叉树

若一棵二叉树至多只有最下面的两层上结点的度数可以小于 2,并且最下一层上的结点都集中在该层最左边的若干位置上,则此二叉树称为完全二叉树。

特点:

(1) 满二叉树是完全二叉树,完全二叉树不一定是满二叉树。

(2) 在满二叉树的最下一层上,从最右边开始连续删去若干结点后得到的二叉树仍然是一棵完全二叉树。

(3) 在完全二叉树中,若某个结点没有左孩子,则它一定没有右孩子,即该结点必是叶结点。

例如图 8-4(c)是一棵完全二叉树。

性质 4 具有 $n$ 个结点的完全二叉树的深度为

$$\lfloor \log_2 n \rfloor + 1(\text{或} \lceil \log_2(n+1) \rceil)$$

证明:设所求完全二叉树的深度为 $k$。由完全二叉树定义可得:深度为 $k$ 的完全二叉树的前 $k-1$ 层是深度为 $k-1$ 的满二叉树,一共有 $2^{k-1}-1$ 个结点。

由于完全二叉树深度为 $k$,故第 $k$ 层上还有若干个结点,因此该完全二叉树的结点个数:

$$n > 2^{k-1} - 1$$

另一方面,由性质 2 可得:

$$n \leqslant 2^k - 1$$

即:

$$2^{k-1} - 1 < n \leqslant 2^k - 1$$

由此可推出 $2^{k-1} \leqslant n < 2^k$,取对数后有:

$$k - 1 \leqslant \log_2 n < k$$

又因 $k-1$ 和 $k$ 是相邻的两个整数,故有

$$k - 1 = \lfloor \log_2 n \rfloor$$

由此即得：

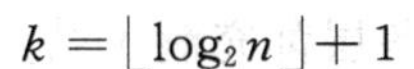

$$k = \lfloor \log_2 n \rfloor + 1$$

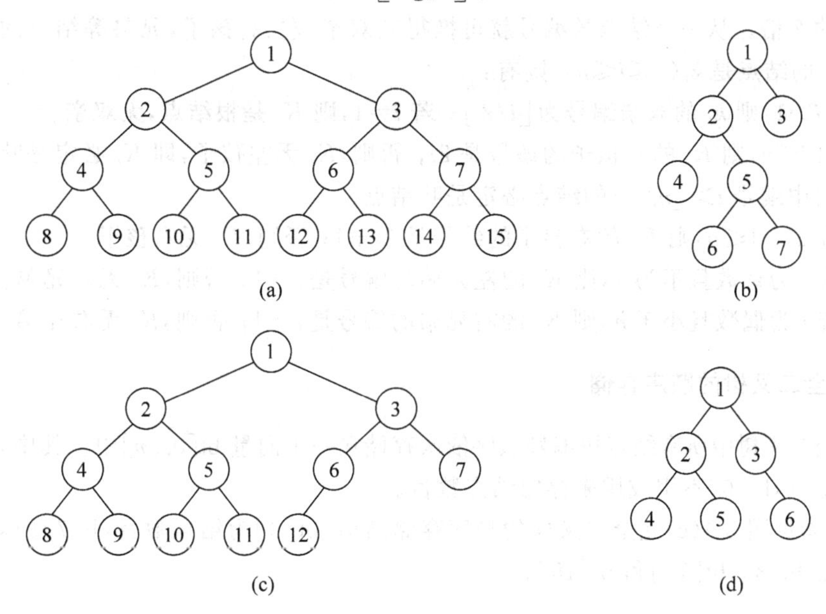

图 8-4　二叉树示例

### 6. 二叉树的基本运算

(1) Initiate(bt)：初始化操作，构造一棵空二叉树。

(2) Create($x$,lbt,rbt)：创建二叉树。

(3) InsertL(bt,$x$,parent)：插入左结点。

(4) InsertR(bt,$x$,parent)：插入右结点。

(5) DeleteL(bt,parent)：删除左结点。

(6) DeleteR(bt,parent)：删除右结点。

(7) Search(bt,$x$)：查找。

(8) Traverse(bt)：按层次遍历。

## 8.2.2　二叉树的顺序存储结构

该方法是把二叉树的所有结点按照一定的线性次序存储到一片连续的存储单元中。结点在这个序列中的相互位置还能反映出结点之间的逻辑关系。

### 1. 完全二叉树结点编号

(1) 编号办法

在一棵 $n$ 个结点的完全二叉树中，从树根起，自上层到下层，每层从左至右，给所有结点编号，能得到一个反映整个二叉树结构的线性序列(参见图 8-4(c))。

(2) 编号特点

完全二叉树中除最下面一层外,各层都充满了结点。每一层的结点个数恰好是上一层结点个数的2倍。从一个结点的编号就可推得其双亲,左、右孩子,兄弟等结点的编号。假设编号为$i$的结点是$k_i(1\leqslant i\leqslant n)$,则有:

① 若$i>1$,则$k_i$的双亲编号为$\lfloor i/2 \rfloor$;若$i=1$,则$K_i$是根结点,无双亲。

② 若$2i\leqslant n$,则$K_i$的左孩子的编号是$2i$;否则,$K_i$无左孩子,即$K_i$必定是叶子。因此完全二叉树中编号$i>\lfloor n/2 \rfloor$的结点必定是叶结点。

(3) 若$2i+1\leqslant n$,则$K_i$的右孩子的编号是$2i+1$;否则,$K_i$无右孩子。

(4) 若$i$为奇数且不为1,则$K_i$的左兄弟的编号是$i-1$;否则,$K_i$无左兄弟。

(5) 若$i$为偶数且小于$n$,则$K_i$的右兄弟的编号是$i+1$;否则,$K_i$无右兄弟。

**2. 完全二叉树的顺序存储**

将完全二叉树中所有结点按编号顺序依次存储在一个向量bt[0..$n$]中。其中,bt[1..$n$]用来存储结点,bt[0]不用或用来存储结点数目。

例如,参见图8-4(c)完全二叉树的顺序存储结构,bt[0]为结点数目,b[7]的双亲、左右孩子分别是bt[3]、bt[14]和bt[15]。

**3. 一般二叉树的顺序存储**

(1) 具体方法

① 将一般二叉树添上一些"虚结点",成为"完全二叉树"。

② 为了用结点在向量中的相对位置来表示结点之间的逻辑关系,按完全二叉树的形式给结点编号。

③ 将结点按编号存入向量对应分量,其中"虚结点"用"$\phi$"表示。

参见图8-5一般二叉树的顺序存储结构图。

(2) 优点和缺点

① 对完全二叉树而言,顺序存储结构既简单又节省存储空间。

② 一般的二叉树采用顺序存储结构时,虽然简单,但易造成存储空间的浪费。

最坏的情况下,一个深度为$k$且只有$k$个结点的右单支树需要$2^k-1$个结点的存储空间。

③ 在对顺序存储的二叉树做插入和删除结点操作时,要大量移动结点。

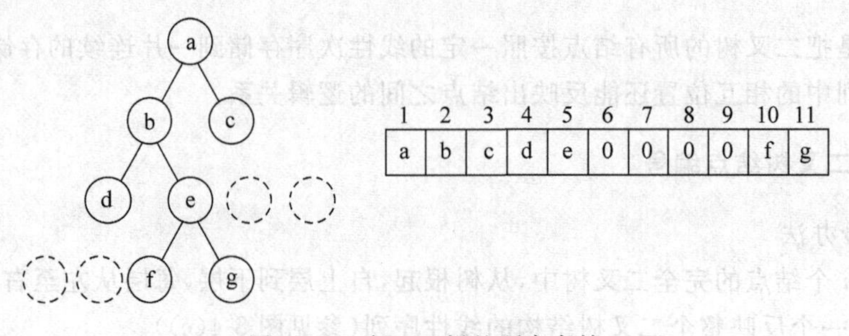


图8-5 一般二叉树的顺序存储

#### 4. 二叉树的顺序存储结构类型定义

```
#define MAXNODE                              /*二叉树的最大结点数*/
    typedef elemtype SqBiTree[MAXNODE+1]     /*0号单元存放根结点*/
    SqBiTree bt;
```

即将 bt 定义为含有 MAXNODE 个 elemtype 类型元素的一维数组。

### 8.2.3 二叉树的链式存储结构

#### 1. 结点的结构

二叉树的每个结点最多有两个孩子。用链接方式存储二叉树时，每个结点除了存储结点本身的数据外，还应设置两个指针域 lchild 和 rchild，分别指向该结点的左孩子和右孩子。

#### 2. 结点的类型说明

```
typedef char DataType;                 //用户可根据具体应用定义 DataType 的实际类型
typedef struct node{
      DataType data;
      struct node *lchild, *rchild;     //左右孩子指针
  }BinTNode;                            //结点类型
typedef BinTNode *BinTree;             //BinTree 为指向 BinTNode 类型结点的指针类型
```

二叉链表结点结构如下：

| lchild | data | rchild |
|---|---|---|

#### 3. 二叉链表(二叉树的常用链式存储结构)

在一棵二叉树中，所有类型为 BinTNode 的结点，再加上一个指向开始结点(即根结点)的 BinTree 型头指针(即根指针)root，就构成了二叉树的链式存储结构，并将其称为二叉链表(参见图 8-6)。

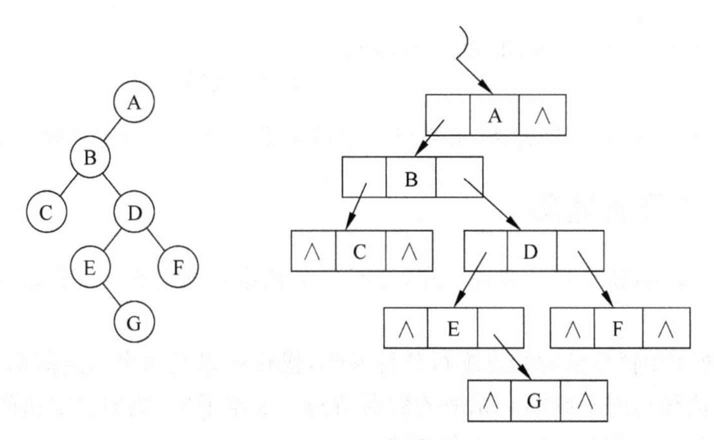


图 8-6 二叉链表

**注意**:

① 一个二叉链表由根指针 root 唯一确定。若二叉树为空,则 root=NULL;若结点的某个孩子不存在,则相应的指针为空。

② 具有 $n$ 个结点的二叉链表中,共有 $2n$ 个指针域。其中只有 $n-1$ 个用来指示结点的左、右孩子,其余的 $n+1$ 个指针域为空。

**4. 带双亲指针的二叉链表**

经常要在二叉树中寻找某结点的双亲时,可在每个结点上再加一个指向其双亲的指针 parent,形成一个带双亲指针的二叉链表(参见图 8-7)。

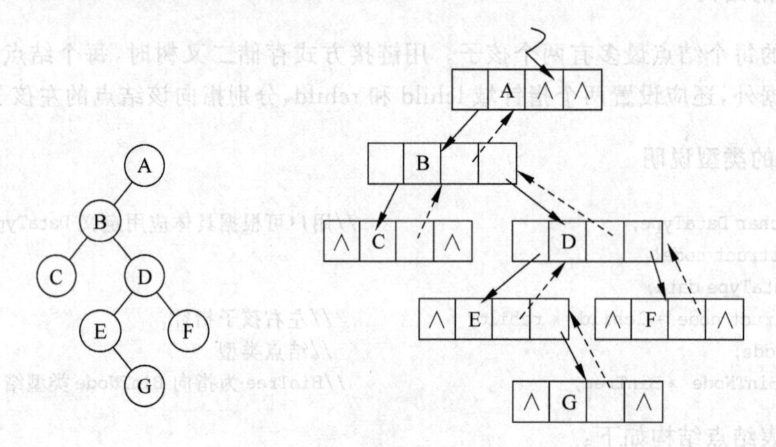


图 8-7　带双亲指针的二叉链表

带双亲指针的二叉链表结构如下:

| lchild | data | parent | rchild |
|---|---|---|---|

结点类型定义:

```
typedef struct node
{    datatype data;
     struct node * lchild, * rchild, * parent;
} BinTNode;                                        //结点类型
```

**注意**:二叉树存储方法的选择,主要依赖于所要实施的各种运算的频度。

## 8.2.4　二叉树遍历

所谓遍历二叉树,就是遵从某种次序,访问二叉树中的所有结点,使得每个结点仅被访问一次。

这里提到的"访问"是指对结点施行某种操作,操作可以是输出结点信息、修改结点的数据值等,但要求这种访问不破坏它原来的数据结构。在本书中,我们规定访问是输出结点信息 data,且以二叉链表作为二叉树的存储结构。

遍历方案如下:

从二叉树的递归定义可知，一棵非空的二叉树由根结点及左、右子树这三个基本部分组成。因此，在任一给定结点上，可以按某种次序执行三个操作：

(1) 访问结点本身(N)；

(2) 遍历该结点的左子树(L)；

(3) 遍历该结点的右子树(R)。

以上三种操作有六种执行次序：

NLR、LNR、LRN、NRL、RNL、RLN

**注意**：前三种次序与后三种次序对称，故只讨论先左后右的前三种次序。

### 1. 前序遍历

前序遍历是根结点最先遍历，其次左子树，最后右子树(参见图 8-8)。

前序遍历二叉树的递归遍历算法描述为：

若二叉树为空，则算法结束；否则

(1) 访问根结点；

(2) 前序遍历左子树；

(3) 前序遍历右子树。

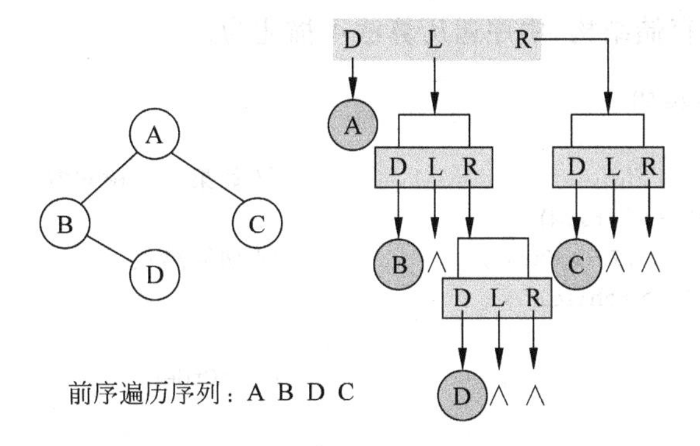


图 8-8　前序遍历二叉树

算法如下：

```
void preorder(BinTree T)
{
if(T!= NULL)
{printf(" %d ", T->data);
preorder(T->lchild);
preorder (T->rchild);}}
```

### 2. 中序遍历

中序遍历是左子树最先遍历，其次根结点，最后右子树(参见图 8-9)。

中序遍历二叉树的递归遍历算法描述为：

若二叉树非空，则依次执行如下操作：

(1) 遍历左子树;
(2) 访问根结点;
(3) 遍历右子树。

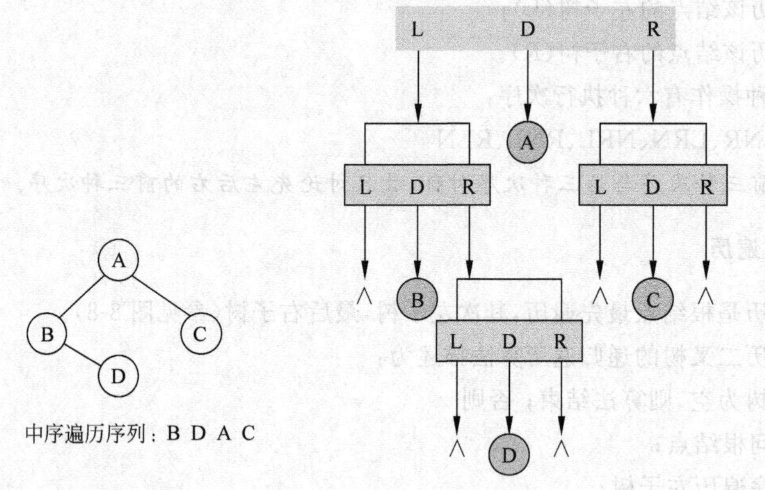


图 8-9 中序遍历二叉树

用二叉链表作为存储结构,中序遍历算法可描述为:

```
void InOrder(BinTree T)
  {
      if(T) {                                // 如果二叉树非空
         InOrder(T->lchild);
         printf("%c",T->data);              // 访问结点
         InOrder(T->rchild);
      }
     }                                       // InOrder
```

### 3. 后序遍历

后序遍历是左子树最先遍历,其次右子树,最后根结点(参见图 8-10)。
后序遍历二叉树的递归遍历算法描述为:
若二叉树非空,则依次执行如下操作:
(1) 遍历左子树;
(2) 遍历右子树;
(3) 访问根结点。

```
void postorder(BinTNode T)
{   if(T!= NULL)
   { preorder(T->lchild);
     preorder(T->rchild);
    printf("%d\t",T->data);
  }
}
```

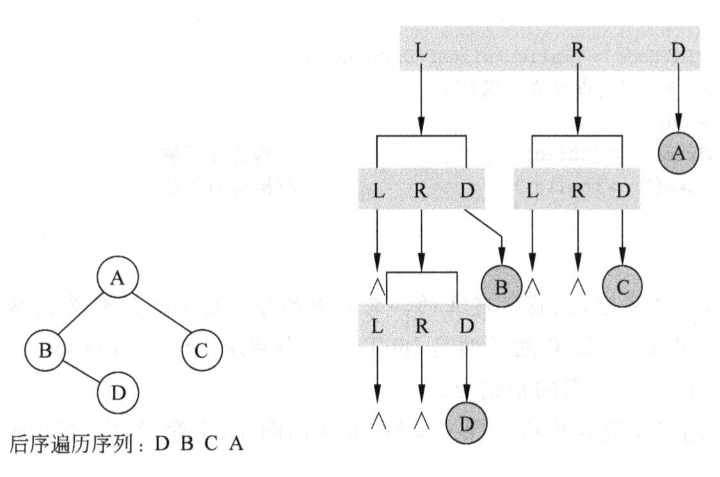


图 8-10 后序遍历二叉树

#### 4. 层次遍历二叉树

层次遍历是先遍历作为第一层的根结点，然后从左到右遍历下一层各结点，直到最后一层各个结点遍历完为止。参见图 8-9，层次遍历的序列为 ABCD。

算法思想：利用队列基本操作。

初始化：根结点入队列。

```
while(队列非空)
{
  队首元素出队列
  原队首元素对应的左、右孩子(非空)入队列
}
```

按出队列元素的先后顺序排列即为层次遍历的结果。

### 8.2.5 二叉链表的构造

#### 1. 基本思想

基于前序遍历的构造，即以二叉树的先序序列为输入构造。

**注意**：前序序列中必须加入虚结点以示空指针的位置。例如建立如图 8-7 所示的二叉树，其输入的前序序列是：ABϕDϕϕCϕϕ。

#### 2. 构造算法

假设虚结点输入时以空格字符表示，相应的构造算法为：

```
void CreateBinTree(BinTree &T)
{ //构造二叉链表，T是指向根指针的指针
char ch;
ch = getchar();
if(ch == ' ') T = NULL;                    //读入空格，将相应指针置空
```

```
  else{
    if(!(T=(BiTNode *)malloc(sizeof(BiTNode))))
      printf("%c" "结点建立失败!");
   T->data=ch;
   CreateBinTree(T->lchild);                    //构造左子树
   CreateBinTree(T->rchild);                    //构造右子树
  }
  }
```

**注意**:调用该算法时,应将待建立的二叉链表的根指针的地址作为实参。

设 root 是一根指针(即它的类型是 BinTree),则调用 CreateBinTree(&root)后 root 就指向了已构造好的二叉链表的根结点。

**【例 8-1】** 用二叉链表构造一棵二叉树,并输出前序、中序、后序、层次遍历序列。

```
#include "stdio.h"
#include "stdlib.h"
#define queuesize 100
typedef char ElemType;
   typedef struct BiTNode{
      ElemType data;
      struct BiTNode *lchild, *rchild;
} BiTNode, *BinTree;
typedef struct{
int front,rear;
BinTree data[queuesize];
int count;
}cirqueue;
//建立二叉树
void CreateBinTree(BinTree &T){
char ch;
ch=getchar();
if(ch==' ') T=NULL;
else{
  if(!(T=(BiTNode *)malloc(sizeof(BiTNode))))
   printf("%c" "结点建立失败!");
  T->data=ch;
  CreateBinTree(T->lchild);
  CreateBinTree(T->rchild);
}
}
//先序遍历二叉树
void PreOrder (BinTree T)
{ //采用二叉链表存储结构,先序遍历二叉树的递归算法
  if(T!=NULL)
{ printf("%c",T->data);
    PreOrder (T->lchild);
    PreOrder (T->rchild);
   }
}
//中序遍历二叉树
```

```
void InOrder (BinTree T)
{ //采用二叉链表存储结构,中序遍历二叉树的递归算法
  if(T!= NULL)
{ InOrder (T->lchild);
   printf(" %c",T->data);
   InOrder (T->rchild);
   }
}
//后序遍历二叉树
void PostOrder (BinTree T)
{ //采用二叉链表存储结构,后序遍历二叉树的递归算法
if(T!= NULL)
{ PostOrder (T->lchild);
 PostOrder (T->rchild);
 printf(" %c",T->data);
  }
}
//层次遍历二叉树
void Lev_Order(BinTree T)
{ //对二叉树 t 进行按层次遍历
    cirqueue *q;
    BinTree p;
    q=(cirqueue*)malloc(sizeof(cirqueue));
    q->rear=q->front=q->count=0;
    q->data[q->rear]=T;q->count++;q->rear=(q->rear+1) % queuesize;
                                                                    //将根结点入队
    while (q->count)                                //若队列不为空,做以下操作
      if (q->data[q->front])
        {
           p=q->data[q->front];                    //取队首元素 *p
           printf(" %c",p->data);                  /* 输出结点数据 */
           q->front=(q->front+1) % queuesize;
           q->count--;                              //队首元素出队
           if(q->count==queuesize)
             //若队列为队满,则打印队满信息,退出程序的执行
               printf("the queue full!");
           else{ //若队列不满,将 *p 结点的左孩子指针入队
                 q->count++;q->data[q->rear]=p->lchild;q->rear=(q->rear+
1) % queuesize;

           }                                        //enf of if
          if (q->count==queuesize)
//若队列为队满,则打印队满信息,退出程序的执行
               printf("the queue full!");
           else{ //若队列不满,将 *p 结点的右孩子指针入队
                   q->count++;q->data[q->rear]=p->rchild;q->rear=(q->rear+
1) % queuesize;

           }//end of if
        }//end of if
         else{ //当队首元素为空指针,将空指针出队
```

```
            q->front=(q->front+1)%queuesize;q->count--;}
}//end of leverorder
int main()
{
  BinTree T;
  printf("\n先序创建二叉树\n");
  CreateBinTree(T);
  printf("\n先序遍历二叉树:");
  PreOrder(T);
  printf("\n中序遍历二叉树:");
  InOrder(T);
  printf("\n后序遍历二叉树:");
  PostOrder(T);
  printf("\n层次遍历二叉树:");
  Lev_Order(T);
  printf("\n");
  return 0;
}
```

## 8.3 线索二叉树

### 8.3.1 线索二叉树概念

**1. 线索二叉树的定义**

$n$个结点的二叉链表中含有$n+1$个空指针域。利用二叉链表中的空指针域,存放指向结点在某种遍历次序下的前驱和后继结点的指针(这种附加的指针称为"线索")。

这种加上了线索的二叉链表称为线索链表,相应的二叉树称为线索二叉树(Threaded BinaryTree)。根据线索性质的不同,线索二叉树可分为前序线索二叉树、中序线索二叉树和后序线索二叉树三种。

**注意**:线索链表解决了二叉链表找左、右孩子困难的问题,但出现了无法直接找到该结点在某种遍历序列中的前驱和后继结点的问题。

**2. 线索链表的结点结构**

线索链表中的结点结构如下:

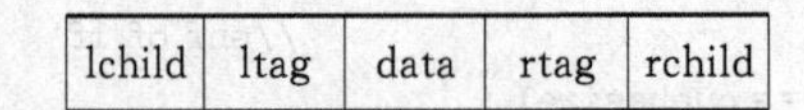

| lchild | ltag | data | rtag | rchild |
|---|---|---|---|---|

其中,ltag和rtag是增加的两个标志域,用来区分结点的左、右指针域是指向其左、右孩子的指针,还是指向其前驱或后继的线索。

$$左标志\ ltag=\begin{cases}0: lchild\ 是指向结点的左孩子的指针\\1: lchild\ 是指向结点的前驱的左线索\end{cases}$$

$$右标志\ rtag=\begin{cases}0: rchild\ 是指向结点的右孩子的指针\\1: rchild\ 是指向结点的后继的右线索\end{cases}$$

### 3. 线索二叉树的表示

中序线索二叉树其线索链表如图 8-11 所示。

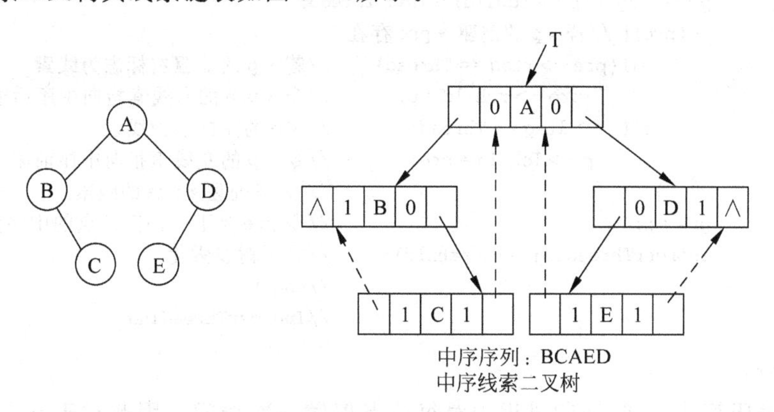


图 8-11 中序线索二叉树

**注意**：图中的实线表示指针，虚线表示线索。

结点 B 的左线索为空，表示 B 是中序序列的开始结点，无前驱；

结点 D 的右线索为空，表示 D 是中序序列的终端结点，无后继。

在线索二叉树中，一个结点是叶结点的充要条件为：左、右标志均是 1。

## 8.3.2 线索二叉树的运算

### 1. 二叉树的线索化

将二叉树变为线索二叉树的过程称为线索化。按某种次序将二叉树线索化的实质是按次序遍历二叉树，在遍历过程中用线索取代空指针。例如，可以按二叉树的中序遍历次序线索化。算法与中序遍历算法类似。只需要将遍历算法中访问结点的操作具体化为建立正在访问的结点与其非空中序前驱结点间线索。

该算法应附设一个指针 pre 始终指向刚刚访问过的结点（pre 的初值应为 NULL），而指针 p 指示当前正在访问的结点。结点 * pre 是结点 * p 的前驱，而 * p 是 * pre 的后继。

将二叉树按中序线索化的算法：

```
typedef enum { Link,Thread} PointerTag;          //枚举值 Link 和 Thread 分别为 0,1
  typedef struct node{
      DataType data;
      PointerTag ltag,rtag;                       //左右标志
      Struct node * lchild, * rchild;
    } BinThrNode;                                 //线索二叉树的结点类型
  typedef BinThrNode * BinThrTree;
  BinThrNode * pre = NULL;                        //全局量
void InorderThreading(BinThrTree p)
    {//将二叉树 p 中序线索化
      if(p){ //p 非空时，当前访问结点是 * p
            InorderThreading(p->lchild);          //左子树线索化
```

```
        //以下直至右子树线索化之前相当于遍历算法中访问结点的操作
    p->ltag=(p->lchild)?Link: Thread;                //左指针非空时左标志为 Link
                                                     //(即 0),否则为 Thread(即 1)
    p->rtag=(p->rchild)?Link: Thread;
    *(pre){ //若*p的前驱*pre存在
         if(pre->rtag==Thread)        //若*p的前驱右标志为线索
             pre->rchild=p;           //令*pre的右线索指向中序后继
        if(p->ltag==Thread)           //*p的左标志为线索
            p->lchild=pre;            //令*p的左线索指向中序前驱
        }                             // 完成处理*pre的线索
    pre=p;                            //令 pre 是下一访问结点的中序前驱
    InorderThreeding(p->rehild);      //右子树线索化
  }                                   //endif
}                                     //InorderThreading
```

算法分析:

和中序遍历算法一样,递归过程中对每结点仅做一次访问。因此对于 $n$ 个结点的二叉树,算法的时间复杂度亦为 $O(n)$。

**2. 查找某结点*p在指定次序下的前驱和后继结点**

(1) 在中序线索二叉树中,查找结点*p的中序后继结点。

在中序线索二叉树中,查找结点*p的中序后继结点分两种情形:

① 若*p的右子树空(即 p->rtag 为 Thread),则 p->rchild 为右线索,直接指向*p的中序后继。如图 8.11 中序线索二叉树中,结点 C 的中序后继是 A。

② 若*p的右子树非空(即 p->rtag 为 Link),则*p的中序后继必是其右子树中第一个中序遍历到的结点。也就是从*p的右孩子开始,沿该孩子的左链往下查找,直至找到一个没有左孩子的结点为止,该结点是*p的右子树中"最左下"的结点,即*p的中序后继结点。

在中序线索二叉树具体算法如下:

```
BinThrNode * InorderSuccessor(BinThrNode * p)
 {//在中序线索树中找结点*p的中序后继,设p非空
   BinThrNode * q;
   if (p->rtag==Thread)                  //*p的右子树为空
        Return p->rchild;                //返回右线索所指的中序后继
   else{
        q=p->rchild;                     //从*p的右孩子开始查找
        while (q->ltag==Link)
            q=q->lchild;                 //左子树非空时,沿左链往下查找
        return q;                        //当q的左子树为空时,它就是最左下结点
       }                                 //end if
 }
```

该算法的时间复杂度不超过树的高度 $h$,即 $O(h)$。

(2) 在中序线索二叉树中查找结点*p的中序前驱结点

中序是一种对称序,故在中序线索二叉树中查找结点*p的中序前驱结点与找中序后继结点的方法完全对称。具体情形如下:

① 若 * p 的左子树为空，则 p->lchild 为左线索，直接指向 * p 的中序前驱结点；在如图 8-11 所示的中序线索二叉树中，E 结点的中序前驱结点是 A。

② 若 * p 的左子树非空，则从 * p 的左孩子出发，沿右指针链往下查找，直到找到一个没有右孩子的结点为止。该结点是 * p 的左子树中“最右下”的结点，它是 * p 的左子树中最后一个中序遍历到的结点，即 * p 的中序前驱结点。

在如图 8-11 所示中序线索二叉树中，结点 C 左子树非空，其中序前驱结点是 B。

在中序线索二叉树中求中序前驱结点的过程可具体算法如下：

```
BinThrNode * Inorderpre(BinThrNode * p)
    {//在中序线索树中找结点 * p 的中序前驱，设 p 非空
      BinThrNode * q;
     if (p->ltag == Thread)                    //* p 的左子树为空
           return p->lchild;                   //返回左线索所指的中序前驱
      else{
           q = p->lchild;                      //从 * p 的左孩子开始查找
           while (q->rtag == Link)
                 q = q->rchild;                //右子树非空时，沿右链往下查找
           return q;                           //当 q 的右子树为空时，它就是最右下结点
         }                                     //end if
    }
```

由上述讨论可知：对于非线索二叉树，仅从 * p 出发无法找到其中序前驱(或中序后继)，而必须从根结点开始中序遍历，才能找到 * p 的中序前驱(或中序后继)。线索二叉树中的线索使得查找中序前驱和中序后继变得简单有效。

### 3. 遍历线索二叉树

遍历某种次序的线索二叉树，只要从该次序下的开始结点开发，反复找到结点在该次序下的后继，直至终端结点。

遍历中序线索二叉树算法：

```
void TraverseInorderThrTree(BinThrTree p)
   { //遍历中序线索二叉树
     if(p){//树非空
       while(p->ltag == Link)
         p = p->lchild;                     //从根往下找最左下结点，即中序序列的开始结点
       do{
         printf(" %c",p->data);              //访问结点
         p = InorderSuccessor(p);            //找 * p 的中序后继
       }while(p)
     }                                       //endif
   }                                         //TraverseInorderThrTree
```

分析：

① 中序序列的终端结点的右线索为空，所以 do 语句的终止条件是 p==NULL。

② 该算法的时间复杂性为 $O(n)$。因为是非递归算法，常数因子上小于递归的遍历算法。因此，若对一棵二叉树要经常遍历，或查找结点在指定次序下的前驱和后继，则应采用

线索链表作为存储结构为宜。

③ 以上介绍的线索二叉树是一种全线索树(即左右线索均要建立)。许多应用中只要建立左右线索中的一种。

④ 若在线索链表中增加一个头结点,令头结点的左指针指向根,右指针指向其遍历序列的开始或终端结点会更方便。

# 8.4 树、森林与二叉树的转换、遍历森林

树或森林与二叉树之间有一个自然的一一对应关系。任何一个森林或一棵树可唯一地对应到一棵二叉树;反之,任何一棵二叉树也能唯一地对应到一个森林或一棵树(参见图 8-12)。

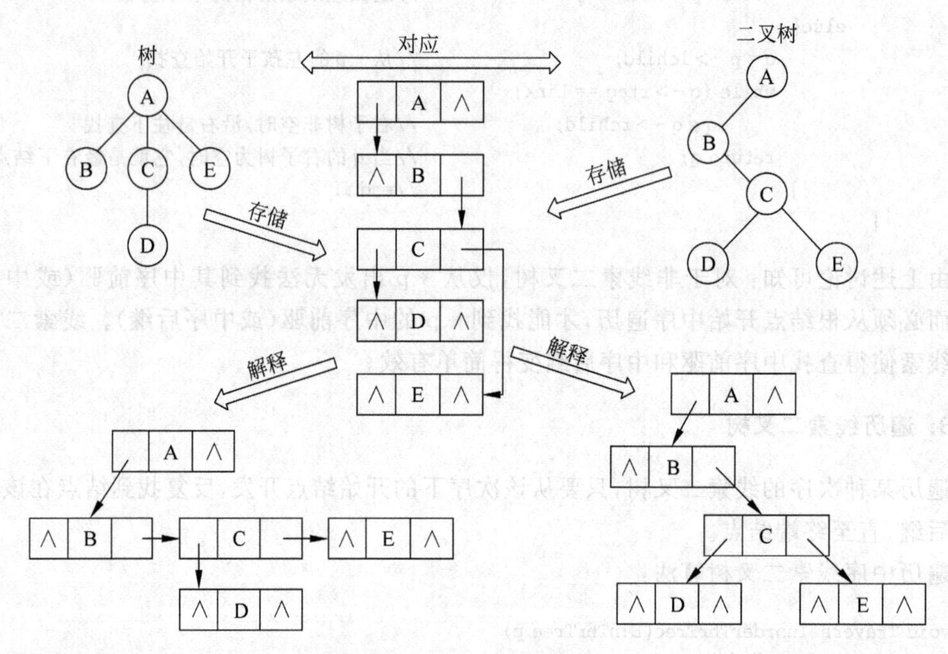


图 8-12 树与二叉树的关系

## 8.4.1 树、森林与二叉树的转换

### 1. 将树转换为二叉树

树中每个结点最多只有一个最左边的孩子(长子)和一个右邻的兄弟。按照这种关系很自然地就能将树转换成相应的二叉树:

① 在所有兄弟结点之间加一连线;

② 对每个结点,除了保留与其长子的连线外,去掉该结点与其他孩子的连线。

如图 8-13(a)所示的树可转换为如图 8-13(e)所示的二叉树。

**注意**:由于树根没有兄弟,故树转化为二叉树后,二叉树的根结点的右子树必为空。

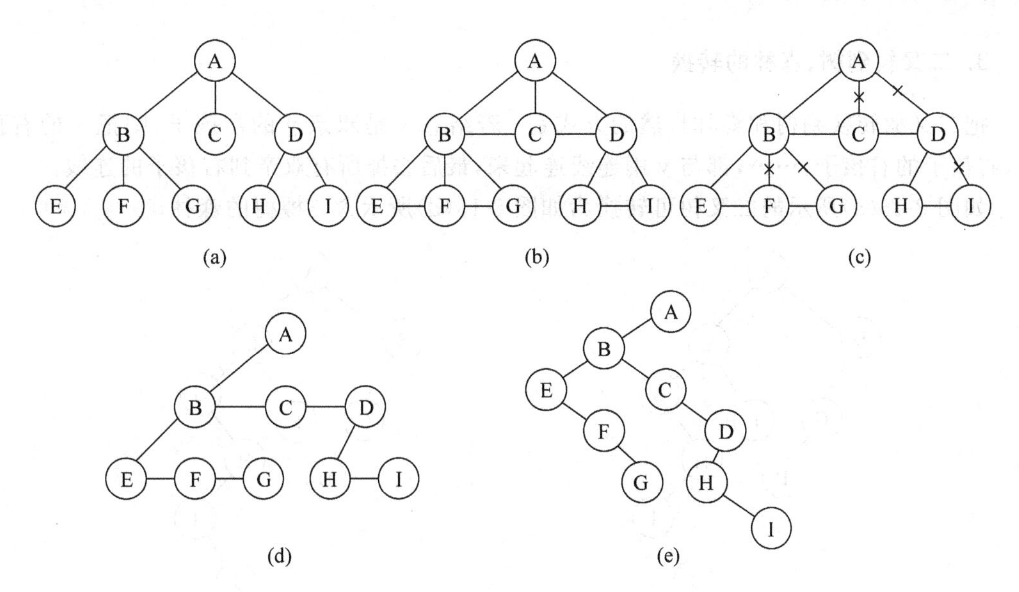


图 8-13　树转换成相应的二叉树

**2. 将一个森林转换为二叉树**

具体方法是：

① 将森林中的每棵树变为二叉树。

② 因为转换所得的二叉树的根结点的右子树均为空，故可将各二叉树的根结点视为兄弟从左至右连在一起，就形成了一棵二叉树。

如图 8-14(a)所示含三棵树的森林可转换为如图 8-14(d)的二叉树。

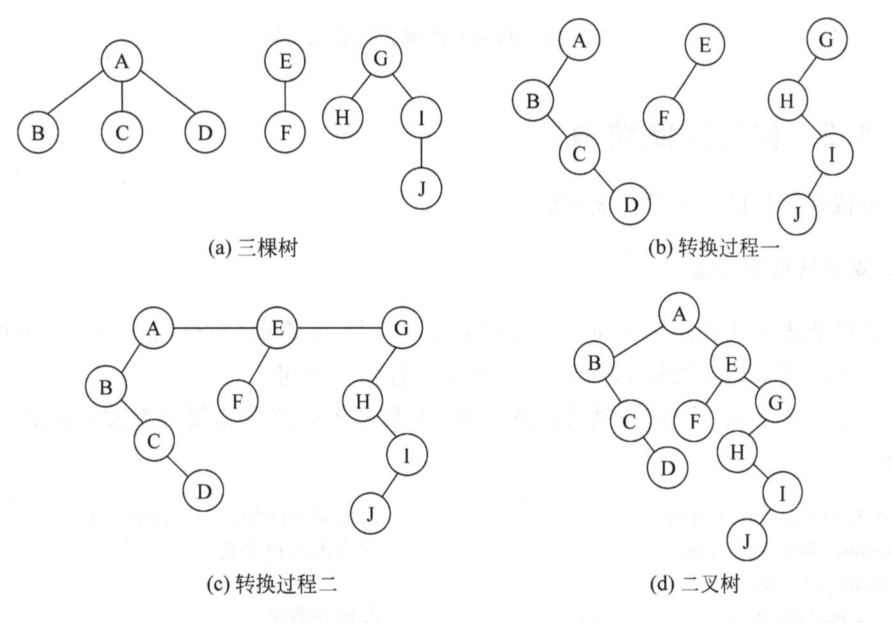


图 8-14　森林转换成相应的二叉树

### 3. 二叉树到树、森林的转换

把二叉树转换到树和森林自然的方式是：若结点 x 是双亲 y 的左孩子，则把 x 的右孩子，右孩子的右孩子，……，都与 y 用连线连起来，最后去掉所有双亲到右孩子的连线。

如图 8-15(a)所示的二叉树可转换为如图 8-15(d)所示含三棵树的森林。

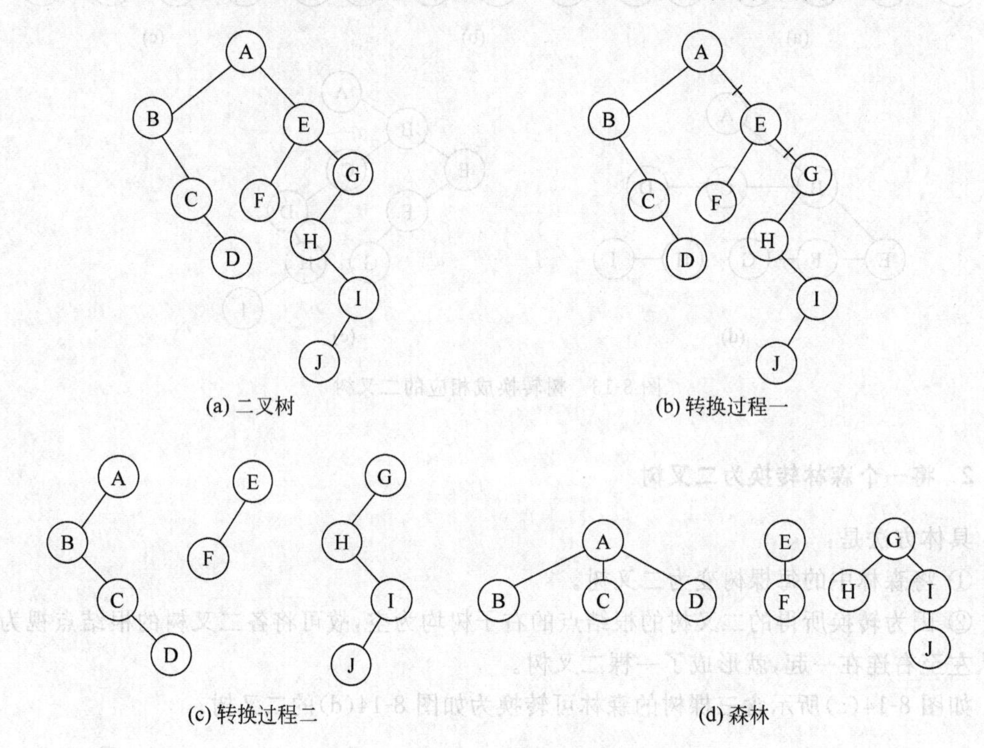


图 8-15　森林转换成相应的二叉树

## 8.4.2 树的存储结构

本节仅讨论树的三种常用表示法。

### 1. 双亲链表表示法

双亲链表表示法利用树中每个结点的双亲唯一性，在存储结点信息的同时，为每个结点附设一个指向其双亲的指针 parent，唯一地表示任何一棵树。

双亲链表表示法可以采用动态链表实现，但是采用静态链表较为方便。静态链表形式说明如下：

```
#define MaxTreeSize 100                    //向量空间的大小,由用户定义
typedef char DataType;                     //应由用户定义
typedef struct{
    DataType data;                         //结点数据
    int parent;                            //双亲指针,指示结点的双亲在向量中的位置
  }PTreeNode;
```

```
typedef struct{
    PTreeNode nodes[MaxTreeSize];
    int n;                                   //结点总数
  }PTree;
PTree T;                                     //T是双亲链表
```

**注意**：若 T.nodes[i].parent=j，则 T.nodes[i]的双亲是 T.nodes[j]。

如图 8-16 所示的双亲链表表示如下面数组所示。

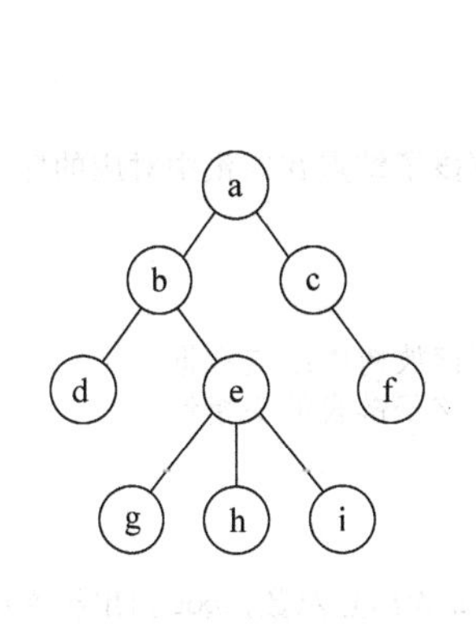


| | data | parent |
|---|---|---|
| 0 | 0 | 9 |
| 1 | a | 0 |
| 2 | b | 1 |
| 3 | c | 1 |
| 4 | d | 2 |
| 5 | e | 2 |
| 6 | f | 3 |
| 7 | g | 5 |
| 8 | h | 5 |
| 9 | i | 5 |

0号单元不用或存结点个数

图 8-16　静态链表实现的树的双亲链表表示法的存储结构

分析：

E 和 F 所在结点的双亲域是 1，它们的双亲结点在向量中的位置是 1，即 B 是它们的双亲。

**注意**：

① 根无双亲，其 parent 域为－1。

② 双亲链表表示法中指针 parent 向上链接，适合求指定结点的双亲或祖先(包括根)；求指定结点的孩子或其他后代时，可能要遍历整个数组。

### 2. 孩子链表表示法

(1) 结点结构。

① 定长结点。

树中每个结点均按树的度 $k$ 来设置指针。

结点结构如下：

| data | child1 | child2 | … | child$k$ |
|---|---|---|---|---|

$n$ 个结点的树一共有 $n*k$ 个指针域，而树中只有 $n-1$ 条边，故树中的空指针数目为：

$$kn-(n-1)=n(k-1)+1 \quad (k\text{ 越大，浪费的空间越多})$$

② 不定长结点。

即树中每个结点按本结点的度来设置指针数，并在结点中增设一个度数域 degree 指出该结点包含的指针数。

结点结构如下：

| data | degree | child1 | child2 | … | child*k* |
|---|---|---|---|---|---|

各结点不等长，虽然节省了空间，但是给运算带来不便。

(2) 孩子链表表示法。

孩子链表表示法是为树中每个结点设置一个孩子链表，并将这些结点及相应的孩子链表的头指针存放在一个向量中(参见图 8-17)。

① 孩子链表表示法的类型说明

```
//以下的 DataType 和 MaxTreeSize 由用户定义
typedef struct CNode{ //子链表结点
    int child;                                  //孩子结点在向量中对应的序号
    struct CNode *next;
  }CNode;
typedef struct{
    DataType data;                              //存放树中结点数据
    CNode *firstchild;                          //孩子链表的头指针
  }PTNode;
typedef struct{
    PTNode nodes[MaxTreeSize];
    Int n,root;                                 //n 为结点总数,root 指出根在向量中的位置
  }CTree;
Ctree T;                                        //T 为孩子链表表示
```

**注意**：当结点 T.nodes[i]为叶子时，其孩子链表为空，即 T.nodes[i].firstchild=NULL。

② 孩子链表表示法实例(如图 8-17 所示)。

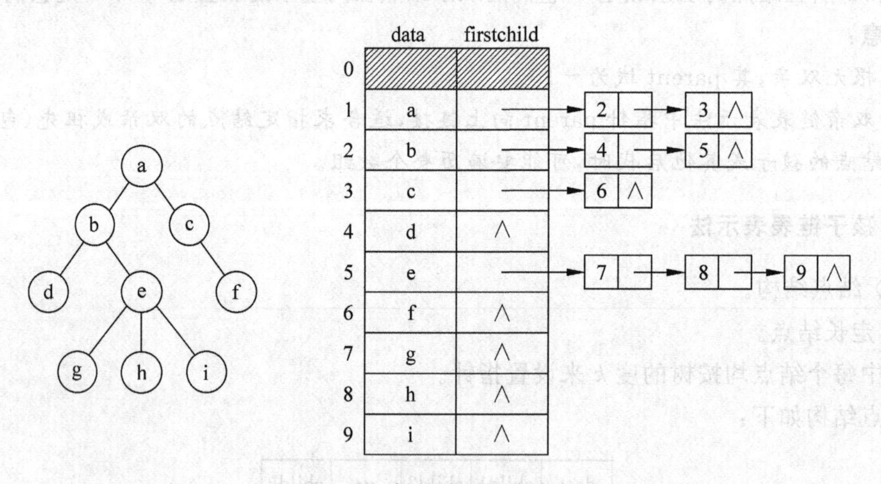


图 8-17 树的孩子链表表示

**注意**：

① 孩子结点的数据域仅存放了它们在向量空间的序号。

② 与双亲链表表示法相反，孩子链表表示便于实现涉及孩子及其子孙的运算，但不便于实现与双亲有关的运算。

③ 将双亲链表表示法和孩子链表表示法结合起来，可形成双亲孩子链表表示法。

### 3. 孩子兄弟链表表示法

(1) 表示方法。

在存储结点信息的同时,附加两个分别指向该结点最左孩子和右邻兄弟的指针域 leftmostchild 和 rightsibling,即可得树的孩子兄弟链表表示。

```
typedef struct node
{     datatype data;
      struct node * leftmostchild, * rightsibling;
}JD;
```

(2) 表示实例(如图 8-18 所示)。

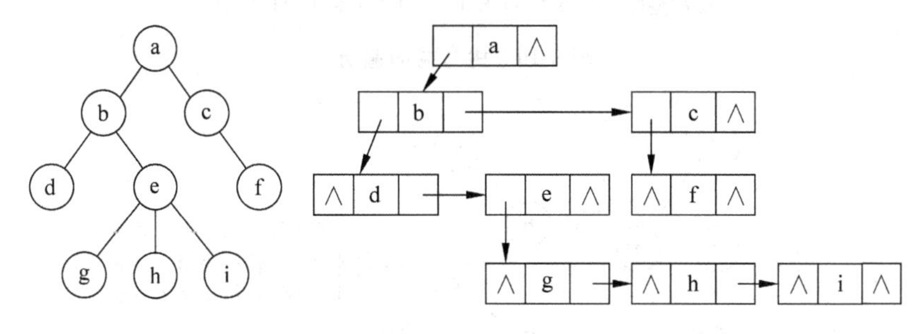


图 8-18 孩子兄弟链表表示

**注意**:这种存储结构的最大优点是,它和二叉树的二叉链表表示完全一样。可利用二叉树的算法来实现对树的操作。

## 8.4.3 树的遍历

### 1. 树的遍历

设树 $T$ 如图 8-19 所示,结点 $R$ 是根,根的子树从左到右依次为 $T_1,T_2,\cdots,T_k$。

(1) 树 $T$ 的前序遍历定义。

若树 $T$ 非空,则:

① 访问根结点 $R$;

② 依次前序遍历根 $R$ 的各子树 $T_1,T_2,\cdots,T_k$。

(2) 树的后序遍历定义。

若树 $T$ 非空,则:

① 依次后序遍历根 $T$ 的各子树 $T_1,T_2,\cdots,T_k$;

② 访问根结点 $R$。

(3) 按层次遍历:先访问第一层上的结点,然后依次遍历第二层,……,第 $n$ 层的结点。

说明:树的遍历与其对应二叉树的遍历(参见图 8-20)。

(1) 树的前序遍历二法相同;

(2) 树的后序遍历相当于对应二叉树的中序遍历;

(3) 树没有中序遍历,因为子树无左右之分。

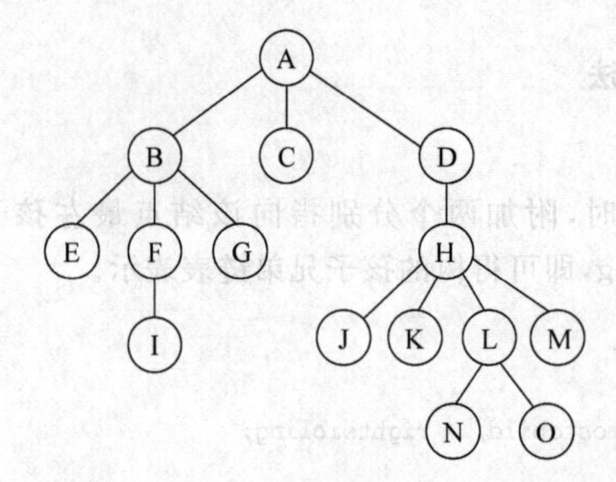


前序遍历：A B E F I G C D H J K L N O M
后序遍历：E I F G B C J K N O L M H D A
层次遍历：A B C D E F G H I J K L M N O

图 8-19 树与树的遍历

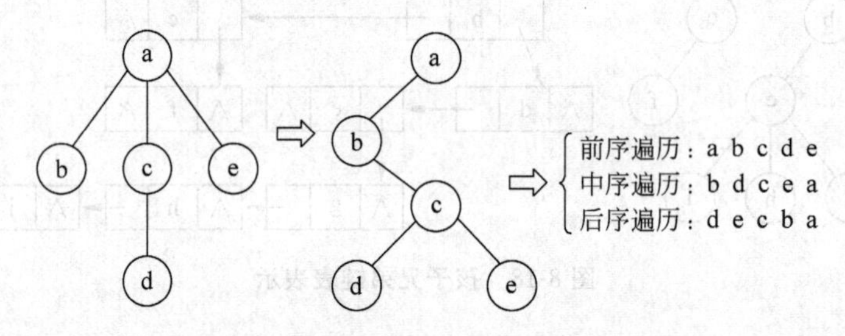


图 8-20 树的遍历与其对应二叉树的遍历

**2. 森林的两种遍历方法(参见图 8-21)**

(1) 前序遍历森林。

若森林非空,则:

① 访问森林中第一棵树的根结点;

② 前序遍历第一棵树中根结点的各子树所构成的森林;

③ 前序遍历除第一棵树外其他树构成的森林。

(2) 后序遍历森林。

若森林非空,则:

① 后序遍历森林中第一棵树的根结点的各子树所构成的森林;

② 访问第一棵树的根结点;

③ 后序遍历除第一棵树外其他树构成的森林。

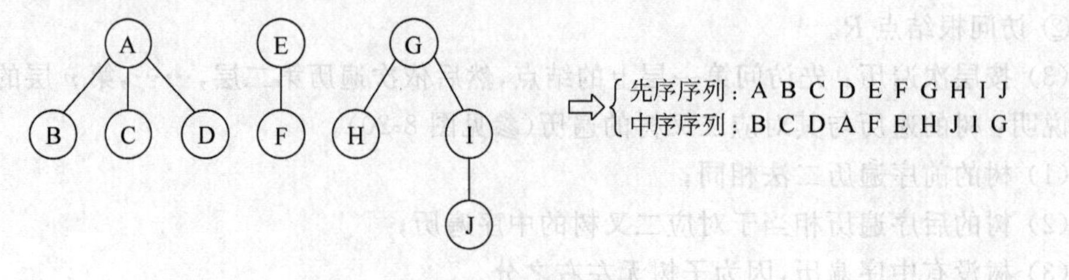


图 8-21 森林的遍历

森林的遍历与其对应二叉树的遍历(参见图8-22)。

① 前序遍历森林等同于前序遍历该森林对应的二叉树；

② 后序遍历森林等同于中序遍历该森林对应的二叉树；

③ 当用二叉链表作树和森林的存储结构时，树和森林的前序遍历和后遍历，可用二叉树的前序遍历和中序遍历算法来实现。

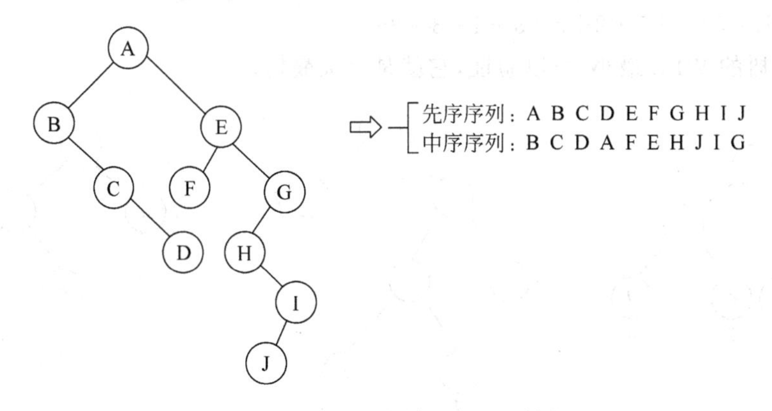


图8-22　森林的遍历与其对应二叉树的遍历

# 8.5　树的综合应用

## 8.5.1　哈夫曼树

### 1. 基本术语

(1) 树的路径长度。

树的路径长度是从树根到树中每一结点的路径长度之和。在结点数目相同的二叉树中，完全二叉树的路径长度最短。

(2) 树的带权路径长度(Weighted Path Length of Tree，WPL)。

结点的权：在一些应用中，赋予树中结点的一个有某种意义的实数。

结点的带权路径长度：结点到树根之间的路径长度与该结点上权的乘积。

树的带权路径长度(Weighted Path Length of Tree)：定义为树中所有叶结点的带权路径长度之和，通常记为：

$$\text{WPL} = \sum_{i=1}^{n} w_i l_i$$

其中：

$n$ 表示叶子结点的数目。

$w_i$ 和 $l_i$ 分别表示叶结点 $k_i$ 的权值和根到结点 $k_i$ 之间的路径长度。

树的带权路径长度亦称为树的代价。

(3) 最优二叉树或哈夫曼树。

在权为 $w_1, w_2, \cdots, w_n$ 的 $n$ 个叶子所构成的所有二叉树中，带权路径长度最小(即代价最小)的二叉树称为最优二叉树或哈夫曼树。

给定4个叶子结点$a,b,c$和$d$,分别带权7,5,2和4。构造如图8-23所示的三棵二叉树(还有许多棵),它们的带权路径长度分别为:

(a) WPL=7*2+5*2+2*2+4*2=36

(b) WPL=7*3+5*3+2*1+4*2=46

(c) WPL=7*1+5*2+2*3+4*3=35

其中(c)树的WPL最小,可以验证,它就是哈夫曼树。

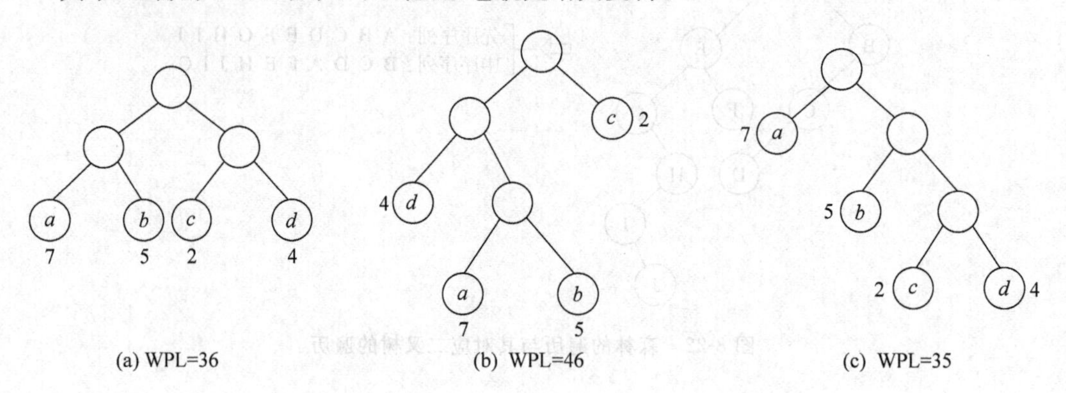


图8-23 具有不同WPL的二叉树(结点旁的数字为权)

**注意:**

① 叶子上的权值均相同时,完全二叉树一定是最优二叉树,否则完全二叉树不一定是最优二叉树。

② 在最优二叉树中,权越大的叶子离根越近。

③ 最优二叉树的形态不唯一,WPL最小。

**2. 构造最优二叉树**

1) 哈夫曼算法

哈夫曼首先给出了对于给定的叶子数目及其权值构造最优二叉树的方法,故称其为哈夫曼算法。

其基本思想是:

(1) 根据给定的$n$个权值$w_1,w_2,\cdots,w_n$构成$n$棵二叉树的森林$F=\{T_1,T_2,\cdots,T_n\}$,其中每棵二叉树$T_i$中都只有一个权值为$w_i$的根结点,其左右子树均空。

(2) 在森林$F$中选出两棵根结点权值最小的树(当这样的树不止两棵树时,可以从中任选两棵),将这两棵树合并成一棵新树,为了保证新树仍是二叉树,需要增加一个新结点作为新树的根,并将所选的两棵树的根分别作为新根的左右孩子(谁左、谁右无关紧要),将这两个孩子的权值之和作为新树根的权值。

(3) 对新的森林$F$重复步骤(2),直到森林$F$中只剩下一棵树为止。这棵树便是哈夫曼树。

用哈夫曼算法构造哈夫曼树的过程见图8-24。

**注意:**

① 初始森林中的$n$棵二叉树,每棵树有一个孤立的结点,它们既是根,又是叶子。

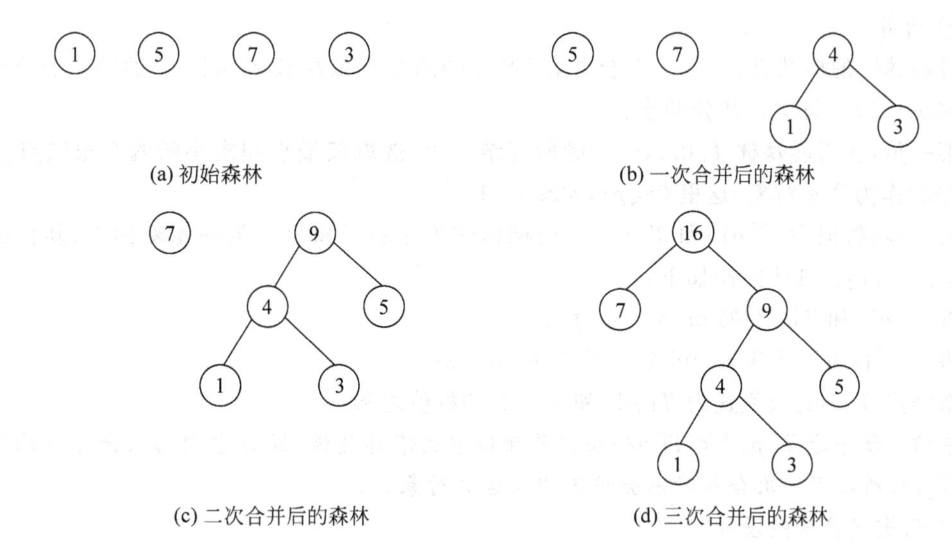

图 8-24 哈夫曼树的构造过程

② $n$ 个叶子的哈夫曼树要经过 $n-1$ 次合并，产生 $n-1$ 个新结点。最终求得的哈夫曼树中共有 $2n-1$ 个结点。

③ 哈夫曼树是严格的二叉树，没有度数为 1 的分支结点。

2) 哈夫曼树的存储结构及哈夫曼算法的分析

(1) 哈夫曼树的存储结构。

用一个大小为 $2n-1$ 的向量来存储哈夫曼树中的结点，其存储结构为：

```
#define n 100                          //叶子数目
#define m 2 * n - 1                    //树中结点总数
typedef struct {                       //结点类型
    float weight;                      //权值,不妨设权值均大于零
    int lchild,rchild,parent;          //左右孩子及双亲指针
  }HTNode;
typedef HTNode HuffmanTree[m];         //HuffmanTree 是向量类型
```

**注意**：因为 C 语言数组的下界为 0，故用 −1 表示空指针。树中某结点的 lchild、rchild 和 parent 不等于 −1 时，它们分别是该结点的左、右孩子和双亲结点在向量中的下标。

这里设置 parent 域有两个作用：其一是使查找某结点的双亲变得简单；其二是可通过判定 parent 的值是否为 −1 来区分根与非根结点。

(2) 哈夫曼算法的简要描述。

在上述存储结构上实现的哈夫曼算法可大致描述为(设 $T$ 的类型为 HuffmanTree)：

① 初始化。

将 $T[0..m-1]$中 $2n-1$ 个结点中的三个指针均置为空(即置为 −1)，权值置为 0。

② 输入。

读入 $n$ 个叶子的权值存于向量的前 $n$ 个分量(即 $T[0..n-1]$)中。它们是初始森林中 $n$ 个孤立的根结点上的权值。

③ 合并

对森林中的树共进行 $n-1$ 次合并,所产生的新结点依次放入向量 $T$ 的第 $i$ 个分量中($n\leqslant i\leqslant m-1$)。每次合并分两步:

第一步,在当前森林 $T[0..i-1]$的所有结点中,选取权最小和次小的两个根结点$[p1]$和 $T[p2]$作为合并对象,这里 $0\leqslant p1,p2\leqslant i-1$。

第二步,将根为 $T[p1]$和 $T[p2]$的两棵树作为左右子树合并为一棵新的树,新树的根是新结点 $T[i]$。具体操作如下:

将 $T[p1]$和 $T[p2]$的 parent 置为 $i$;

将 $T[i]$的 lchild 和 rchild 分别置为 $p1$ 和 $p2$;

新结点 $T[i]$的权值置为 $T[p1]$和 $T[p2]$的权值之和。

**注意**:合并后 $T[p1]$和 $T[p2]$在当前森林中已不再是根,因为它们的双亲指针均已指向了 $T[i]$,所以下一次合并时不会被选中为合并对象。

3) 哈夫曼算法的设计

```
void CreateHuffmanTree(HuffmanTree T)
  {//构造哈夫曼树,T[m-1]为其根结点
    int i,p1,p2;
    InitHuffmanTree(T);                              //将 T 初始化
    InputWeight(T);                                  //输入叶子权值至 T[0..n-1]的 weight 域
    for(i=n; i<m; i++){//共进行 n-1 次合并,新结点依次存于 T[i]中
        SelectMin(T,i-1,&p1,&p2);
        //在 T[0..i-1]中选择两个权最小的根结点,其序号分别为 p1 和 p2
        T[p1].parent=T[p2].parent=i;
        TIi].1child=p1;                              //最小权的根结点是新结点的左孩子
        T[j].rchild=p2;                              //次小权的根结点是新结点的右孩子
        T[i].weight=T[p1].weight+T[p2].weight;
    }                                                // end for
  }
```

### 8.5.2 哈夫曼编码

数据压缩过程称为编码。即将文件中的每个字符均转换为一个唯一的二进制位串。数据解压过程称为解码。即将二进制位串转换为对应的字符。

#### 1. 等长编码方案和变长编码方案

给定的字符集 C,可能存在多种编码方案。

1) 等长编码方案

在远程通信中,需将待传字符数据转换成由二进制组成的数据信息。参见图 8-25,将数据"ABACCDA"中 4 个字符分别定义为长度为 2 的编码,则传输数据总的编码长度为 14 位。

2) 变长编码方案

若将编码设计为长度不等的二进制编码,即让待传字符串中出现次数较多的字符采用尽可能短的编码,则转换的二进制字符串便可能减少。参见图 8-26,将数据"ABACCDA"中

4 个字符长度为变长编码，则总的编码长度为 9 位。

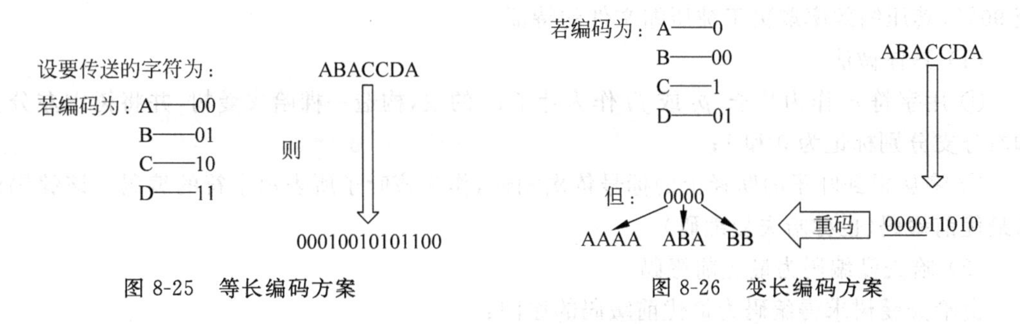


图 8-25 等长编码方案 图 8-26 变长编码方案

变长编码方案将频度高的字符编码设置短，将频度低的字符编码设置较长，但是变长编码可能使解码产生二义性。产生该问题的原因是某些字符的编码可能与其他字符的编码开始部分(称为前缀)相同。例如图 8-26，数据“0000”解码时无法确定信息串是"AAAA"或"ABA"，还是"BB"。

3）前缀码方案

要设计长度不等的编码，则必须使任一字符的编码都不是另一个字符的编码的前缀。这种编码称作前缀编码。等长编码是前缀码的一种形式。

平均码长或文件总长最小的前缀编码称为最优的前缀码。最优的前缀码对文件的压缩效果亦最佳(参见图 8-27)。

$$平均码长 = \sum_{i=l}^{n} p_i l_i$$

其中：$p_i$ 为第 $i$ 个字符的概率，$l_i$ 为码长。

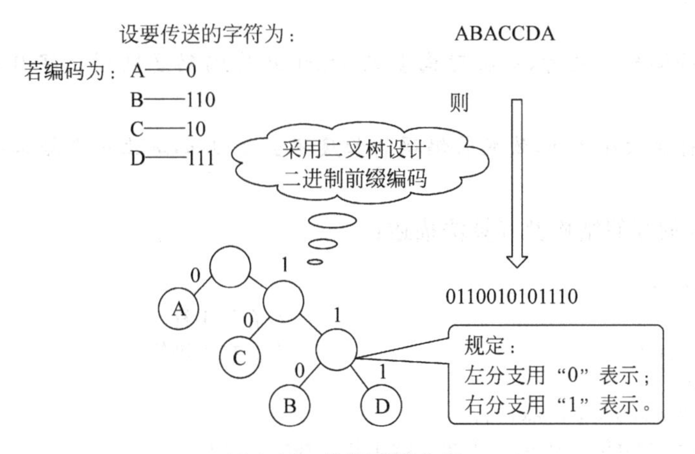


图 8-27 前缀编码方案

若将如图 8-27 所示的数据"ABACCDA"作为统计的样本，则 A、B、C、D 四个字符的概率分别为 0.43、0.14、0.29、0.14，对变长编码求得的平均码长为 1.85，优于定长编码(平均码长为 2)。

### 2. 根据最优二叉树构造哈夫曼编码

利用哈夫曼树很容易求出给定字符集及其概率(或频度)分布的最优前缀码。哈夫曼编码正是一种应用广泛且非常有效的数据压缩技术。该技术一般可将数据文件压缩掉 20% 至 90%，其压缩效率取决于被压缩文件的特征。

(1) 具体做法

① 用字符 $c_i$ 作为叶子，$p_i$ 或 $f_i$ 作为叶子 $c_i$ 的权，构造一棵哈夫曼树，并将树中左分支和右分支分别标记为 0 和 1；

② 将从根到叶子的路径上的标号依次相连，作为该叶子所表示字符的编码。该编码即为最优前缀码(也称哈夫曼编码)。

(2) 哈夫曼编码为最优前缀码

由哈夫曼树求得编码为最优前缀码的原因：

① 每个叶子字符 $c_i$ 的码长恰为从根到该叶子的路径长度 $l_i$，平均码长(或文件总长)又是二叉树的带权路径长度 WPL。而哈夫曼树是 WPL 最小的二叉树，因此编码的平均码长(或文件总长)亦最小。

② 树中没有一片叶子是另一叶子的祖先，每片叶子对应的编码就不可能是其他叶子编码的前缀。即上述编码是二进制的前缀码。

(3) 求哈夫曼编码的算法

给定字符集的哈夫曼树生成后，求哈夫曼编码的具体实现过程是：依次以叶子 $T[i]$($0\leqslant i\leqslant n-1$)为出发点，向上回溯至根为止。上溯时走左分支则生成代码 0，走右分支则生成代码 1。

**注意：**

① 由于生成的编码与要求的编码反序，将生成的代码先从后往前依次存放在一个临时向量中，并设一个指针 start 指示编码在该向量中的起始位置(start 初始时指示向量的结束位置)。

② 当某字符编码完成时，从临时向量的 start 处将编码复制到该字符相应的位串 bits 中即可。

③ 因为字符集大小为 $n$，故变长编码的长度不会超过 $n$，加上一个结束符'\0'，bits 的大小应为 $n+1$。

字符集编码的存储结构及其算法描述：

```
typedef struct {
    char ch;                                    //存储字符
    char bits[n+1];                             //存放编码位串
  }CodeNode;
typedef CodeNode HuffmanCode[n];
void CharSetHuffmanEncoding(HuffmanTree T,HuffmanCode H)
   {//根据哈夫曼树 T 求哈夫曼编码表 H
    int c,p,i;                                  //c 和 p 分别指示 T 中孩子和双亲的位置
    char cd[n+1];                               //临时存放编码
    int start;                                  //指示编码在 cd 中的起始位置
    cd[n] = '\0';                               //编码结束符
    for(i=0,i<n,i++){                           //依次求叶子 T[i]的编码
       H[i].ch=getchar();                       //读入叶子 T[i]对应的字符
       start=n;                                 //编码起始位置的初值
       c=i;                                     //从叶子 T[i]开始上溯
```

```
    while((p = T[c].parent)> = 0){              //直至上溯到 T[c]是树根为止
        //若 T[c]是 T[p]的左孩子,则生成代码 0; 否则生成代码 1
      cd[ -- start] = (T[p].lchild == C)?'0': '1';
      c = p;                                    //继续上溯
     }
    strcpy(H[i].bits,&cd[start]);               //复制编码位串
  }                                             //endfor
}                                               //CharSetHuffmanEncoding
```

有了字符集的哈夫曼编码表之后,对数据文件的编码过程是:依次读入文件中的字符c,在哈夫曼编码表 $H$ 中找到此字符,若 $H[i]$.ch$=c$,则将字符 $c$ 转换为 $H[i]$.bits 中存放的编码串。

对压缩后的数据文件进行解码则必须借助于哈夫曼树 $T$,其过程是:依次读入文件的二进制码,从哈夫曼树的根结点(即 $T[m-1]$)出发,若当前读入 0,则走向左孩子,否则走向右孩子。一旦到达某一叶子 $T[i]$时便译出相应的字符 $H[i]$.ch。然后重新从根出发继续译码,直至文件结束。

## 8.5.3 堆排序

### 1. 堆排序定义

$n$ 个关键字序列 $K_1,K_2,\cdots,K_n$ 称为堆,当且仅当该序列满足如下性质(简称为堆性质):

(1) $k_i \leqslant K_{2i}$ 且 $k_i \leqslant K_{2i+1}$

或 $(1\leqslant i\leqslant \lfloor n/2 \rfloor)$

(2) $K_i \geqslant K_{2i}$ 且 $k_i \geqslant K_{2i+1}$ $(1\leqslant i\leqslant \lfloor n/2 \rfloor)$

若将此序列所存储的向量 $R[1..n]$看做是一棵完全二叉树的存储结构,则堆实质上是满足如下性质的完全二叉树:树中任一非叶结点的关键字均不大于(或不小于)其左右孩子(若存在)结点的关键字。

关键字序列(10,15,56,25,30,70)和(70,56,30,25,15,10)分别满足堆性质(1)和(2),故它们均是堆,其对应的完全二叉树分别如小根堆示例和大根堆示例所示(参见图 8-28 和图 8-29)。

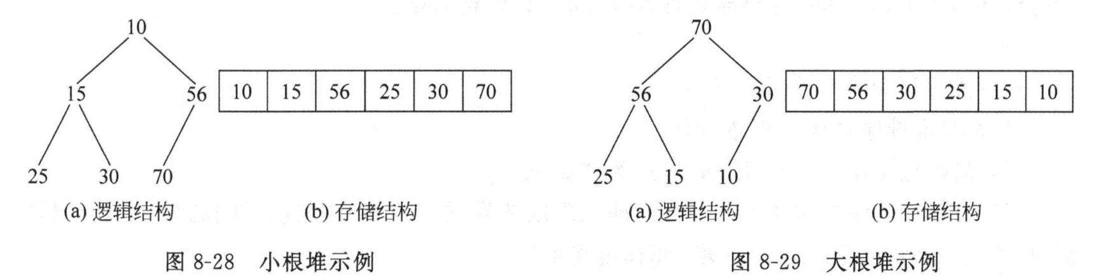


图 8-28 小根堆示例　　图 8-29 大根堆示例

### 2. 大根堆和小根堆

根结点(亦称为堆顶)的关键字是堆里所有结点关键字中最小者的堆称为小根堆。

根结点(亦称为堆顶)的关键字是堆里所有结点关键字中最大者的堆称为大根堆。

**注意**：

① 堆中任一子树亦是堆。

② 以上讨论的堆实际上是二叉堆(Binary Heap)，类似地可定义 $k$ 叉堆。

**3. 堆排序特点**

堆排序(HeapSort)是一树形选择排序。

堆排序的特点是：在排序过程中，将 $R[1..n]$ 看成是一棵完全二叉树的顺序存储结构，利用完全二叉树中双亲结点和孩子结点之间的内在关系(参见 8.2.2 节二叉树的顺序存储结构)，在当前无序区中选择关键字最大(或最小)的记录。

**4. 堆排序与直接插入排序的区别**

直接选择排序中，为了从 $R[1..n]$ 中选出关键字最小的记录，必须进行 $n-1$ 次比较，然后在 $R[2..n]$ 中选出关键字最小的记录，又需要做 $n-2$ 次比较。事实上，在后面的 $n-2$ 次比较中，有许多比较可能在前面的 $n-1$ 次比较中已经做过，但由于前一趟排序时未保留这些比较结果，所以后一趟排序时又重复执行了这些比较操作。

堆排序可通过树形结构保存部分比较结果，可减少比较次数。

**5. 堆排序**

堆排序利用了大根堆(或小根堆)堆顶记录的关键字最大(或最小)这一特征，使得在当前无序区中选取最大(或最小)关键字的记录变得简单。

1) 用大根堆排序的基本思想

(1) 先将初始文件 $R[1..n]$ 建成一个大根堆，此堆为初始的无序区。

(2) 再将关键字最大的记录 $R[1]$(即堆顶)和无序区的最后一个记录 $R[n]$ 交换，由此得到新的无序区 $R[1..n-1]$ 和有序区 $R[n]$，且满足 $R[1..n-1].\text{keys} \leqslant R[n].\text{key}$。

(3) 由于交换后新的根 $R[1]$ 可能违反堆性质，故应将当前无序区 $R[1..n-1]$ 调整为堆。然后再次将 $R[1..n-1]$ 中关键字最大的记录 $R[1]$ 和该区间的最后一个记录 $R[n-1]$ 交换，由此得到新的无序区 $R[1..n-2]$ 和有序区 $R[n-1..n]$，且仍满足关系 $R[1..n-2].\text{keys} \leqslant R[n-1..n].\text{keys}$，同样要将 $R[1..n-2]$ 调整为堆。

……

直到无序区只有一个元素为止。

2) 大根堆排序算法的基本操作

(1) 初始化操作：将 $R[1..n]$ 构造为初始堆；

(2) 每一趟排序的基本操作：将当前无序区的堆顶记录 $R[1]$ 和该区间的最后一个记录交换，然后将新的无序区调整为堆(亦称重建堆)。

**注意**：

① 只需做 $n-1$ 趟排序，选出较大的 $n-1$ 个关键字即可以使得文件递增有序。

② 用小根堆排序与利用大根堆类似，只不过其排序结果是递减有序的。堆排序和直接选择排序相反：在任何时刻，堆排序中无序区总是在有序区之前，且有序区是在原向量的尾部由后往前逐步扩大至整个向量为止。

3）堆排序的算法

```
void HeapSort(SeqIAst R)
 { //对 R[1..n]进行堆排序,不妨用 R[0]做暂存单元
  int i;
  BuildHeap(R);                              //将 R[1-n]建成初始堆
  for(i=n;i>1; i--){ //对当前无序区 R[1..i]进行堆排序,共做 n-1 趟
    R[0]=R[1]; R[1]=R[i];R[i]=R[0];          //将堆顶和堆中最后一个记录交换
    Heapify(R,1,i-1);              //将 R[1..i-1]重新调整为堆,仅有 R[1]可能违反堆性质
   }                                         //endfor
 }                                           //HeapSort
```

4）BuildHeap 和 Heapify 函数的实现

因为构造初始堆必须使用到调整堆的操作，先讨论 Heapify 的实现。

（1）Heapify 函数思想方法。

每趟排序开始前 $R[1..i]$是以 $R[1]$为根的堆，在 $R[1]$与 $R[i]$交换后，新的无序区 $R[1..i-1]$中只有 $R[1]$的值发生了变化，故除 $R[1]$可能违反堆性质外，其余任何结点为根的子树均是堆。因此，当被调整区间是 $R[low..high]$时，只需调整以 $R[low]$为根的树即可。

（2）以"筛选法"调整堆

$R[low]$的左、右子树（若存在）均已是堆，这两棵子树的根 $R[2low]$和 $R[2low+1]$分别是各自子树中关键字最大的结点。若 $R[low]$.key 不小于这两个孩子结点的关键字，则 $R[low]$未违反堆性质，以 $R[low]$为根的树已是堆，无须调整；否则必须将 $R[low]$和它的两个孩子结点中关键字较大者进行交换，即 $R[low]$与 $R[large]$（$R[large]$.key $=$ max($R[2low]$.key,$R[2low+1]$.key)）交换。交换后又可能使结点 $R[large]$违反堆性质，同样由于该结点的两棵子树（若存在）仍然是堆，故可重复上述的调整过程，对以 $R[large]$为根的树进行调整。此过程直至当前被调整的结点已满足堆性质，或者该结点已是叶子为止。上述过程就像过筛子一样，把较小的关键字逐层筛下去，而将较大的关键字逐层选上来。因此，有人将此方法称为"筛选法"。

（3）BuildHeap 的实现。

要将初始文件 $R[1..n]$调整为一个大根堆，就必须将它所对应的完全二叉树中以每一结点为根的子树都调整为堆。

显然只有一个结点的树是堆，而在完全二叉树中，所有序号 $i>\lfloor n/2\rfloor$的结点都是叶子，因此以这些结点为根的子树均已是堆。这样，我们只需依次将以序号为$\lfloor n/2\rfloor$，$\lfloor n/2\rfloor-1$，…，1 的结点作为根的子树都调整为堆即可。

**6. 大根堆排序实例**

用筛选法建新堆示例。已知关键字序列为 42,13,91,23, 24, 16,05,88，要求建立大根堆。因 $n=8$，故从第 4 个结点开始调整。

建立大根堆的过程示例如图 8-30 所示。

建成大根堆后，将堆顶记录 $R[1]$与最后一个记录 $R[n]$交换，就得到第一趟排序的结果；然后将剩余记录 $R[1..n-1]$重新调整为堆，再将堆顶记录 $R[1]$与最后一个记录 $R[n-1]$交换，就得到第二趟排序的结果；……；如此重复 $n-1$ 趟排序之后，就使有序区扩充到整个记录区 $R[1]$到 $R[n]$。

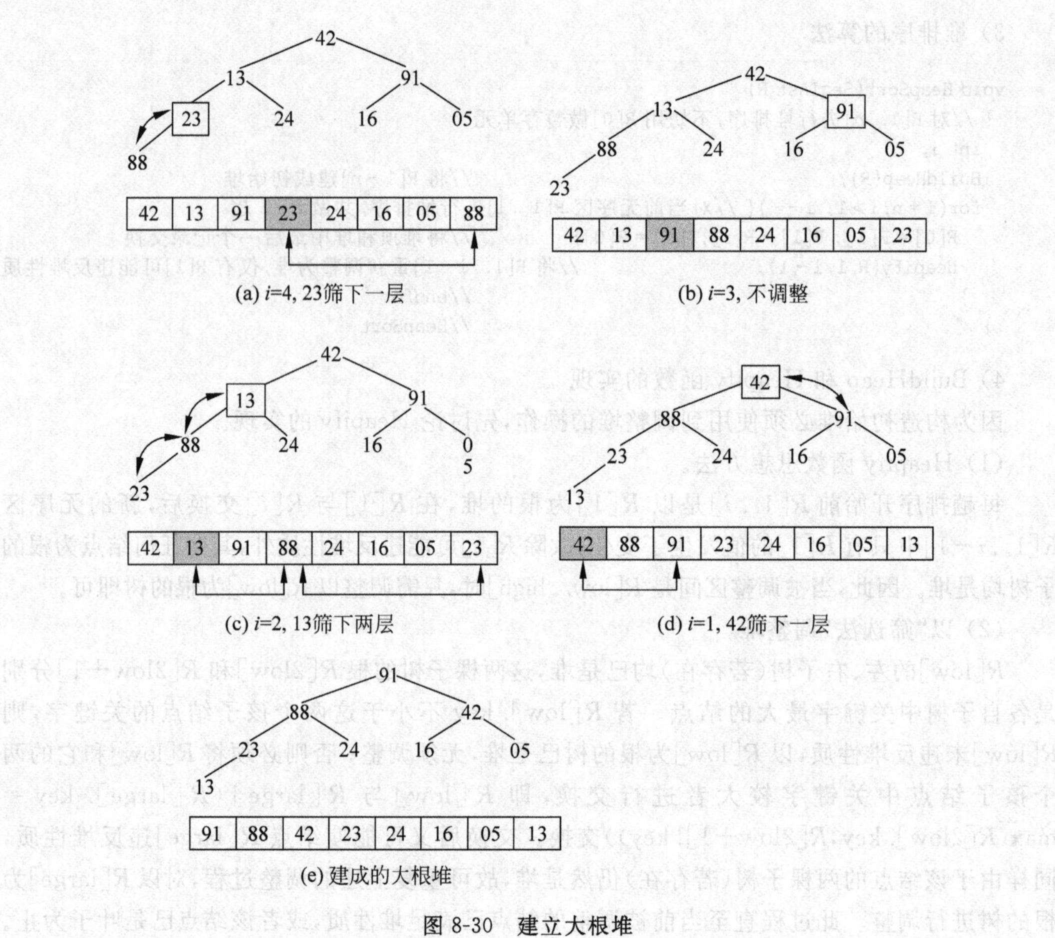


图 8-30 建立大根堆

堆排序的全过程示例如图 8-31 所示。

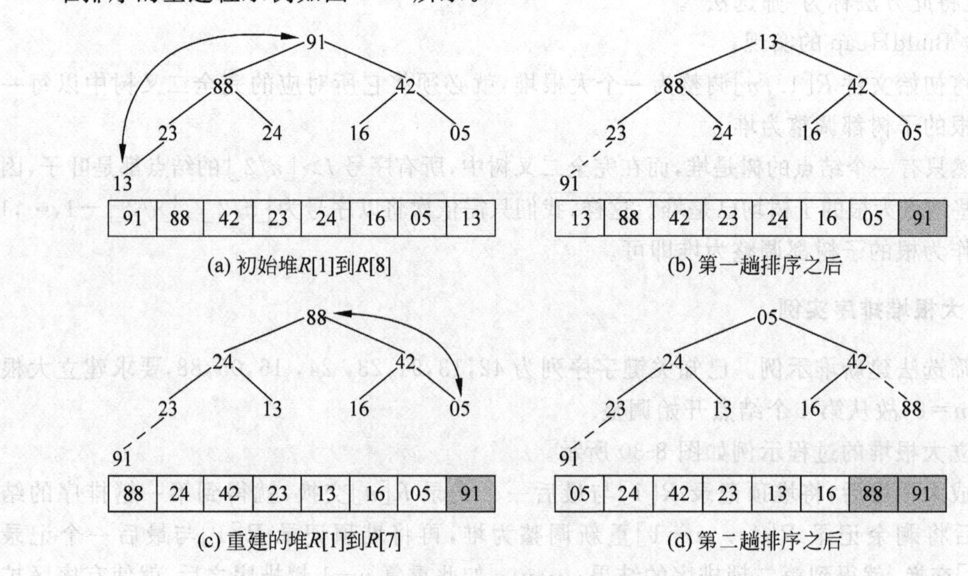

(a) 初始堆R[1]到R[8]
(b) 第一趟排序之后
(c) 重建的堆R[1]到R[7]
(d) 第二趟排序之后


图 8-31 堆排序的全过程

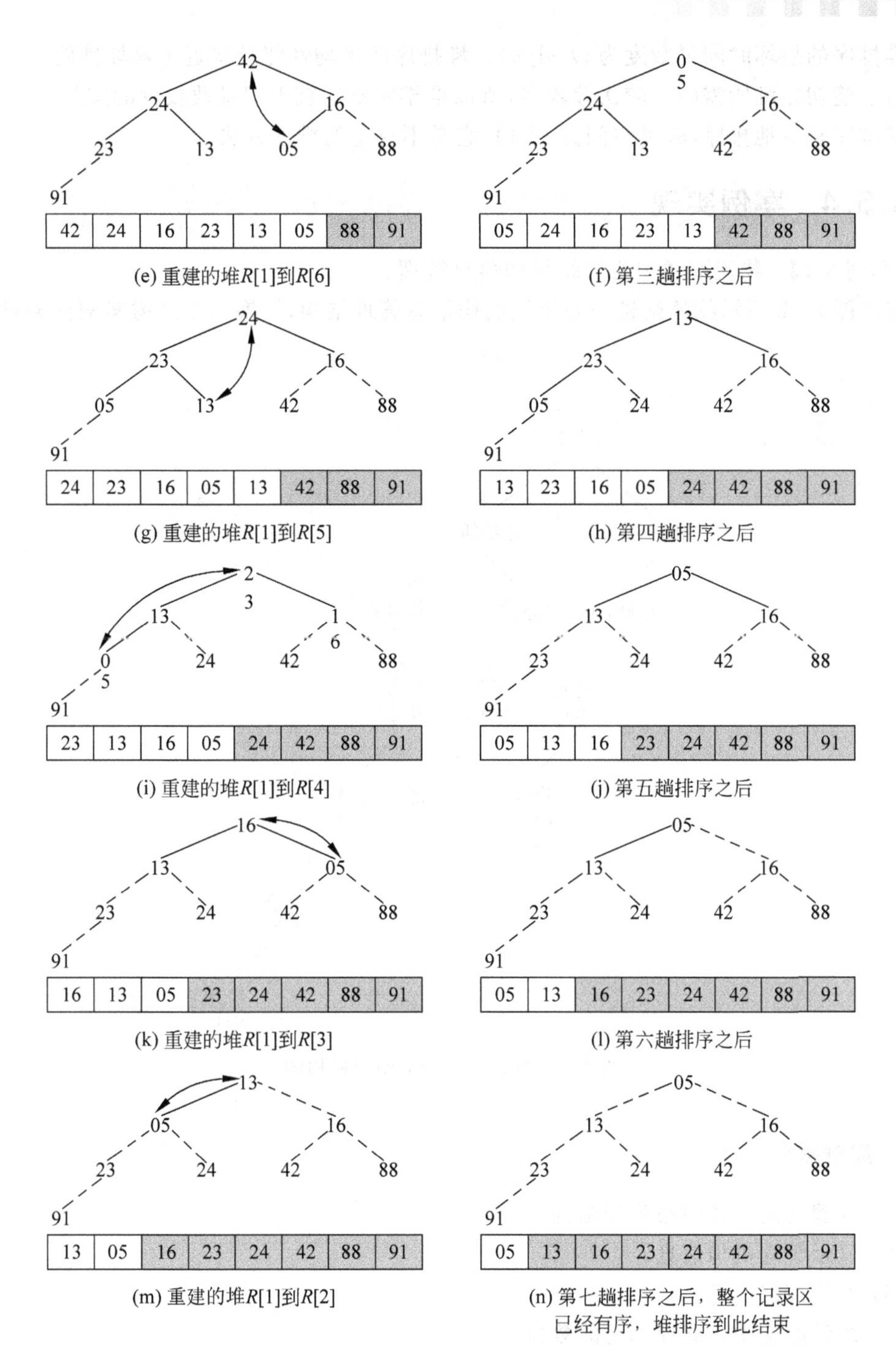


图 8-31 （续）

### 7. 算法分析

堆排序的时间主要由建立初始堆和反复重建堆这两部分的时间开销构成，它们均是通过调用 Heapify 实现的。

堆排序的最坏时间复杂度为$O(n\lg n)$。堆排序的平均性能较接近于最坏性能。

由于建初始堆所需的比较次数较多，所以堆排序不适宜于记录数较少的文件。

堆排序是就地排序，辅助空间为$O(1)$，它是不稳定的排序方法。

## 8.5.4 案例实现

**【案例 8-2】** 物流配送中心组织结构信息管理。

将如图 8-32 所示物流配送中心组织机构信息管理结构，转换为二叉树案例任务设计。

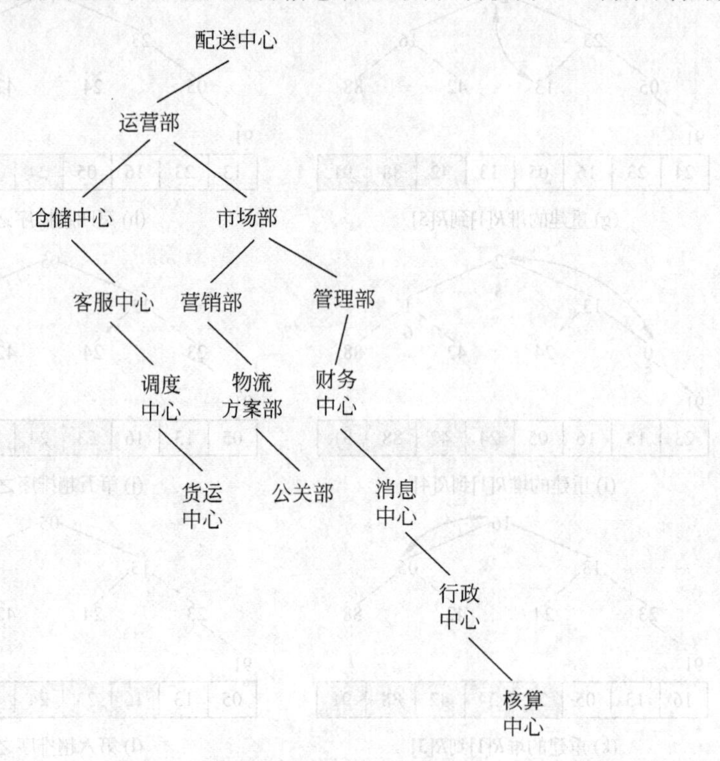


图 8-32 物流配送中心组织机构图

### 1. 案例需求分析

(1) 创建物流配送中心管理结构；

(2) 显示管理机构信息；

(3) 查找部门信息；

(4) 统计配送中心管理部门的数目；

(5) 修改部门信息。

### 2. 数据结构设计

根据物流配送中心以及各部门之间的隶属关系，建立树形数据结构，采用二叉链表存储结构。

### 3. 程序设计

```
#include "stdio.h"
#include "stdlib.h"
#include "string.h"
#define True 1
#define False 0
#define queuesize 100
typedef struct {
  char dept[10];
  char director[10];
  char number[10];
}ElemType;
typedef struct BiTNode{
      ElemType data;
      struct BiTNode *lchild, *rchild;
} BiTNode, *BinTree;
typedef struct{
int front,rear;
BinTree data[queuesize];
int count;
}cirqueue;
void CreateBinTree(BinTree &T)                       //建立二叉树
{
  char ch;
  printf("\n输入空格则分支创建结束,否则按其他键\n");
  ch=getchar();
  ch=getchar();
  if(ch==' ') T=NULL;
  else{
   if(!(T=(BiTNode *)malloc(sizeof(BiTNode))))
      printf("%c" "结点建立失败!") ;
   printf("Please enter dept: ");
   scanf("%s",T->data.dept);
   printf("Please enter director: ");
   scanf("%s",T->data.director);
   printf("Please enter number: ");
   scanf("%s",T->data.number);
   CreateBinTree(T->lchild);
   CreateBinTree(T->rchild);
  }
}
void PreOrder (BinTree T){
//采用二叉链表存储结构,先序遍历二叉树的递归算法
        if(T!=NULL){
                printf("%s ",T->data.dept);
                printf("%s ",T->data.director);
                printf("%s\n",T->data.number);
                PreOrder (T->lchild);
                PreOrder (T->rchild);
```

```
        }
}
void InOrder (BinTree T){
//采用二叉链表存储结构,中序遍历二叉树的递归算法
        if(T!= NULL){
                InOrder(T->lchild);
                printf(" %s ",T->data.dept);
                printf(" %s ",T->data.director);
                printf(" %s\n",T->data.number);
                InOrder(T->rchild);
        }
}
void PostOrder(BinTree T){
//采用二叉链表存储结构,后序遍历二叉树的递归算法
        if(T!= NULL){
                PostOrder(T->lchild);
                PostOrder(T->rchild);
                printf(" %s ",T->data.dept);
                printf(" %s ",T->data.director);
                printf(" %s\n",T->data.number);
        }
}
void Lev_Order(BinTree T)
{//对二叉树T进行按层次遍历,显示组织机构信息
    cirqueue *q;
    BinTree p;
    q=(cirqueue *)malloc(sizeof(cirqueue));
    q->rear=q->front=q->count=0;
    q->data[q->rear]=T;q->count++;q->rear=(q->rear+1)%queuesize;
                                                        //将根结点入队
    while (q->count)                             //若队列不为空,做以下操作
      if (q->data[q->front])
        {
            p=q->data[q->front];                 //取队首元素*p
            /*输出结点数据*/
            printf("\n dept: %s ",p->data.dept);             /*输出单位名称*/
            printf(" derector: %s ",p->data.director);        /*输出部门领导*/
            printf(" number: %s \n",p->data.number);          /*输出部门代码*/
            q->front=(q->front+1)           %queuesize;
            q->count--;                            //队首元素出队
            if(q->count==queuesize)
              //若队列为队满,则打印队满信息,退出程序的执行
                printf("the queue full!");
            else{//若队列不满,将*p结点的左孩子指针入队
                    q->count++;q->data[q->rear]=p->lchild;q->rear=(q->rear+
1)%queuesize;

            }                                      //enf of if
          if (q->count==queuesize)
//若队列为队满,则打印队满信息,退出程序的执行
                printf("the queue full!");
```

```
            else{//若队列不满,将 * p 结点的右孩子指针入队
                    q->count++;q->data[q->rear] = p->rchild;q->rear = (q->rear +
1) % queuesize;

            }                                   //end of if
        }                                       //end of if
      else{//当队首元素为空指针,将空指针出队
          q->front = (q->front + 1) % queuesize;q->count--;}
}                                               //end of leverorder

int nodes(BinTree T)
{
   if (!T)
      return 0;
    else
      return nodes(T->lchild) + nodes(T->rchild) + 1;
}
int LocaBtree(BinTree T,char *x)                /* 查找给定值部门编码 */
{ if (T!= NULL)
        { if (strcmp(T->data.number,x) == 0)   /* 根结点与所找元素相等 */
            { /* 输出结点数据 */
              printf("\n dept: %s ",T->data.dept);
              printf(" director: %s ",T->data.director);
              printf(" number: %s \n",T->data.number);
              return True;
            }
          if(LocaBtree(T->lchild,x) == True)   /* 在左子树中进行查找 */
              return True;
          if (LocaBtree (T->rchild,x) == True) /* 在右子树中进行查找 */
              return True;
        }
    else
        return False;
}
int ModiBtree(BinTree T,char *x)
{    if (T!= NULL)
        { if (strcmp(T->data.number,x) == 0)   /* 根结点与所找元素相等 */
            { /* 修改结点数据 */
              printf("请输入修改后部门名称: \n");
               scanf("%s",T->data.dept);
               printf("请输入修改后部门主任: \n");
               scanf("%s",T->data.director);
              printf("请输入修改后部门编号: \n");
               scanf("%s",T->data.number);
               return True;
            }
          if(ModiBtree(T->lchild,x) == True)   /* 在左子树中进行查找 */
              return True;
          if (ModiBtree (T->rchild,x) == True) /* 在右子树中进行查找 */
              return True;
        }
```

```
        else
            return False;
    }
    void ClearBtree(BinTree T)                              /*清空一棵二叉树*/
        {   BinTree p;
            p = T;
            if(T!= NULL)
            {
                ClearBtree(T->lchild);                      /*删除左子树*/
                ClearBtree(T->rchild);                      /*删除右子树*/
                free(p);                                    /*释放根结点*/
                T = NULL;                                   /*置根指针为空*/
            }
        }
    int main()
    {

      BinTree T = NULL;
      int i;
      char s_number[10];
      printf("建立配送中心组织结构信息\n");
      printf("\n先序创建二叉树\n");
      CreateBinTree(T);
      do
            {
              printf ("1 --- 按先序遍历显示所有部门数据\n");
              printf ("2 --- 按中序遍历显示所有部门数据\n");
              printf ("3 --- 按后序遍历显示所有部门数据\n");
              printf ("4 --- 按层次遍历显示所有部门数据\n");
              printf ("5 --- 统计管理部门数量\n");
              printf ("6 --- 查询一个部门数据\n");
              printf ("7 --- 修改一个部门数据\n");
              printf ("8 --- 退出\n");
              scanf ("%d",&i);
              switch(i)
                {   case 1: printf("按先序显示所有部门数据\n ");
                            PreOrder(T);
                        break;
                    case 2: printf("按中序遍历显示所有部门数据\n ");
                            InOrder(T);
                            break;
                    case 3: printf("按后序遍历显示所有部门数据\n ");
                            PostOrder(T);
                            break;
                    case 4: printf("按层次遍历显示所有部门数据\n ");
                            Lev_Order(T);
                            break;
                    case 5:printf("统计管理部门数量\n ");
                            printf("管理部门数量为: %d\n",nodes(T));
                            break;
                    case 6: printf ("查询一个部门数据\n");
```

```
                printf("请输入部门代码：");
                scanf("%s",s_number);
                if(LocaBtree(T,s_number) == True)
                    printf("%s部门存在\n");
                else
                    printf("%s部门不存在\n");
                break;
        case 7: printf ("修改一个部门数据\n");
                printf("请输入查询部门代码：");
                scanf("%s",s_number);
                if(ModiBtree(T,s_number) == True)
                    printf("%s修改成功\n");
                else
                    printf("%s部门不存在\n");
            break;
        case 8: break;
        default:printf("错误选择!请重选");break;
        }
    } while (i!=8);

  ClearBtree(T);                                        /*释放二叉树*/
return 0;
}
```

## 8.6 本章小结

(1) 树的逻辑定义基本术语，树的三种存储结构：双亲表示法、孩子表示法和孩子兄弟表示法。

(2) 二叉树的逻辑定义、存储结构，二叉树的常用性质。二叉树的基本操作算法。二叉树的三种遍历方式：先(根)序遍历、中(根)序遍历、后(根)序遍历三种。介绍了已知遍历序列，恢复二叉树的方法。

(3) 树和二叉树的转换，森林与二叉树之间的转换。

(4) 哈夫曼树的定义与建立方法，及哈夫曼编码。

(5) 堆排序的基本思想及实现。

## 习题

### 1. 填空

(1) 假设在树中，结点 $x$ 是结点 $y$ 的双亲时，用$(x,y)$来表示树的边。已知一棵树的边的集合为$\{(i,m),(i,n),(e,i),(b,e),(b,d),(a,b),(g,j),(g,k),(c,g),(c,f),(h,l),(c,h),(a,c)\}$用树形表示法表示此树为________，________是根结点，________是叶子结点，________是 $g$ 的双亲，________是 $g$ 的祖先，________是 $g$ 的孩子，________是 $e$ 的子

孙，________是 $e$ 的兄弟，________是 $f$ 的兄弟，结点 $b$ 和 $n$ 的层次各是________、________，树的深度是________，一结点 $c$ 为根的子树的深度是________，树的度是________。

(2) 树是一种________结构。在树中，________结点没有直接前驱。对树中任意结点 $x$ 来说，$x$ 是它的任意子树的根结点的唯一的________。

(3) 由 $a$、$b$、$c$ 三个结点构成的二叉树，共有________种不同的形态。

(4) 在一棵二叉树中，度为 0 的结点个数为 $n0$，度为 2 的结点个数为 $n2$，则 $n0=$________。

(5) 具有 $n$ 个结点的二叉树，当它为一棵________二叉树时具有最小深度，深度为________，当它为一棵单支树时具有________深度，深度为________。

(6) 一棵深度为 $k$ 的满二叉树的结点总数为________，一棵深度为 $k$ 的完全二叉树至少有________个结点，至多有________个结点。

(7) 具有 $n$ 个结点的二叉树的二叉链表中，一共有________个指针域，其中________个用来指向孩子结点，________个为空指针。

(8) 设 $a$，$b$ 为一棵二叉树上的两个结点，在中序遍历时，$a$ 在 $b$ 前面的条件是________。

(9) 有 $m$ 个叶子结点的哈夫曼树，其结点总数为________。

(10) 由权值为 8、7、5、4、2 的五个叶子结点构造一棵哈夫曼树，其带权路径长度为________。

**2. 判断题**

(1) 二叉树是树的特殊形式。

(2) 完全二叉树中一定不存在度为 1 的结点。

(3) 任何一棵二叉树的度都是 2。

(4) 完全二叉树中，若一个结点没有左孩子，则它必是叶子结点。

(5) 在二叉树的先序序列中，任意结点均处在其孩子结点之前。

(6) 前序遍历树和前序遍历与该树对应的二叉树，其结果相同。

(7) 给定一棵树，可以找到唯一的一棵二叉树与之对应。

(8) 由树换转成的二叉树，其根结点必定没有右子树。

(9) 哈夫曼树的结点个数不可能是偶数。

(10) 在哈夫曼树中，权值越大的叶子结点离根结点越近。

**3. 简答题**

(1) 用树的 3 种存储表示法，画出填空题(1)所描述的 3 种存储结构。

(2) 已知一棵二叉树的中序遍历序列为 G,D,H,B,E,A,C,I,J,F，先序遍历序列为 A,B,D,G,H,E,C,F,I,J，试问能不能唯一确定这棵二叉树，若能请画出二叉树。若给定先序遍历序列和后续遍历序列，能否唯一确定？说明理由。

(3) 已知一棵度为 $m$ 的树中，度为 1 的结点数为 $n1$，度为 2 的结点数为 $n2$。以此类推，度为 $m$ 的结点数为 $nm$，试求出该树中含有多少个终端(叶子)结点？有多少个非终端结点？

(4) 给出满足下列条件的所有二叉树：

① 先序序列和中序序列相同；

② 中序序列和后序序列相同；

③ 先序序列和后序序列相同。

(5) 一个深度为 $h$ 的满 $k$ 叉树有如下性质：第 $h$ 层上的结点都是叶子结点，其余各层上每个结点都有 $k$ 棵非空子树。如果按层次顺序(层自左至右)从 1 开始对全部结点编号，问：

① 各层的结点数目是多少？

② 编号为 $i$ 的结点的双亲结点(若存在)的编号是多少？

③ 编号为 $i$ 的结点的第 $j$ 个孩子结点(若存在)的编号是多少？

编号为 $i$ 的结点有右兄弟的条件是什么？其右兄弟的编号是多少？

(6) 分别写出如图 8-33 所示的各二叉树的先序、中序和后序序列，以及图 8-33(d)的先序、中序和后序线索树。

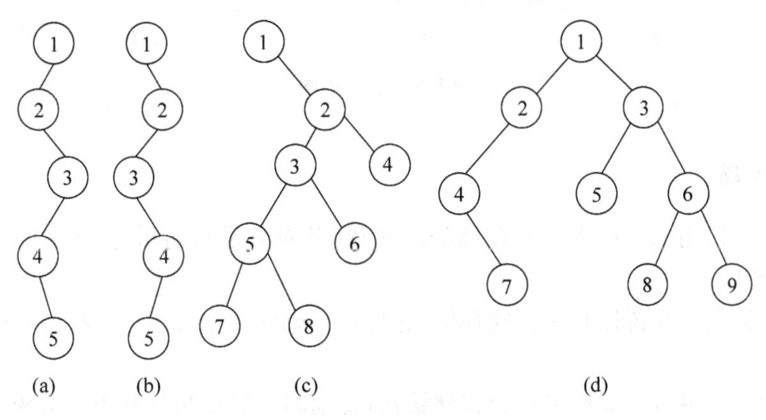


图 8-33 (6)题图

(7) 对于如图 8-34 所示的森林：

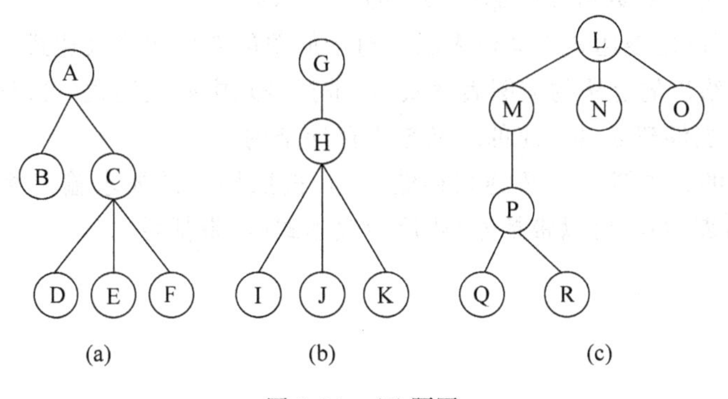


图 8-34 (7)题图

① 求各树的先序序列和后序序列；

② 求森林的先序序列和后序序列；

③ 将此森林转换为相应的二叉树；

④ 给出图 8-34(a)所示树的双亲数组表示、孩子链表表示，以及孩子兄弟链表表示 3 种存储结构，并指出哪些存储结构易于求指定结点的祖先，哪些易于求指定结点的子孙。

(8) 有 7 个带权结点，其权值分别是 4,7,8,2,5,16,30，试以它们为叶子结点的权值构造一棵哈夫曼树(要求按每个结点的左子树根结点的权值小于或等于右子树根结点的权值的次序构造),并计算出其带权路径长度 WPL。

(9) 画出如图 8-35 所示树的二叉树形式。

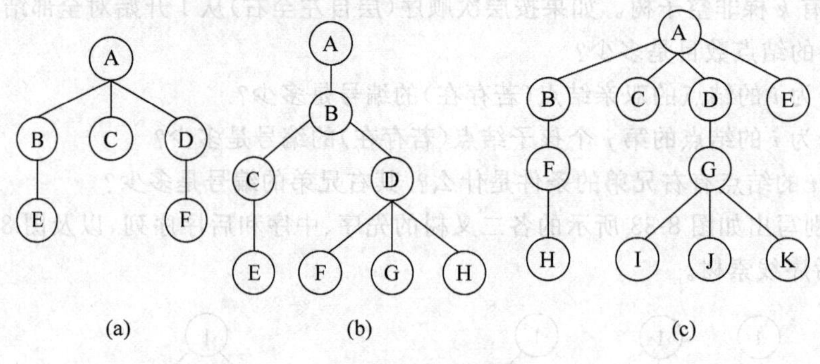


图 8-35 (9)题图

**4. 实训习题**

(1) 建立一棵用二叉链表方式存储的二叉树,并对其进行遍历(先序、中序和后序),打印输出遍历结果。

(2) 一棵完全二叉树以顺序方式存储在数组 $A[n]$的 $n$ 个元素中,设计算法构造其相应的二叉链表。

(3) 已知二叉树以二叉链表作为存储结构,是编写按层次顺序遍历二叉树的算法。

(4) 设计一算法,判断一棵二叉树是否是满二叉树。

(5) 以二叉链表为存储结构,写出求二叉树的宽度的算法。所谓二叉树的宽度,是指二叉树的各层上,具有结点数最多的那一层上的结点总数。

(6) 表达式可以用表达式二叉树表示。对于简单的四层运算表达式,请实现以下功能:

① 对于任意给出的合法的前缀表达式(不带括号)、中缀表达式(可以带括号)或后缀表达式(不带括号),能够建立其对应的二叉链表存储结构。

② 对于建立的二叉树的二叉链表存储结构,按照用户的要求输出相应的前缀表达式(不带括号)、中缀表达式(可以带括号)或后缀表达式(不带括号)。

# 第9章 图

**主要知识点：**

- 图的定义、无向图、有向图、图的遍历、以及图在计算机中的存储结构。
- 邻接矩阵和邻接表存储结构的C语言描述方法、特点，采用程序设计语言实现图结构的基本操作，在实际应用中选用适合的图的存储结构。
- 能够从时间和空间复杂度的角度比较图不同存储结构的特点及使用场合。

## 9.1 图的概念

图是比树更复杂的非线性结构，在树的结构中，结点之间的关系实质上是层次关系，每一层的结点可以有多个后继(孩子结点)，但只有一个前驱(双亲结点)。然而在图的结构中，对结点的前驱和后继的个数都不加限制，即结点之间的关系是任意的。图中任意两个结点之间都可能相连。

### 9.1.1 图实例

**1. 图举例**

1) 物流配送路线模拟图

顾客所在位置以 $A$、$B$、$C$、$D$、$E$、$F$、$G$ 数据元素表示，为配送人员选择最短的配送路径。

物流配送路线可由物流中心经过一些顾客所在位置最终回到配送中心。任何两个不同位置实际情况都可以存在一条直接连接的通路，也可能通过其他的通路间接相连，如图9-1所示。

2) 城市间建立通信网线路设计

欲在 $n$ 个城市间建立通信网，则 $n$ 个城市应铺 $n-1$ 条线路；但因为每条线路都会有对应的经济成本(参见图9-2)，而 $n$ 个城市可能有 $n(n-1)/2$ 条线路，那么，如何选择 $n-1$ 条线路，使总费用最少？

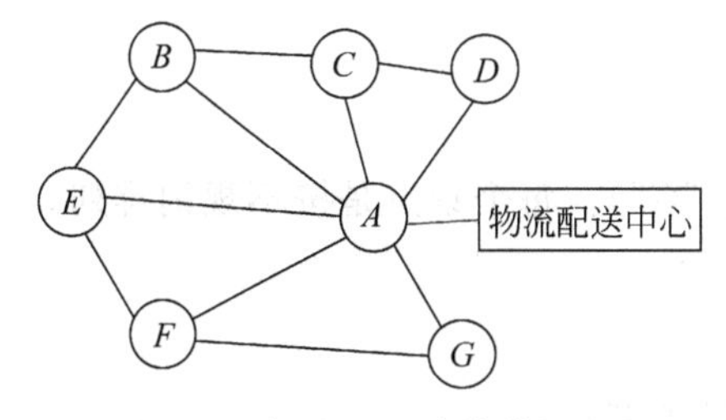


图9-1　物流配送路线模拟图

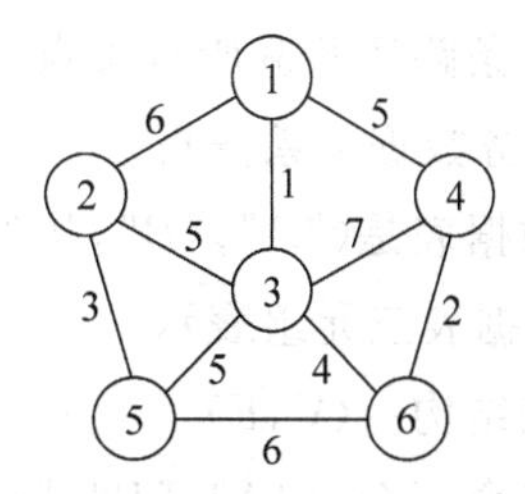


图9-2　城市间建立通信网线路模拟图

3）教学计划制定。

表 9-1 表示学习每门课程之前必须要先修哪些课。如，数据结构必须在修完程序设计和离散数学以后才能学习，而高等数学和程序设计不需要先修任何课程。

我们用表 9-1 表示课程之间的关联，点与点之间有方向的连线表示要学习箭头指向的课程必须先修连线另一端的课程(参见图 9-3)。如要学习 8，必须先修 9 这门课。

给出课程安排的顺序：9,8,1,10,4,6,5,2,3,7。

**表 9-1　计算机专业课程关联表**

| 课程编号 | 课程名称 | 必须先修课程代号 | 课程编号 | 课程名称 | 必须先修课程代号 |
|---|---|---|---|---|---|
| 1 | 计算机原理 | 8 | 6 | 离散数学 | 9 |
| 2 | 编译原理 | 4,5 | 7 | 形式语言 | 6 |
| 3 | 操作系统 | 4,5 | 8 | 电路基础 | 9 |
| 4 | 程序设计 | 0 | 9 | 高等数学 | 0 |
| 5 | 数据结构 | 4,6 | 10 | 计算机网络 | 1 |

**2. 案例**

**【案例 9-1】** 游客选择一条简洁的路径，在短时间内游遍所有景点。

分布于景区的景点以 $A$、$B$、$C$、$D$、$E$、$F$、$G$ 等点表示，点与点之间的连线表示景点之间的通道，如图 9-4 所示。

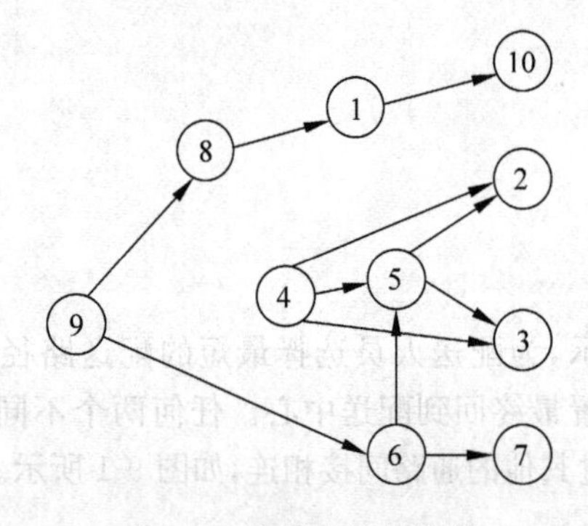

图 9-3　课程之间的关联

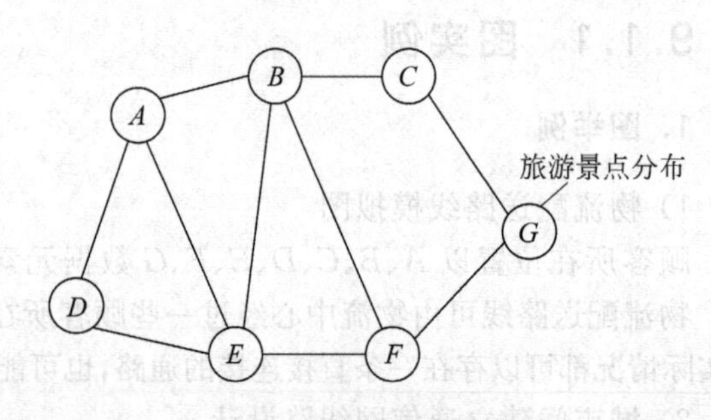

图 9-4　旅游景点分布

案例分析：

(1) 任务需求。

选择一条路径游遍所有景点。

(2) 任务数据关系分析。

景点数据表是("A","B","C","D","E","F","G")。每个景点是按不规则排列。

(3) 数据表三元组表示。

图数据结构＝($V$,$E$)

数据集合：$V$＝{"A","B","C","D","E","F","G"}

数据关系集合：$E=\{(A,B),(A,D),(A,E),(B,C),(B,E),(B,F),(C,G),(D,E),(E,F),(F,G)\}$

(4) 任务操作分析。

游遍所有景点(图的遍历)。

计算公路网的建设成本(求最小生成树)。

## 9.1.2 图的定义

### 1. 图(Graph)的定义

图是由顶点集合(vertex)及顶点间的关系集合组成的一种非线性数据结构。

### 2. 从集合的观点出发的图定义

图是由两个集合构成的一个二元组。

$\text{Graph}=(V, E)$

其中,其中 $V=\{x \mid x\in$ 某个数据对象$\}$是顶点的有穷非空集合；

$R=\{<a_i,a_{i+1}> \mid a_i a_{i+1} i\in D,\ i=1,2,\cdots,n\}$

$E=\{(x, y) \mid x, y\in V\}$

或 $E=\{<x, y> \mid x, y\in V\}$是顶点之间关系的有穷集合,也叫做边(edge)集合。

### 3. 图的逻辑结构特征

**有向图**：若图 $G$ 的每条边都有方向,则称 $G$ 为有向图(Digraph)。在有向图中,有向边(也称弧)都是顶点的有序对$<x, y>$。

**无向图**：若图 $G$ 的每条边都是没有方向的,则称 $G$ 为无向图(UnDigraph) 。在无向图中,每条边都是顶点的无序对$(x, y)$。

如图 9-5 所示的数据结构可以描述为：

$G1=(V1,E1)$,其中 $V1=\{a,b,c,d\}$,$E1=\{(a,b),(a,c),(a,d),(b,d),(c,d)\}$

$G2=(V2,E2)$,其中 $V2=\{1,2,3\}$,$E2=\{<1,2>,<1,3>,<2,3>,<3,1>\}$

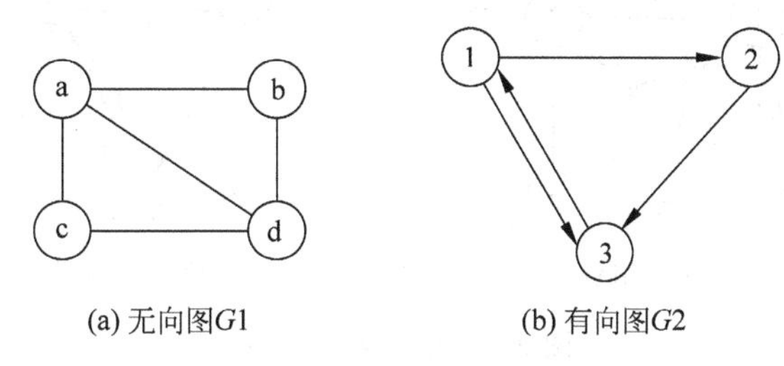


图 9-5 无向图和有向图

**邻接点**：在一个无向图中,若存在一条边$(vi,vj)$,则称 $vi$ 和 $vj$ 为此边的两个端点,并称它们互为邻接点(adjacent)。在一个有向图中,若存在一条边$<vi,vj>$,则称 $vi$ 和 $vj$ 为此边的起始端点和终止端点,称它们互为邻接点(adjacent),称 $vj$ 为 $vi$ 得出边邻接点,$vi$ 为 $vj$ 的入边邻接点。

**关联**：若$(vi,vj)$是一条无向边，则称 $vi$ 和 $vj$ 互为邻接点（Adjacent），或称 $vi$ 与 $vj$ 相邻接；并称$(vi,vj)$依附或关联（Incident）于 $vi$ 和 $vj$ ，或称$(vi,vj)$与 $vi$ 和 $vj$ 相关联。

**路径**(path)：在图 $G$ 中，从顶点 $vp$ 到顶点 $vq$ 的路径是一个顶点序列，序列中前后两个相邻的顶点对应图中的一条无向边或出边，并且序列中的第一个顶点为 $vp$，最后一个顶点为 $vq$。

**路径长度**：该路径上边的数目。

**简单路径**：若一条路径上除了 $vp$ 和 $vq$ 可以相同外，其余顶点均不相同，则称此路径为一条简单路径。

**结点的度**：无向图中顶点 $v$ 的度（Degree）是关联于该顶点的边的数目，或与该顶点相邻的顶点数目，记为 $D(v)$。

若 $G$ 是有向图，则把邻接到顶点 $v$ 的顶点数目或边数目称为顶点 $v$ 的**入度**（Indegree），记为 $\mathrm{ID}(v)$；把邻接于顶点 $v$ 的顶点数目或边数目称为顶点 $v$ 的**出度**（Outdegree），记为 $\mathrm{OD}(v)$；顶点 $v$ 的度则定义为该顶点的入度和出度之和，即 $D(v)=\mathrm{ID}(v)+\mathrm{OD}(v)$。

**子图**：若有两个图 $G1$ 和 $G2$，$G1=(V1,E1)$，$G2=(V2,E2)$，满足如下条件：$V2\subseteq V1$，$E2\subseteq E1$，即 $V2$ 为 $V1$ 的子集，$E2$ 为 $E1$ 的子集，称图 $G2$ 为图 $G1$ 的子图(参见图 9-6)。

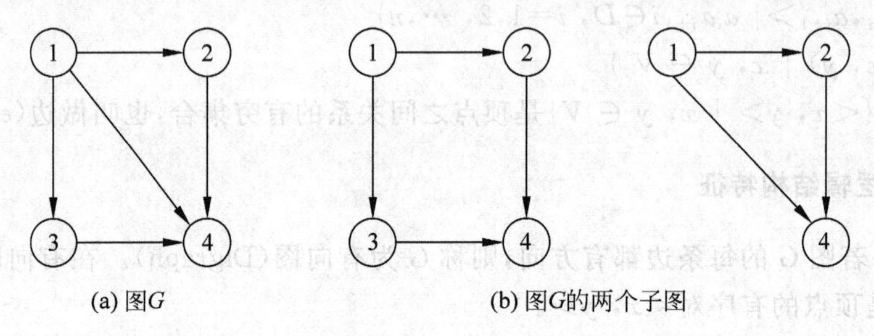


图 9-6 子图

**权**：在图的边或弧中给出相关的数，称为权。权可以代表一个顶点到另一个顶点的距离，耗费等，带权图一般称为网，如图 9-7 所示。

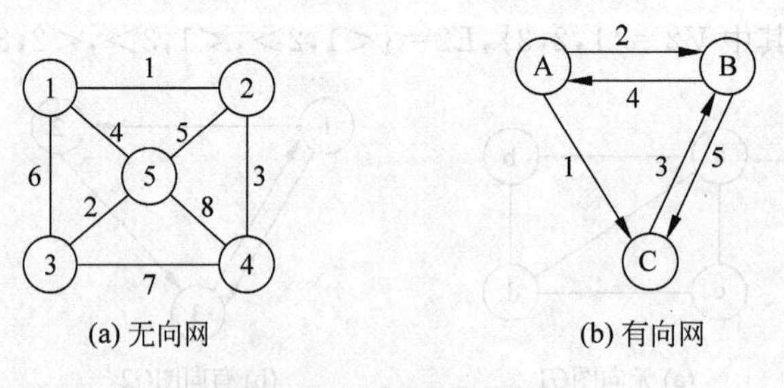


图 9-7 无向网、有向网

**连通图与连通分量**：在无向图中，若从顶点 $vi$ 到顶点 $vj$ 有路径，则称顶点 $vi$ 与 $vj$ 是连通的。如果图中任意一对顶点都是连通的，则称此图是连通图；否则称为非连通图。非连通图的极大连通子图叫做连通分量。如图 9-8 所示。

在无向图中，极大的连通子图为该图的连通分量。显然，任何连通图的连通分量只有一个，即它本身，而非连通图有多个连通分量。如图 9-9 所示。

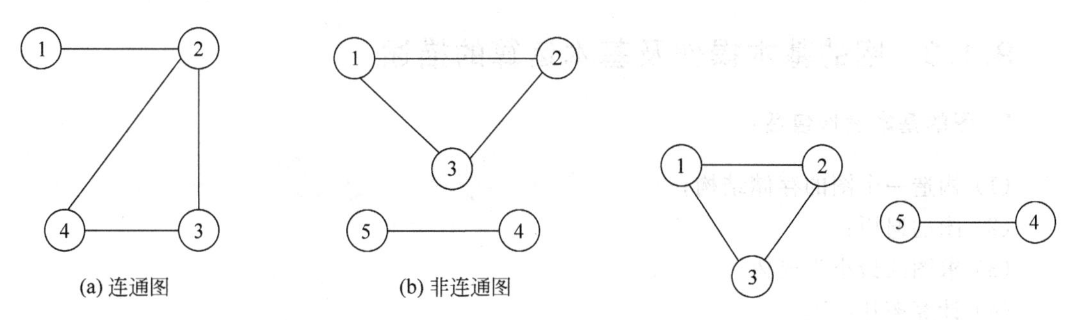


图 9-8 连通图、非连通图

图 9-9 图 9-8(b)的连通分量

**强连通图与强连通分量**：在有向图中，若对于每一对顶点 *vi* 和 *vj*，都存在一条从 *vi* 到 *vj* 和从 *vj* 到 *vi* 的路径，则称此图是强连通图，否则称为非强连通图。非强连通图的极大强连通子图叫做强连通分量。如图 9-10 所示。

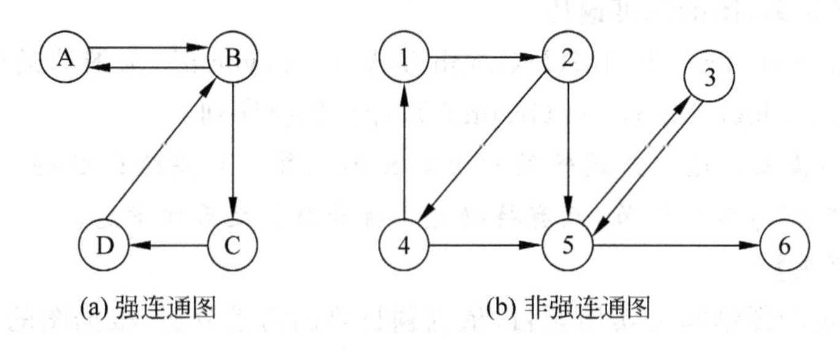


图 9-10 强连通图和非强连通图

在有向图中，极大的强连通子图为该图的强连通分量。显然，任何强连通图的强连通分量只有一个，即它本身，而非强连通图有多个强连通分量。如图 9-11 所示。

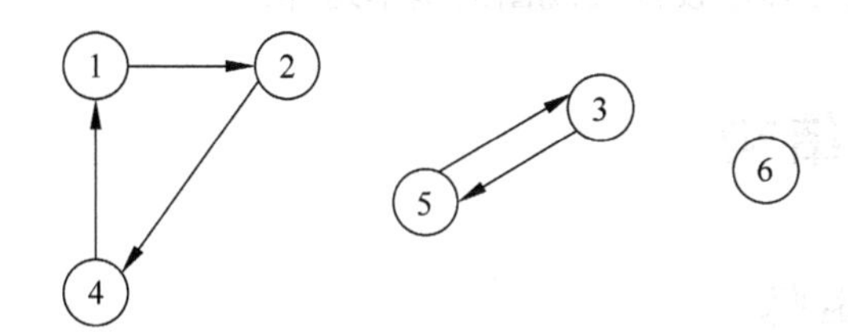

图 9-11 图 9-10(b)的连通分量

定义在图上的基本操作：

```
Status CreateGraph(MGraph *G)
void BFS( G )
void DFS( G )
void MiniSpanTree_PRIM(MGraph G,VertexType u)
Status TopologicalSort(ALGraph G)
```

**【知识拓展】** 如图 9-4 所示的旅游景点分布是一个图结构，其数据元素是景点和景点之间的路径构成，可以采用 C 语言结构体类型定义数据对象，然后定义 C 语言变量存储数据元素。

### 9.1.3 图的基本操作及基本运算的描述

**1. 图的基本操作包括：**

(1) 构造一个图的存储结构；
(2) 图的遍历；
(3) 求图的最小生成树；
(4) 计算拓扑序列。

**2. 图的基本运算的描述**

(1) Status CreateGraph(MGraph *$G$),构造一个图的存储结构 $G$。
(2) void BFS($G$),图的广度遍历。
(3) void DFS($G$),图的深度遍历。
(4) void MiniSpanTree_PRIM(MGraph $G$,VertexType $u$),求图的最小生成树。
(5) Status TopologicalSort(ALGraph $G$),计算拓扑序列。

**注意**：以上所提及的运算是逻辑结构上定义的运算。只要给出这些运算的功能是“做什么”,至于“如何做”等实现细节,只有待确定了存储结构之后才考虑。

**【任务题目要求】**

结合案例选定的图结构的实用题目,依据题目给出需求分析,根据图的性质分析题目数据结构,设计完成作业题目。

**【问题思考】**

(1) 图的基本运算与存储结构。
(2) 如何采用C语言程序设计实现图的基本运算。

## 9.2 图的存储结构

### 9.2.1 邻接矩阵

**1. 图的邻接矩阵表示**

在图的邻接矩阵表示中,有一个记录各个顶点信息的顶点表,还有一个表示各个顶点之间关系的邻接矩阵。设图 $A=(V,E)$是一个有 $n$ 个顶点的图,图的邻接矩阵是一个二维数组 $A.\text{edge}[n][n]$,定义如图 9-12 所示。

$$A.\text{edge}[i][j]=\begin{cases}1, & \text{若}(<i,j>\in E\text{或}(i,j)\in E)\\ 0, & \text{其他情况}\end{cases}$$

图 9-12 图的邻接矩阵二维数组

无向图的邻接矩阵是对称的(参见图 9-13(a))；有向图的邻接矩阵可能是不对称的(参见图 9-13(b))。在有向图中,统计第 $i$ 行 1 的个数可得顶点 $i$ 的出度,统计第 $j$ 列 1 的个数可得顶点 $j$ 的入度。在无向图中,统计第 $i$ 行(列) 1 的个数可得顶点 $i$ 的度。

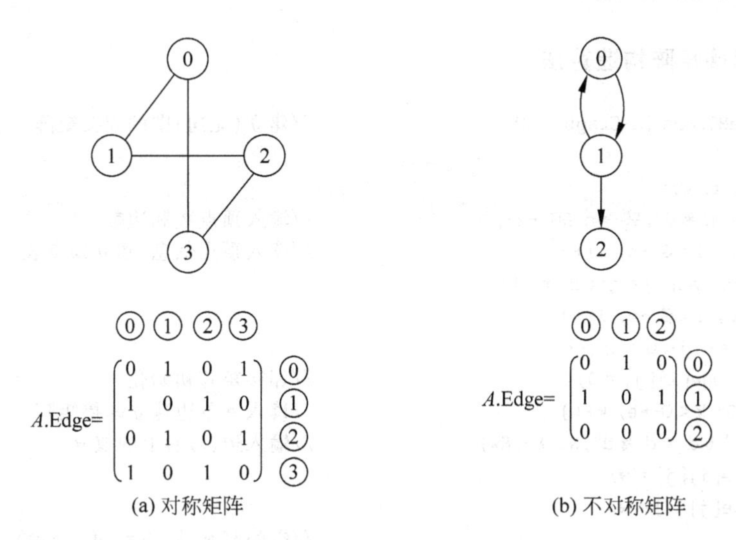


(a) 对称矩阵　　(b) 不对称矩阵

图 9-13　图的邻接矩阵

## 2. 网的邻接矩阵(参见图 9-14 与图 9-15)

$$
A.\text{Edge}[i][j]=\begin{cases} w(i,j), & \text{若 } i!=j \text{ 并且}(<i,j>\in E \text{ 或}(i,j)\in E) \\ \infty, & \text{其他,但 } i!=j \\ 0, & \text{若 } i==j \end{cases}
$$

图 9-14　网的邻接矩阵二维数组

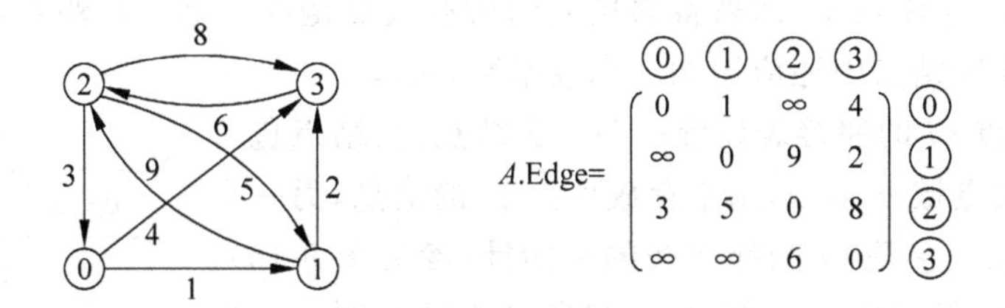


图 9-15　网的邻接矩阵

## 3. 邻接矩阵存储结构的描述

```
#define MaxValue Int_Max                        //在<limits.h>中
#define NumEdges 50;                            //边条数
#define NumVertices 10;                         //顶点个数
typedef char VertexData;                        //顶点数据类型
typedef int EdgeData;                           //边上权值类型
typedef struct
{
  VertexData vexlist [NumVertices];             //顶点表
  EdgeData edge[NumVertices][NumVertices];
//邻接矩阵—边表, 可视为边之间的关系
int n, e;                                       //图中当前的顶点个数与边数
} MTGraph;
```

**4. 图的邻接矩阵构造算法**

```
void CreateMGragh (MTGragh * G)                        //建立(无向)图的邻接矩阵
{
  int i, j, k, w;
  scanf(" %d, %d",&G->n,&G->e);                         //输入顶点数和边数
  for (i = 0; i < G->n; i++)                            //读入顶点信息,建立顶点表
     G->vexlist[i] = getchar( );
  for (i = 0; i < G->n; i++)
    for (j = 0;j < G->n;j++)
      G-> edge[i][j] = 0;                               //邻接矩阵初始化
  for (k = 0; k < G->e; k++) {                          //读入 e 条边建立邻接矩阵
    scanf(" %d %d %d",&i,&j,&w);                        //输入边(i,j)上的权 w
    G->edge[i][j] = w;
    G->edge[j][i] = w;
  }                                                     //空间复杂性: S = O( n + n²)
}                                    //时间复杂性: T = O(n + n² + e) .当 e < n, T = O( n²)
```

## 9.2.2 邻接表

**1. 图的邻接表表示**

对于 $G$ 中的每个顶点 $vi$,把所有邻接(于)$vi$ 的顶点 $vj$ 链成一个单链表(称为关于 $vi$ 的邻接表)。邻接表中每个表结点都有两个域:其一是邻接点域 adjvex,用以存放与 $vi$ 相邻顶点的序号;其二是链域 next,用来将邻接表的所有表点链在一起;另外若要表示边上的信息如(权值),则在表结点中还应增加一个数据域 cost。

再为每个顶点 $vi$ 的邻接表设置一个表头结点,头结点包含两个域,其一是顶点域 vextex,用来存放顶点 $vi$ 的信息,另一个是指针域 firstedge,它是 $vi$ 的邻接表的头指针(参见图 9-16)。为了便于随机访问任意顶点的邻接表,将所有头结点顺序存储在一个数组中,这样就构成了图的邻接表表示,(但有时为了增加对图中顶点、边数等属性的描述可将邻接表和这些属性放在一起描述图的存储结构)。

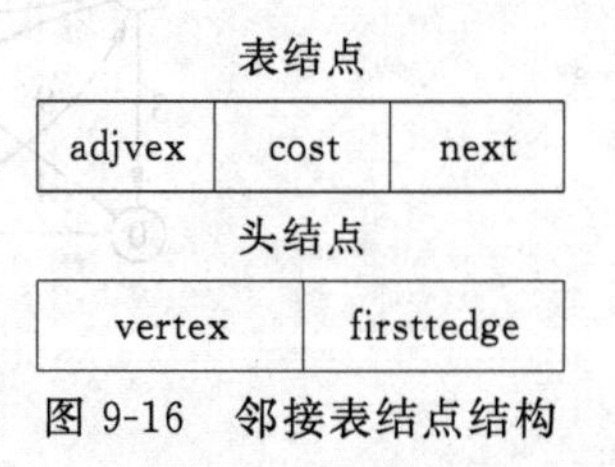


图 9-16 邻接表结点结构

在无向图的邻接表中,一条边($Vi$,$Vj$)在邻接表中出现两次:一次在关于 $Vi$ 的邻接表中;一次在关于 $Vj$ 的邻接表中。

关于顶点 $Vi$ 的邻接表的结点数目为顶点 $Vi$ 的度在有向图的邻接表中,一条边<$Vi$,$Vj$>在邻接表中出只现一次关于顶点 $Vi$ 的邻接表中结点数目为顶点 $Vi$ 的出度;在逆邻接表中关于顶点 $Vi$ 的邻接表中结点数目为顶点 $Vi$ 的入度。无向图的邻接表和有向图的邻接表如图 9-17 和图 9-18 所示。

**2. 用邻接表表示的图结构的描述**

```
#define NumVertices 10;                                //顶点个数
typedef char VertexData;                               //顶点数据类型
```

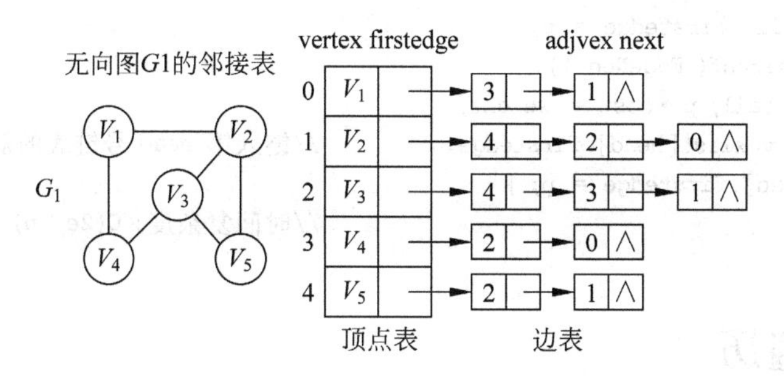


图 9-17 无向图的邻接表

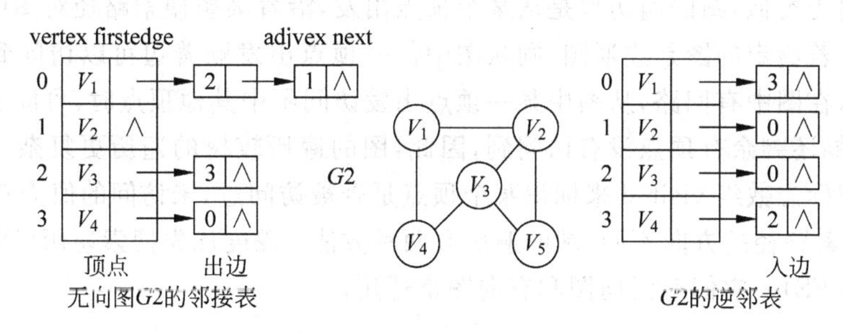


图 9-18 有向图的邻接表

```
typedef int EdgeData;                          //边上权值类型
typedef struct node {                          //边表结点
    int adjvex;                                //邻接点域(下标)
    EdgeData cost;                             //边上的权值
    struct node * next;                        //下一边链接指针
} EdgeNode;
typedef struct {                               //顶点表结点
    VertexData vertex;                         //顶点数据域
    EdgeNode * firstedge;                      //边链表头指针
} VertexNode;
typedef struct {                               //图的邻接表
    VertexNode vexlist [NumVertices];
    int n, e;                                  //图中当前的顶点个数与边数
} AdjGraph;
```

### 3. 邻接表的构造算法

```
void CreateGraph (AdjGraph G)
{scanf("%d,%d", &G.n ,&G.e);                   //输入顶点个数和边数
   for ( int i = 0; i < G.n; i++) {
   scanf("%c", &G.vexlist[i].vertex);          //输入顶点信息
   G.vexlist[i].firstedge = NULL; }            //边表置为空表
   for ( i = 0; i < e; i++) {                  //逐条边输入,建立边表
  scanf("%d,%d,%d", &tail , &head ,&weight);   //变量说明省略
  EdgeNode * p = new EdgeNode;
  p->adjvex = head; p->cost = weight;
  p->next = G.vexlist[tail].firstedge;         //链入第 tail 号链表的前端
```

```
    G.vexlist[tail].firstedge = p;
    p = malloc(sizeof( EdgeNode));
    p->adjvex = tail; p->cost = weight;
    p->next = G.vexlist[head].firstedge;        //链入第 head 号链表的前端
    G.vexlist[head].firstedge = p; }
}                                               //时间复杂度: O(2e + n)
```

## 9.3 图的遍历

和树的遍历类似，图的遍历也是从某个顶点出发，沿着某条搜索路径对图中所有顶点各作一次访问。若给定的图是连通图，则从图中任一顶点出发顺着边可以访问到该图中所有的顶点，但是，在图中有回路，从图中某一顶点出发访问图中其他顶点时，可能又会回到出发点，而图中可能还剩余有顶点没有访问到，因此，图的遍历较树的遍历更复杂。我们可以设置一个全局型标志数组 visited 来标识某个顶点是否被访问过，未访问的值为 0，访问过的值为 1。根据搜索路径的方向不同，图的遍历有两种方法：深度优先搜索遍历(DFS)和广度优先搜索遍历(BFS)。它们对无向图和有向图都适用。

### 9.3.1 深度优先搜索

#### 1. 深度优先搜索遍历定义

深度优先搜索遍历类似于树的先序遍历。假定给定图 $G$ 的初态是所有顶点均未被访问过，在 $G$ 中任选一个顶点 $i$ 作为遍历的初始点，则深度优先搜索遍历可定义如下：

(1) 首先访问顶点 $i$，并将其访问标记置为访问过，即 visited[$i$]=1；

(2) 然后搜索与顶点 $i$ 有边相连的下一个顶点 $j$，若 $j$ 未被访问过，则访问它，并将 $j$ 的访问标记置为访问过，visited[$j$]=1，然后从 $j$ 开始重复此过程，若 $j$ 已访问，再看与 $i$ 有边相连的其他顶点；

(3) 若与 $i$ 有边相连的顶点都被访问过，则退回到前一个访问顶点并重复刚才过程，直到图中所有顶点都被访问完为止。

例如，对如图 9-19 所示的无向图，从顶点 1 出发的深度优先搜索遍历序列可有多种，下面仅给出三种，其他可作类似分析。

在无向图 $G$ 中，从顶点 1 出发的深度优先搜索遍历序列举三种为：

1, 2, 4, 8, 5, 6, 3, 7

1, 2, 5, 8, 4, 7, 3, 6

1, 3, 6, 8, 7, 4, 2, 5

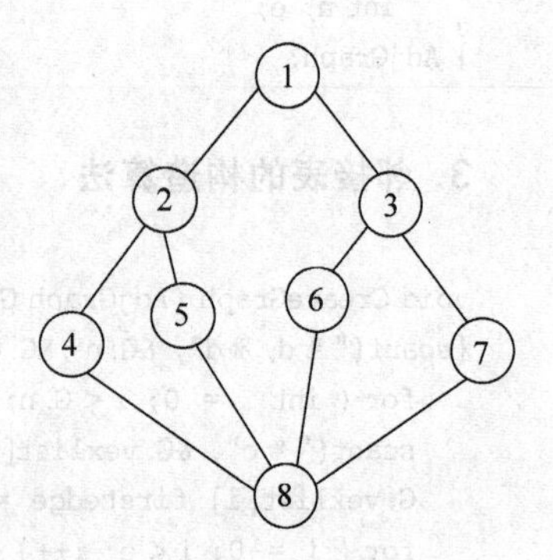

图 9-19 无向图 $G$

若图是连通的或强连通的，则从图中某一个顶点出发可以访问到图中所有顶点，否则只能访问到一部分顶点。

另外，从刚才写出的遍历结果可以看出，从某一个顶点出发的遍历结果是不唯一的。但是，若我们给定图的存贮结构，则从某一顶点出发的遍历结果应是唯一的。

### 2. 深度优先搜索算法

```
void dfs(Graph G ,vtx * v)
{ /* 从 v 出发深度优先遍历图 g */
visit(v);
visited[v] = 1;
w = FIRSTADJ(G,v);                        //w 为 v 的邻接点
while (w!= 0)
{ //当邻接点存在时
if (!visited[w]) dfs (G,w);
w =  NEXTADJ(G,v,w)                       //找下一邻接点
}
}
```

1）用邻接矩阵实现图的深度优先搜索

用上述算法和无向图 $G$，可以描述从顶点 1 出发的深度优先搜索遍历过程，示意见图 9-20，其中实线表示下 ·层递归调用，虚线表示递归调用的返回。

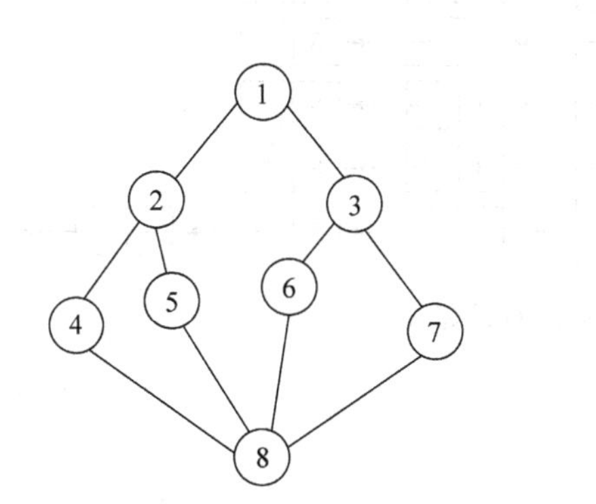


$$\begin{bmatrix} 0 & 1 & 1 & 0 & 0 & 0 & 0 & 0 \\ 1 & 0 & 0 & 1 & 1 & 0 & 0 & 0 \\ 1 & 0 & 0 & 0 & 0 & 1 & 1 & 0 \\ 0 & 1 & 0 & 0 & 0 & 0 & 0 & 1 \\ 0 & 1 & 0 & 0 & 0 & 0 & 0 & 1 \\ 0 & 0 & 1 & 0 & 0 & 0 & 0 & 1 \\ 0 & 0 & 1 & 0 & 0 & 0 & 0 & 1 \\ 0 & 0 & 0 & 1 & 1 & 1 & 1 & 0 \end{bmatrix}$$

图 9-20　无向图 $G$ 的邻接矩阵

从图 9-20 中，可以得到从顶点 1 的遍历结果为 1，2，4，8，5，6，3，7。同样可以分析出从其他顶点出发的遍历结果。

算法描述：

```
void dfs (int i)                          // 从顶点 i 出发遍历
{    int j;
          visit(i);                       //输出访问顶点
          visited[i] = 1;                 //全局数组访问标记置 1 表示已经访问
           for(j = 1; j <= n; j++)
             if ((A[i][j] == 1)&&(!visited[j]))
                  dfs(j);
}
```

用上述算法和无向图 $G$，可以描述从顶点 1 出发的深度优先搜索遍历过程，示意图见图 9-20，其中实线表示下一层递归调用，虚线表示递归调用的返回。

从图 9-21 中可以得到从顶点 1 的遍历结果为 1，2，4，8，5，6，3，7。同样可以分析出从其他顶点出发的遍历结果。

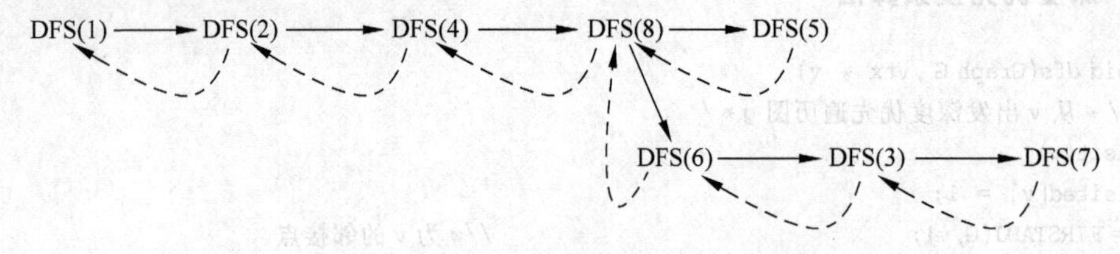


图 9-21　邻接矩阵深度优先搜索示意图

2）用邻接表实现图的深度优先搜索

无向图 $G$ 的邻接表如图 9-22 所示。

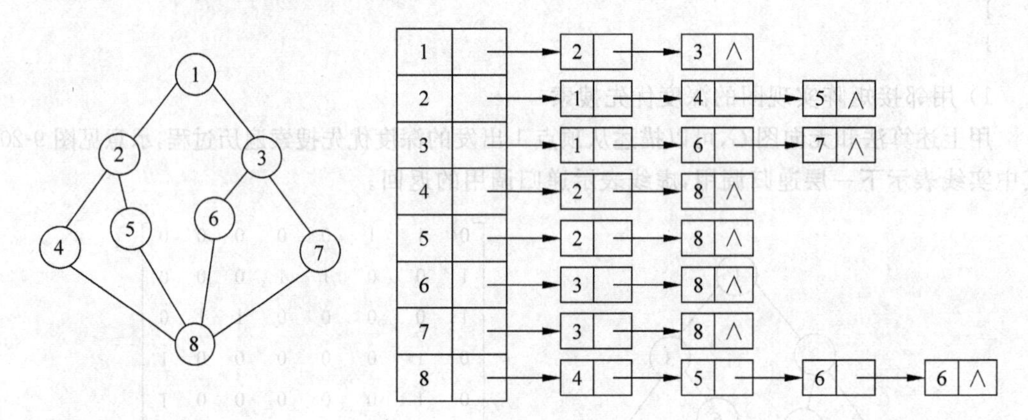


图 9-22　无向图 $G$ 的邻接表

算法描述为下面形式：

```
void dfs1(int i)
{ EdgeNode * p; visit(head[i]);                    //输出访问顶点
   visted[i] = 1;                                   //全局数组访问标记置为 1 表示已访问
   p = head[i].next;
   while (p!= NULL)
  {   if (!visited[p->adjvex])
 dfs1(p->adjvex);p = p->next; }}
```

而当以邻接表作图的存储结构时，找邻接点所需时间为 $O(e)$，其中 $e$ 为无向图中边的数或有向图中弧的数。由此，当以邻接表作存储结构时，深度优先搜索遍历图的时间复杂度为 $O(n+e)$。邻接表深度优先搜索示意图如图 9-23 所示。

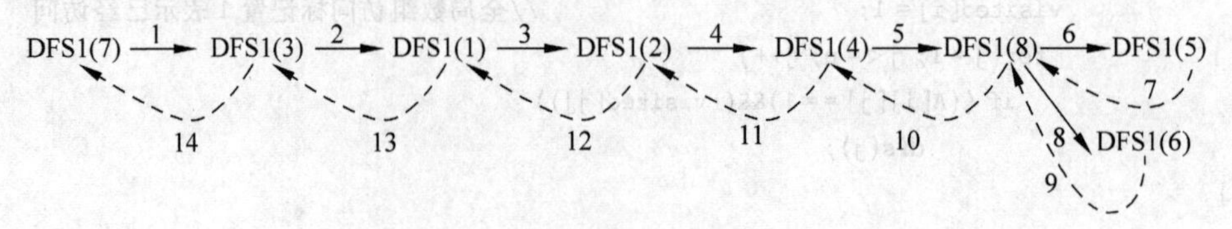


图 9-23　邻接表深度优先搜索示意图

3）非连通图的深度优先搜索

若图是非连通的或非强连通图，则从图中某一个顶点出发。不能用深度优先搜索访问到图中所有顶点，而只能访问到一个连通子图（即连通分量）或只能访问到一个强连通子图（即强连通分量）。这时，可以在每个连通分量或每个强连通分量中都选一个顶点，进行深度优先搜索遍历，最后将每个连通分量或每个强连通分量的遍历结果合起来，则得到整个非连通图的遍历结果。

遍历算法实现与连通图的只有一点不同，即对所有顶点进行循环，反复调用连通图的深度优先搜索遍历算法即可。具体实现如下：

```
for(int i = 1;i <= n;i++)
   if(!visited[i])
    dfs(i) ;
```

或

```
for(int i = 1;i <= n;i++)
if(!visited[i])
  dfs1(i);
```

## 9.3.2 广度优先搜索

### 1. 广度优先搜索遍历定义

广度优先搜索遍历类似于树的按层次遍历。设图 $G$ 的初态是所有顶点均未访问，在 $G$ 中任选一顶点 $i$ 作为初始点，则广度优先搜索的基本思想是：

（1）访问顶点 $i$，并将其访问标志置为已被访问，即 visited[$i$]=1；

（2）依次访问与顶点 $i$ 有边相连的所有顶点 $W1,W2,\cdots,Wt$；

（3）再按顺序访问与 $W1,W2,\cdots,Wt$ 有边相连又未曾访问过的顶点；

以此类推，直到图中所有顶点都被访问完为止。

例如，对如图 9-18 所示的无向图 $G$，从顶点 1 出发的广度优先搜索遍历序列可有多种，下面仅给出三种，对其他情况可作类似分析。

从顶点 1 出发的广度优先搜索遍历序列举三种为：

1，2，3，4，5，6，7，8

1，3，2，7，6，5，4，8

1，2，3，5，4，7，6，8

### 2. 广度优先遍历的算法

```
void bfs(Graph g ,vtx * v)
{
  visit(v); visited[v] = 1;
  INIQUEUE(Q);
  ENQUEUE(Q,v);
  while (!EMPTY(Q))
    { DLQUEUE(Q,v);                    //队头元素出队 w = FIRSTADJ(g,v); //求 v 的邻接点
```

```
        while (w!= 0)
        { if (!visited[w])
            { visit(w); visited[w] = 1; ENQUEUE(Q,w); }
          w = NEXTADJ(g,v,w);                    //求下一邻接点
        }
    }
}                                                //bfs
```

1）用邻接矩阵实现图的广度优先搜索遍历

以如图 9-19 所示的无向图的邻接矩阵来说明对无向图 $G$ 的遍历过程。根据该算法用及图的邻接矩阵，可以得到无向图 $G$ 的广度优先搜索序列，若从顶点 1 出发，则广度优先搜索序列为：1,2,3，4,5，6,7,8。若从顶点 3 出发，则广度优先搜索序列为：3,1,6,7,2,8,4,5，从其他点出发的广度优先搜索序列可根据同样类似方法分析。

算法描述如下：

```
void bfs( int i)                                //从顶点 i 出发遍历
{   int Q[n+1] ;                                //Q 为队列
     int f,r,j ;                                // f,r 分别为队列头,尾指针
      f = r = 0 ;                               //设置空队列
     visit(v[i]) ;                              // 输出访问顶点
     visited[i] = 1 ;                           //全局数组标记置 1 表示已经访问
     r++; q[r] = i ;                            //入队列
while (f<r)
{ f++; i = q[f] ;                               //出队列
        for (j = 1; j<= n; j++)
          if ((A[i][j] == 1)&&(!visited[j]))
              { visit(v[j]) ; visited[j] = 1 ; r++; q[r] = j ;}
    }
}
```

2）用邻接表实现图的广序优先搜索遍历

以如图 9-21 所示的无向图的邻接表阵来说明对无向图 $G$ 的遍历过程。根据该算法及图，可以得到图 $G$ 的广度优先搜索序列，若从顶点 1 出发，则广度优先搜索序列为：1,2,3,4,5,6,7,8；若从顶点 7 出发，则广度优先搜索序列为：7,3,8,1,6,4,5,2；从其他顶点出发的广度优先搜索序列可根据同样类似方法分析。

算法描述如下：

```
void BFS1(int i)
{   int q[n+1] ;                                //定义队列
    int f,r ; E_NODE *p ;                       //P 为搜索指针
    f = r = 0 ; visit(head[i]) ;
  visited[i] = 1 ; r++; q[r] = i ;              //进队
  while (f<r)
  { f++; i = q[f] ;                             //出队 p = head[i].link ;
    while (p!= NULL)
    { if (!visited[p->adjvex])
        { visit(head[p->adjvex].vertex;
          visited[p->adjvex] = 1;
          r++;q[r] = p->adjvex ;
        }                                       // if
```

```
            p = p -> next;
        }                                           // while
    }                                               // while
}
```

3) 非连通图的广度优先搜索

若图是非连通的或非强连通图,则从图中某一个顶点出发。不能用广度优先搜索遍历访问到图中所有顶点,而只能访问到一个连通子图(即连通分量)或只能访问到一个强连通子图(即强连通分量)。这时,可以在每个连通分量或每个强连通分量中都选一个顶点,进行广度优先搜索遍历,最后将每个连通分量或每个强连通分量的遍历结果合起来,则得到整个非连通图或非强连通图的广度优先搜索遍历序列。

遍历算法实现与连通图的只有一点不同,即对所有顶点进行循环,反复调用连通图的广度优先搜索遍历算法即可。具体可以表示如下:

```
for(int i = 1;i <= n;i++)
  if(!visited[i])
    bfs(i) ;
```

或

```
for(int i = 1;i <= n;i++)
  if(!visited[i])
    bfs1(i);
```

分析上述过程,每个顶点至多进一次队列。遍历图的过程实质上是通过边或弧找邻接点的过程、因此广度优先搜索遍历图的时间复杂度和深度优先搜索遍历相同,两者的不同之处仅仅在于对顶点访问的顺序不同。

## 9.4 生成树

若图是连通的或强连通的,则从图中某一个顶点出发可以访问到图中所有顶点;若图是非连通的或非强连通图,则需从图中多个顶点出发搜索访问而每一次从一个新的起始点出发进行搜索过程中得到的顶点访问序列恰为每个连通分量中的顶点集(参见图 9-24)。

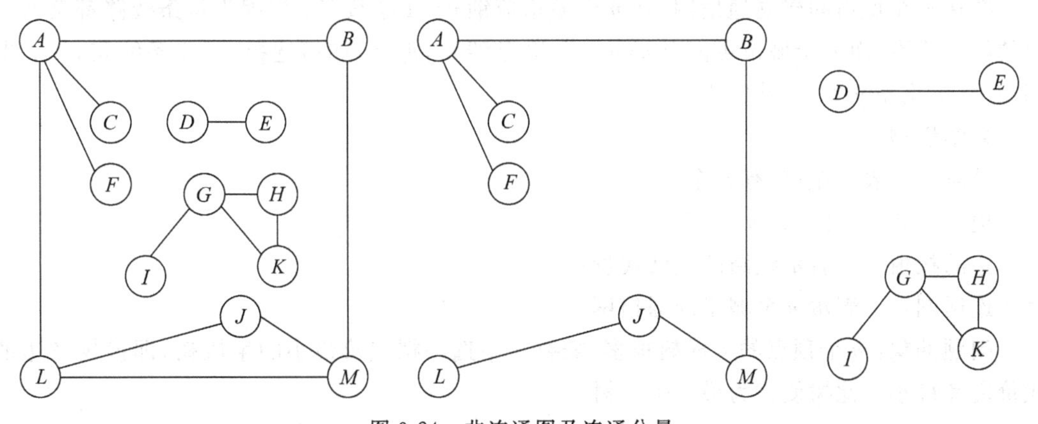


图 9-24 非连通图及连通分量

连通图 $G$ 的一个子图如果是一棵包含 $G$ 的所有顶点的树，则该子图称为 $G$ 的**生成树**。生成树是连通图的**极小连通子图**。所谓极小是指：若在树中任意增加一条边，则将出现一个回路；若去掉一条边，将会使之变成非连通图。生成树各边的权值总和称为生成树的权。权最小的生成树称为**最小生成树**(如图 9-25 所示)。

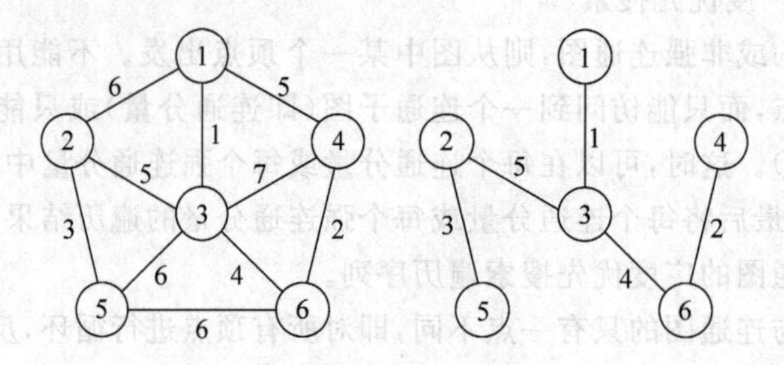

图 9-25　最小生成树

深度优先搜索遍历算法及广度优先搜索遍历算法中遍历图过程中历经边的集合和顶点集合一起构成连通图的极小连通子图。它是连通图的一株生成树。生成树是一个极小连通子图，它含有图中全部顶点，但只有 $n-1$ 条边。由深度优先搜索遍历得到的生成树，称为深度优先生成树，由广度优先搜索遍历得到的生成树，称为广度优先生成树(参见图 9-26)。

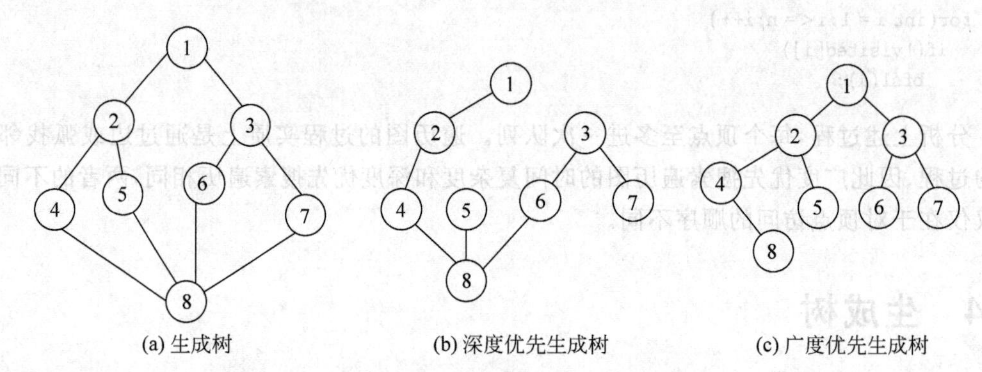


图 9-26　优先生成树和广度优先生成树

**【案例 9-2】**

欲在 $n$ 个城市间建立通信网，则 $n$ 个城市应铺 $n-1$ 条线路；但因为每条线路都会有对应的经济成本，而 $n$ 个城市可能有 $n(n-1)/2$ 条线路，那么，如何选择 $n-1$ 条线路，使总费用最少(参见图 9-26 和图 9-27)。

数学模型：

顶点——表示城市，有 $n$ 个；

边——表示线路，有 $n-1$ 条；

边的权值——表示线路的经济代价；

连通网——表示 $n$ 个城市间通信网。

问题抽象：$n$ 个顶点的生成树很多，需要从中选一棵代价最小的生成树，即该树各边的代价之和最小。此树便称为最小生成树。

下面将介绍求最小生成树的两种方法：普里姆算法和克鲁斯卡尔算法。

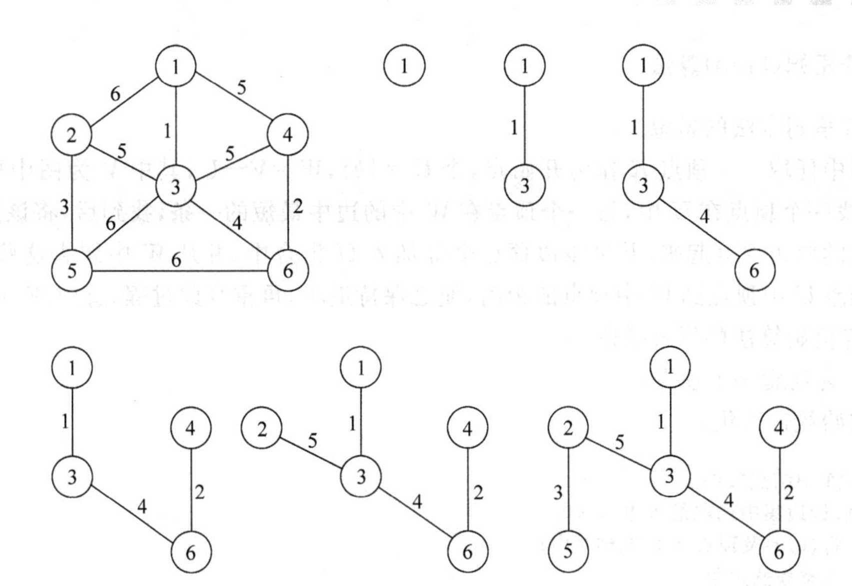

图 9-27 普里姆方法求最小生成树的过程

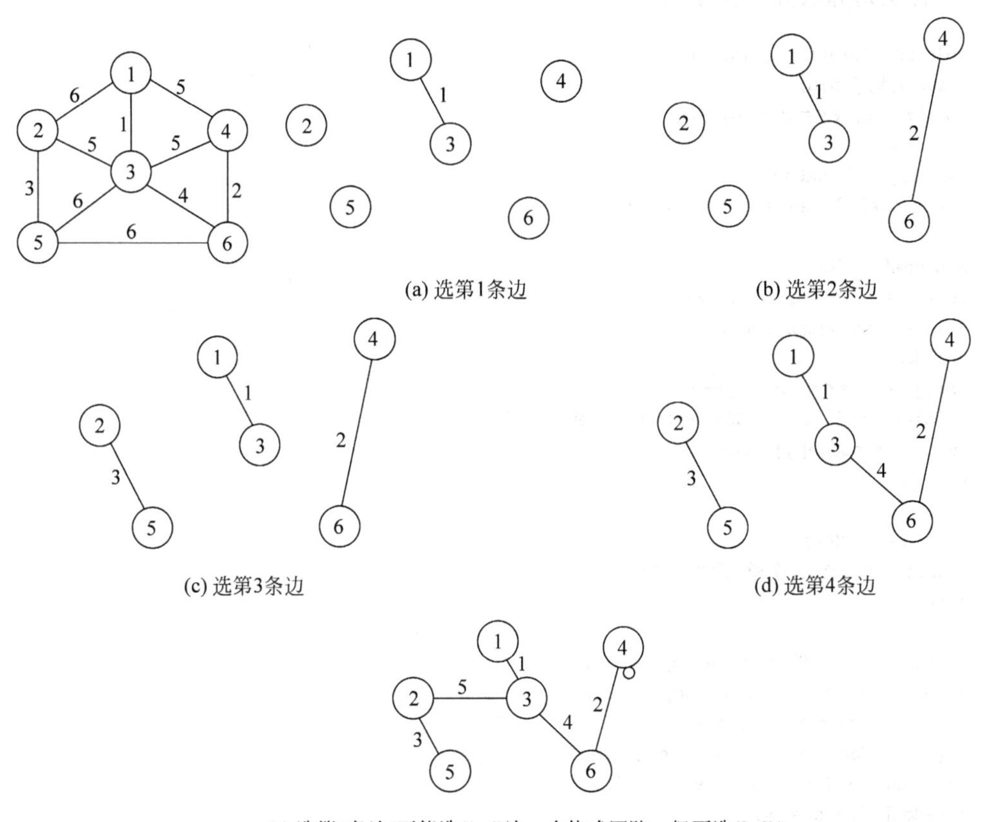

(a) 选第1条边 (b) 选第2条边

(c) 选第3条边 (d) 选第4条边

(e) 选第5条边(不能选(1, 4)边，会构成回路，但可选(2, 3))

图 9-28 克鲁斯卡尔方法求最小生成树的过程

### 1. 普里姆(Prim)算法

1) 普里姆方法的思想

在图中任取一个顶点 $K$ 作为开始点,令 $U=\{k\}$,$W=V-U$,其中 $V$ 为图中所有顶点集,然后找一个顶点在 $U$ 中,另一个顶点在 $W$ 中的边中最短的一条,找到后,将该边作为最小生成树的树边保存起来,并将该边顶点全部加入 $U$ 集合中,并从 $W$ 中删去这些顶点,然后重新调整 $U$ 中顶点到 $W$ 中顶点的距离,使之保持最小,再重复此过程,直到 $W$ 为空集止。

2) 普里姆算法的形式描述

置 $T$ 为任意一个顶点;

求初始候选边集;

```
while(T 中结点数<n)
 {从候选边集中选取最短边(u,v);
     将(u,v)及顶点 v,扩充到 T 中;
     调整候选边集;
    }
```

3) 普里姆算法算法程序设计

```
void prim(graph * g,int u)
{ int v,k,j,min;
for (v = 1; v<= g->n; v++)
   if(v ! = u)
{minedge[v].end = u;
  minedge[v].len = g->edges[v][u];
}
minedge[u].len = 0;
for( k = 1; k<g->n; k++)
{min = minedge[k].len;
v = k;
for(j = 1; j<g->n; j++)
if(minedge[j].len>0&&minedge[j].len<min)
{min = minedge[j].len;
v = j;
}
if(min = INTMAX)
{ printf ( " 图不连通,无生成树!" );
return(0);
}
printf(" %d %d",v, minedge[v].end);
minedge[v].len = -minedge[v].len;
for(j = 1; j<= g->n; j++)
if(g-> edges [j][v]<minedge[j].len)
{minedge[j].len = g-> edges [j][v];
minedge[j].end = v;
}
}
}
```

整个算法的时间复杂性是 $O(n^2)$。

## 2. 克鲁斯卡尔(Kruskal)算法

1）基本思想

设有一个有 $n$ 个顶点的连通网络 $N=\{V,E\}$，最初先构造一个只有 $n$ 个顶点，没有边的非连通图 $T=\{V,\varnothing\}$，图中每个顶点自成一个连通分量。当在 $E$ 中选到一条具有最小权值的边时，若该边的两个顶点落在不同的连通分量上，则将此边加入到 $T$ 中；否则将此边舍去，重新选择一条权值最小的边。如此重复下去，直到所有顶点在同一个连通分量上为止。

2）克鲁斯卡尔算法的形式描述

```
T = (V, ∅);
While ( T中所含边数 < n - 1 )
    { 从E中选取当前最短边 (u,v);
      从E中删除边(u,v);
      if ((u,v) 并入 T之后不产生回路 )
          将边 (u,v) 并入 T中;
    }
```

3）克鲁斯卡尔算法的程序设计

```
typedef Struct{
     int v1,v2;
     int len;
    int s;                                    / * 是否从E中删除边
}edgetype;                                    /* 边的类型：两个端点号和边长 */
int parent[nmax+1];               /*结点双亲的指针数组,设为全局量,nmax为结点数最大值*/
int getroot(int v)                            /*找结点v所在的树根*/
{ int i;
        i = v;
while(parent[i]>0)i = parent[i];
return i;                                 /*若无双亲(初始点),双亲运算结果为其自己*/
    }
int getedge(edgetype em [ ],int e)            /*找最短边,e为边数*/
{int i, j, min = 0;
for (i =1 ; i<= e ; i++)
if (em [i-1].len<min)&& (em [i-1].s==0)
      {min = em [i-1].len; em [i-1].s=1}
return min;
}
void kruskal(edqetype em [ ],int n,int e)     /*n为结点数,e为边数*/
{int i,p1,p2,m,i0;
for(i=1; i<= n; i++)                          /*初始结点为根,无双亲*/
parent[i ] = -1;                               /*以后用于累计结点个数,此初值不能置为
0*/
m = 1;
while(m<n)
{  i0 = getedge(em,e);                        /*获得最短边号*/
   p1 = getroot(em [i0].v1);
   p2 = getroot(em [i0].v2);
   if(p1 = = p2)continue;                     /*连通分量相同,不合并*/
   if(p1>p2){
```

```
            parent[p2] = parent[p1] + parent[p2];
                        /* p2 的双亲中累计结点总数(为负值)*/
            parent[pl] = p2;                        /* p1 成为 p2 的孩子 */
        }
    else{
        parent[ p1] = parent[p1] + parent[p2];
        parent[p2] = p1;                            /* p2 成为 p1 的孩子 */
        }
      printf ("%d%d%d\n",m,em[i0].v1,em [i0].v2 );
    m++;
  }
  }
```

用克鲁斯卡尔算法构造最小生成树的时间复杂度为 $O(eloge)$，与网中边的数目 $e$ 有关，因此，它适用于求稀疏图的最小生成树。

## 9.5 最短路径

最短路径问题：如果从图中某一顶点(称为源点)到达另一顶点(称为终点)的路径可能不止一条，如何找到一条路径，使得沿此路径各边上的权值总和达到最小。由于交通网络的有向性，本节讨论有向图的最短路径问题。

### 9.5.1 单源最短路径

给定一个带权有向图 $G$ 与源点 $v$，求从 $v$ 到 $G$ 中其他顶点的最短路径。限定各边上的权值大于或等于 0。

为求得这些最短路径，Dijkstra 提出按路径长度的递增次序，逐步产生最短路径的算法。首先求出长度最短的一条最短路径，再参照它求出长度次短的一条最短路径，依次类推，直到从顶点 v 到其他各顶点的最短路径全部求出为止。Dijkstra 逐步求解的过程如图 9-29 所示。

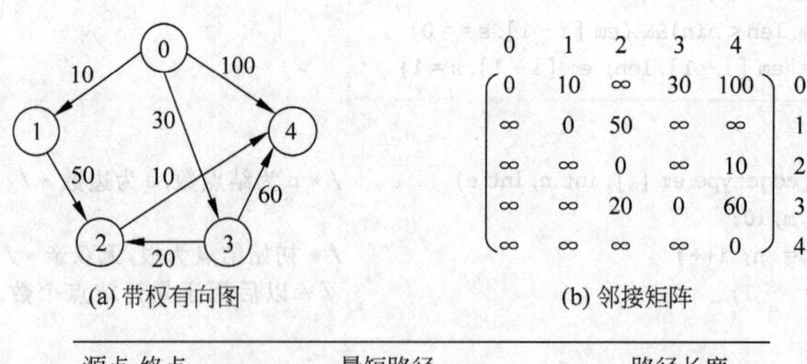


| 源点 | 终点 | 最短路径 | 路径长度 |
|---|---|---|---|
| $v_0$ | $v_1$ | $(v_0, v_1)$ | 10 |
| | $v_2$ | — $(v_0, v_1, v_2)$ $(v_0, v_3, v_2)$ | –60 50 |
| | $v_3$ | $(v_0, v_3)$ | 30 |
| | $v_4$ | $(v_0, v_4)$ $(v_0, v_3, v_4)$ $(v_0, v_3, v_2, v_4)$ | 100 90 60 |

图 9-29 Dijkstra 逐步求解的过程

1. **算法的基本思想**

设置并逐步扩充一个集合 $S$,存放已求出的最短路径的顶点,则尚未确定最短路径的顶点集合是 $V\text{-}S$,为了直观起见,我们设想 $S$ 中顶点均被涂成红色,$V\text{-}S$ 中的顶点均被涂成蓝色。算法初始化时,红点集中仅有一个源点,以后每一步都是按最短路径长度递增的顺序,逐个地把蓝点集中的顶点涂成红色后,加入到红点集中(参见图 9-30)。

算法描述:

```
while ( S 中的红点数 < n )
        在当前蓝点集中选择一个最短路径长度最短的
        蓝点扩充到蓝点集中
```

在蓝点集中选择一个最短路径长度最短的蓝点,这种蓝点所对应的最短路径上,除终点外,其余顶点都是红点。为此,对于图中每一个顶点 $i$ ,都必须记住从 $v$ 到 $i$、且中间只经过红点的最短路径的长度,并将此长度记作 $i$ 的距离值。

开始时,红点集只有一个源点 $v$,初始蓝点集中的蓝点 $j$ 的距离值 $D[j]$均为有向边 $<v,j>$上的权值。

用数组 $D(n)$来存放 $n$ 个顶点的距离值。若当前蓝点集中具有最小距离值的蓝点是 $k$,则其距离值 $D(k)$是 $k$ 的最短路径长度,并且 $k$ 是蓝点集中最短路径长度最短的顶点。

扩充红点集的方法:每一步只要在当前蓝点集中选择一个具有最小的距离值的蓝点 $k$ 扩充到红点集合中,$k$ 被涂成红色之后,剩余的蓝点的距离值可能由于增加了新红点 $k$ 而发生变化(即减少)。因此必须调整当前蓝点集中各蓝点的距离值。如图 9-31 所示。

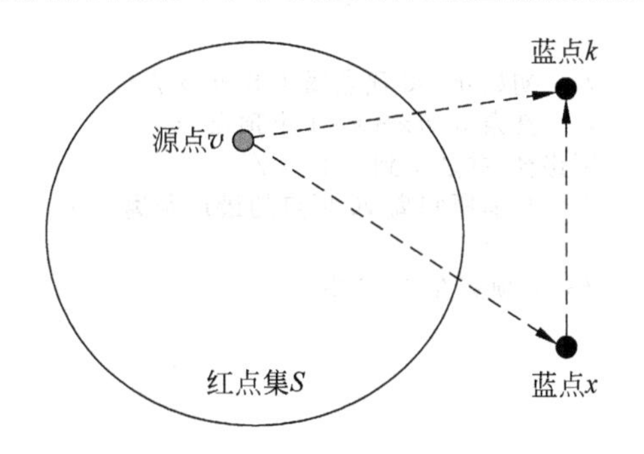

图 9-30 Dijkstra 求解示意

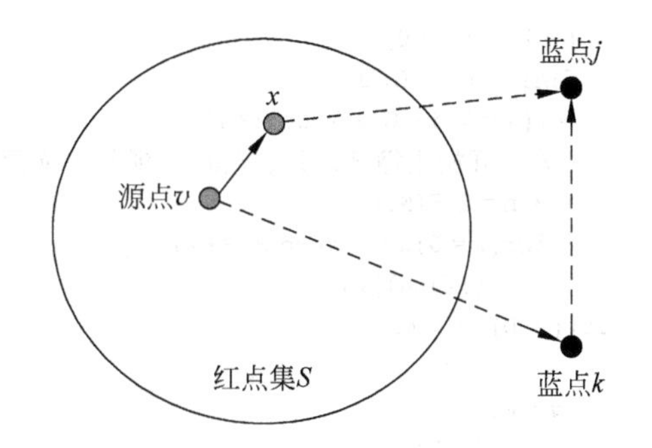

图 9-31 Dijkstra 求解示意

扩充红点集算法描述:

```
S = {v};
置初始蓝点集中各蓝点的距离值;
while ( S 中红点数 < n )
   { 在当前蓝点集中选择距离值最小的顶点 k;
     S = S + {k};                          /* 将 k 涂成红色加入红点集 */
    调整剩余蓝点的距离值;
   }
调整剩余蓝点的距离值
```

若新红点 $k$ 加入红点集 $S$ 后,使得某个蓝点 $j$ 的距离值 $D(j)$减少,则必定是由于存在

一条从源点 $v$ 途经新红点 $k$ 最终到达蓝点 $j$ 且中间只经过红点的新的最短路径 Pvkj，它的长度小于从源点 $v$ 到达 $j$ 且中间只经过老红点(即不包含 $k$)的原最短路径 Pvj 的长度 $D(j)$。由于 Pvkj 是一条中间只经过红点的最短路径，所以，它的前一段从 $v$ 到 $k$ 的路径必定是 $k$ 的最短路径，其长度为 $D(k)$；它的后一段从 $k$ 到 $j$ 的路径 Pkj 只可能有两种情形：其一是由 $k$ 经过边 $<k,j>$ 直达蓝点 $j$；其二是从 $k$ 出发再经过 $S$ 中若干老红点后到达 $j$。

**2. 算法的程序设计**

```
void ShortestPath_DIJ(MGraph G,int v0,PathMatrix *P,ShortPathTable *D)
{ /* 用 Dijkstra 算法求有向网 G 的 v0 顶点到其余顶点 v 的最短路径 P[v]及带权长度 */
  /* D[v].若 P[v][w]为 TRUE,则 w 是从 v0 到 v 当前求得最短路径上的顶点. */
  /* final[v]为 TRUE 当且仅当 v∈S */
  int v,w,i,j,min;
  Status final[MAX_VERTEX_NUM];
  for(v=0;v<G.vexnum;++v)
  {
    final[v]=FALSE;
    (*D)[v]=G.arcs[v0][v].adj;
    for(w=0;w<G.vexnum;++w)
      (*P)[v][w]=FALSE;                         /* 设空路径 */
    if((*D)[v]<INFINITY)
    {
      (*P)[v][v0]=TRUE;
      (*P)[v][v]=TRUE;
    }
  }
  (*D)[v0]=0;
  final[v0]=TRUE;                               /* 初始化,v0 顶点属于 S 集 */
  for(i=1;i<G.vexnum;++i)                       /* 其余 G.vexnum-1 个顶点 */
  { /* 开始主循环,每次求得 v0 到某个 v 顶点的最短路径,并加 v 到 S 集 */
    min=INFINITY;                               /* 当前所知离 v0 顶点的最近距离 */
    for(w=0;w<G.vexnum;++w)
      if(!final[w])                             /* w 顶点在 V-S 中 */
 if((*D)[w]<min)
 {
   v=w;
   min=(*D)[w];
 } /* w 顶点离 v0 顶点更近 */
    final[v]=TRUE;                              /* 离 v0 顶点最近的 v 加入 S 集 */
    for(w=0;w<G.vexnum;++w)                     /* 更新当前最短路径及距离 */
    {
      if(!final[w]&&min<INFINITY&&G.arcs[v][w].adj<INFINITY&&(min+G.arcs[v][w].adj<(*D)[w]))
      { /* 修改 D[w]和 P[w],w∈V-S */
        (*D)[w]=min+G.arcs[v][w].adj;
        for(j=0;j<G.vexnum;++j)
          (*P)[w][j]=(*P)[v][j];
        (*P)[w][w]=TRUE;
      }
    }
  }
}
```

## 9.5.2 所有顶点对之间的最短路径

### 1. 算法说明

对于顶点 $i$ 和 $j$：

(1) 考虑从 $i$ 到 $j$ 是否有以顶点 1 为中间点的路径：$i,1,j$，即考虑图中是否有边 $<i,1>$和$<1,j>$，若有，则新路径 $i,1,j$ 的长度是 $C[i][1]+C[1][j]$，比较路径 $i,j$ 和 $i$，$1,j$ 的长度，并以较短者为当前所求得的最短路径，该路径是中间点序号不大于 1 的最短路径。

(2) 考虑从 $i$ 到 $j$ 是否包含顶点 2 为中间点的路径：$i,\cdots,2,\cdots,j$，若没有，则从 $i$ 到 $j$ 的最短路径仍然是第一步中求出的，即从 $i$ 到 $j$ 的中间点序号不大于 1 的最短路径；若有，则 $i,\cdots,2,\cdots,j$ 可分解成两条路径 $i,\cdots,2$ 和 $2,\cdots,j$，而这两条路径是前一次找到的中间点序号不大于 1 的最短路径，将这两条路径相加就得到路径 $i,\cdots,2,\cdots,j$ 的长度，将该长度与前一次求出的从 $i$ 到 $j$ 的中间点序号不大于 1 的最短路径长度比较，取其较短者作为当前求得的从 $i$ 到 $j$ 的中间点序号不大于 2 的最短路径。

(3) 再选择顶点 3 加入当前求得的从 $i$ 到 $j$ 中间点序号不大于 2 的最短路径中，按上述步骤进行比较，从未加入顶点 3 作中间点的最短路径和加入顶点 3 作中间点的新路径中选取较小者，作为当前求得的从 $i$ 到 $j$ 的中间点序号不大于 3 的最短路径。以此类推，直到考虑了顶点 $n$ 加入当前从 $i$ 到 $j$ 的最短路径后，选出从 $i$ 到 $j$ 的中间点序号不大于 $n$ 的最短路径为止。由于图中顶点序号不大于 $n$，所以从 $i$ 到 $j$ 的中间点序号不大于 $n$ 的最短路径，已考虑了所有顶点作为中间点的可能性。因而它必是从 $i$ 到 $j$ 的最短路径。

### 2. 算法的基本思想。

从初始的邻接矩阵 **A**0 开始，递推地生成矩阵序列 **A**1，**A**2，…，**A**$n$。

$$A_0[i][j] = C[i][j]$$

$$A_{k+1}[i][j] = \min\{A_k[i][j], A_k[i][j] + A_k[k][j]\}$$

显然，**A** 中记录了所有顶点对之间的最短路径长度。若要求得到最短路径本身，还必须设置一个路径矩阵 $\boldsymbol{P}[n][n]$，在第 $k$ 次迭代中求得的 path$[i][j]$，是从 $i$ 到 $j$ 的中间点序号不大于 $k$ 的最短路径上顶点 $i$ 的后继顶点。算法结束时，由 path$[i][j]$的值就可以得到从 $i$ 到 $j$ 的最短路径上的各个顶点。

### 3. 算法的程序设计

```
  void ShortestPath_FLOYD(MGraph G,PathMatrix *P,DistancMatrix *D)
{ /* 用 Floyd 算法求有向网 G 中各对顶点 v 和 w 之间的最短路径 P[v][w]及其 */
  /* 带权长度 D[v][w].若 P[v][w][u]为 TRUE,则 u 是从 v 到 w 当前求得最短 */
  /* 路径上的顶点.算法 7.16 */
  int u,v,w,i;
  for(v = 0;v < G.vexnum;v++)                          /* 各对结点之间初始已知路径及距离 */
    for(w = 0;w < G.vexnum;w++)
    {
      (*D)[v][w] = G.arcs[v][w].adj;
```

```
        for(u = 0;u < G.vexnum;u++)
          ( * P)[v][w][u] = FALSE;
        if(( * D)[v][w]< INFINITY)                    /* 从 v 到 w 有直接路径 */
        {
          ( * P)[v][w][v] = TRUE;
          ( * P)[v][w][w] = TRUE;
        }
      }
    for(u = 0;u < G.vexnum;u++)
      for(v = 0;v < G.vexnum;v++)
        for(w = 0;w < G.vexnum;w++)
          if(( * D)[v][u] + ( * D)[u][w]<( * D)[v][w])   /* 从 v 经 u 到 w 的一条路径更短 */
          {
            ( * D)[v][w] = ( * D)[v][u] + ( * D)[u][w];
            for(i = 0;i < G.vexnum;i++)
              ( * P)[v][w][i] = ( * P)[v][u][i]||( * P)[u][w][i];
          }
}
```

## 9.6 拓扑排序

所有的工程或系统都可以分为若干个称作活动(activity)的子工程,而这些子工程之间通常存在着一定的制约关系,如其中的某些子工程必须在另外一些子工程完成之后开始。对于整个工程或系统,我们关心的是两个方面的问题:

(1) 工程能否顺利完成?(AOV 网络)

(2) 工程完成所需的最短时间?(AOE 网络)在 9.7 节介绍。

### 1. 拓扑排序问题描述

给定一个无环路有向图 $G=(V,E)$ ,各顶点的编号为 $V=(1,2, \cdots,n)$。要求对每一个结点 $i$ 重新进行编号,使得若 $i$ 是 $j$ 的前导,则有 label[$i$]<label[$j$]。

即拓扑分类是将无环路有向图排成一个线性序列,使当从结点 $i$ 到结点 $j$ 存在一条边,则在线性序列中,将 $i$ 排在 $j$ 的前面。

### 2. 拓扑排序算法描述——实质是广度优先搜索算法

输入:用邻接表表示的有向图

输出:所有顶点组成的拓扑序列

算法要点:(使用栈)

建立入度为零的顶点栈

扫描顶点表,将入度为 0 的顶点入栈;

while(栈不空){

弹出栈顶顶点 vj 并输出之;关于 vj 的邻接表,将每条出边<vj,vk>的入度减 1;

记下输出顶点的数目;

检查
若有入度为 0 的结点,压入栈;
}
若输出结点个数小于 n,则输出“有环路”;
否则拓扑排序正常结束。

### 3. 算法的程序设计

```
#define TRUE 1
#define FALSE 0
#define OK 1
#define ERROR 0
#define INFEASIBLE -1
typedef int Status;          /* Status 是函数的类型,其值是函数结果状态代码,如 OK 等 */
typedef int Boolean;                 /* Boolean 是布尔类型,其值是 TRUE 或 FALSE */
#define MAX_NAME 5                     /* 顶点字符串的最大长度 */
typedef int InfoType;
typedef char VertexType[MAX_NAME];     /* 字符串类型 */
#define MAX_VERTEX_NUM 20
typedef struct ArcNode
{
  int adjvex;                          /* 该弧所指向的顶点的位置 */
  struct ArcNode *nextarc;             /* 指向下一条弧的指针 */
  InfoType *info;                      /* 网的权值指针) */
}ArcNode;                              /* 表结点 */
typedef struct
{
  VertexType data;                     /* 顶点信息 */
  ArcNode *firstarc;          /* 第一个表结点的地址,指向第一条依附该顶点的弧的指针 */
}VNode,AdjList[MAX_VERTEX_NUM];        /* 头结点 */
typedef struct
{
  AdjList vertices;
  int vexnum,arcnum;                   /* 图的当前顶点数和弧数 */
  int kind;                            /* 图的种类标志 */
}ALGraph;
Status TopologicalSort(ALGraph G)
{ /* 有向图 G 采用邻接表存储结构.若 G 无回路,则输出 G 的顶点的一个拓扑序列并返回 OK, */
  /* 否则返回 ERROR. */
  int i,k,count,indegree[MAX_VERTEX_NUM];
  SqStack S;
  ArcNode *p;
  FindInDegree(G,indegree);           /* 对各顶点求入度 indegree[0..vernum-1] */
  InitStack(&S);                       /* 初始化栈 */
  for(i=0;i<G.vexnum;++i)              /* 建零入度顶点栈 S */
    if(!indegree[i])
      Push(&S,i);                      /* 入度为 0 者进栈 */
  count=0;                             /* 对输出顶点计数 */
  while(!StackEmpty(S))
```

```
    { /* 栈不空 */
      Pop(&S,&i);
      printf(" %s ",G.vertices[i].data);                /* 输出 i 号顶点并计数 */
      ++count;
      for(p = G.vertices[i].firstarc;p;p = p->nextarc)
      { /* 对 i 号顶点的每个邻接点的入度减 1 */
        k = p->adjvex;
        if(!(--indegree[k]))                           /* 若入度减为 0,则入栈 */
          Push(&S,k);
      }
    }
    if(count < G.vexnum)
    {
      printf("此有向图有回路\n");
      return ERROR;
    }
    else
    {
      printf("为一个拓扑序列.\n");
      return OK;
    }
}
```

## 9.7 关键路径

在带权的有向图中,用结点表示事件,用边表示活动,边上权表示活动的开销(如持续时间),则称此有向图为边表示活动的网络,简称 AOE 网(Activity On Edge Network)。

图 9-32 是有 11 项活动(用 $a_1,\cdots,a_{11}$ 表示),9 个事件(用 $v_1,\cdots,v_9$ 表示)的 AOE 网,每个事件表示在它之前的活动已经完成,在它之后的活动可以开始。

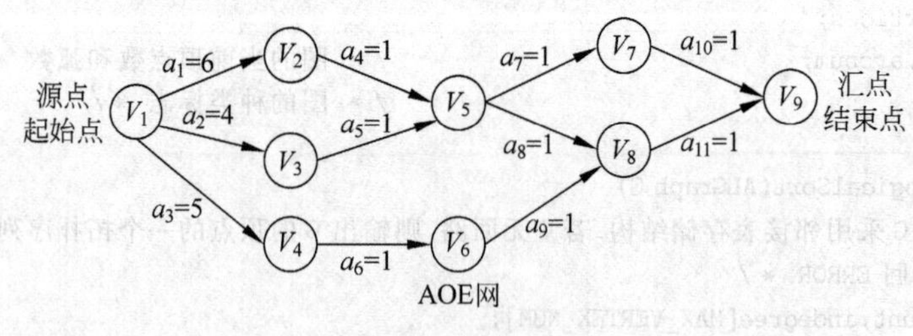


图 9-32 AOE 网示例

AOE 网具有如下性质:

只有在某个顶点所代表的事件发生后,从该顶点出发的各有向边代表的活动才能开始;只有在进入某一顶点的各有向边代表的活动已经结束,该顶点所代表的事件才能发生;表示实际工程计划的 AOE 网应该是无环的,并且存在唯一的入度为 0 的开始顶点(源点)和唯一的出度为 0 的结束点(汇点)。

### 1. AOE 网研究的主要问题

如果用 AOE 网表示一项工程，那么仅仅考虑各个子工程之间的优先关系还不够，更多地是关心整个工程完成的最短时间是多少，哪些活动的延迟将影响整个工程进度，而加速这些活动能否提高整个工程的效率，因此 AOE 网有待研究的问题是：

(1) 完成整个工程至少需要多少时间？

(2) 哪些活动是影响工程进度的关键活动？

### 2. 关键路径和关键活动性质分析(与计算关键活动有关的量)

(1) 事件 $Vj$ 的最早可能发生时间 $\mathrm{VE}(j)$是从源点 $V1$ 到顶点 $Vj$ 的最长路径长度。

(2) 活动 $ai$ 的最早可能开始时间为 $E(k)$。

设活动 $ai$ 在边＜$Vj$ ，$Vk$＞上，则 $E(i)$也是从源点 $V1$ 到顶点 $Vj$ 的最长路径长度。这是因为事件 $Vj$ 发生表明以 $Vj$ 为起点的所有活动 $ai$ 可以立即开始。因此，

$$E(i) = \mathrm{VE}(j) \tag{9-1}$$

(3) 事件 $Vk$ 的最迟发生时间 $\mathrm{VL}(k)$是在保证汇点 $Vn$ 在 $\mathrm{VE}(n)$时刻完成的前提下，事件 $Vk$ 的允许的最迟开始时间。在不推迟工期的情况下，一个事件的最迟发生时间 $\mathrm{VL}(k)$应该等于汇点的最早发生时间 $\mathrm{VE}(n)$减去从 $Vk$ 到 $Vn$ 的最大路径长度。

(4) 活动 $ai$ 的最迟允许开始时间 $L(i)$：是指在不会引起工期延误的前提下，活动 $ai$ 允许的最迟开始时间。因为事件 $Vk$ 发生表明以 $Vk$ 为终点的入边所表示的所有活动均已完成，所以事件 $Vk$ 的最迟发生时间 $\mathrm{VL}(k)$也是所有以 $Vk$ 为终点的入边＜$Vj$ ，$Vk$＞所表示的活动 $ai$ 可以最迟完成的时间。

显然，为不推迟工期，活动 $ai$ 的最迟开始时间 $L(i)$应该是 $ai$ 的最迟完成时间 $\mathrm{VL}(k)$减去 $ai$ 的持续时间，即

$$L(i) = \mathrm{VL}(k) - \mathrm{ACT}[j][k] \tag{9-2}$$

其中，ACT[$j$][$k$]是活动 $ai$ 的持续时间(＜$Vj$，$Vk$＞上的权)，如图 9-32 所示。

图 9-32 ACT[$j$][$k$]

(5) 时间余量 $L(i)-E(i)$：$L(i)-E(i)$表示活动 $ak$ 的最早可能开始时间和最迟允许开始时间的时间余量。

关键路径上的活动都满足：

$$L(i) = E(i) \tag{9-3}$$

$L(i)=E(i)$表示活动是没有时间余量的关键活动。

由上述分析可知，为找出关键活动，需要求各个活动的 $E(i)$与 $L(i)$，以判别一个活动 $ai$ 是否满足 $L(i)=E(i)$。$E(i)$和 $L(i)$可由公式(9-1)和式(9-2)得到。而 $\mathrm{VE}(k)$和 $\mathrm{VL}(k)$可由拓扑分类算法得到。

### 3. 利用拓扑分类算法求关键路径和关键活动

Step1(前进阶段)：

从源点 $V1$ 出发，令 $\mathrm{VE}(1) = 0$，按拓扑序列次序求出其余各顶点事件的最早发生时间：

$VE(k) = \max\{VE(j)+ACT[j][k]\}$($j$ 属于 $T$)

其中 $T$ 是以顶点 $Vk$ 为尾的所有边的头顶点的集合($2\leqslant k\leqslant n$)

如果网中有回路,不能求出关键路径则算法中止;否则转 Step2。

Step2(回退阶段):

从汇点 $Vn$ 出发,令 $VL(n)=VE(n)$,按逆拓扑有序求其余各顶点的最晚发生时间:

$VL(j)=\min\{VL(k)+ACT[j][k]\}$($k$ 属于 $s$)

其中 $S$ 是以顶点 $Vj$ 为头的所有边的尾顶点的集合($2\leqslant j\leqslant n-1$)

Step3:

求每一项活动 $ai$ 的最早开始时间:

$E(i)=VE(j)$

最晚开始时间:

$L(i)=VL(k)-ACT[j][k]$

若某条边满足 $E(i)=L(i)$,则它是关键活动。

为了简化算法,可以在求关键路径之前已经对各顶点实现拓扑排序,并按拓扑有序的顺序对各顶点重新进行了编号。

不是任意一个关键活动的加速一定能使整个工程提前。

想使整个工程提前,要考虑各个关键路径上所有关键活动。

程序设计略。

**【案例 9-3】** 采用邻接表存储结构的物流配送中心各结点遍历。

(1) 案例需求分析。

① 创建物流配送路线模拟图;

② 深度优先遍历各结点;

③ 广度优先遍历各结点。

(2) 数据结构设计。

根据物流配送中心以及顾客之间关系,建立图数据结构,采用邻接表存储结构。

(3) 程序设计。

```
#include "stdafx.h"
#include "string.h"
#include "stdio.h"
#include "stdlib.h"
#define TRUE 1
#define FALSE 0
#define OK 1
#define ERROR 0
#define INFEASIBLE -1
typedef int Status;              /* Status是函数的类型,其值是函数结果状态代码,如OK等 */
typedef int Boolean;                          /* Boolean是布尔类型,其值是TRUE或FALSE */
#define MAX_NAME 5                                     /* 顶点字符串的最大长度 */
typedef int InfoType;
typedef char VertexType[MAX_NAME];                     /* 字符串类型 */
#define MAX_VERTEX_NUM 20
typedef enum{DG,DN,AG,AN}GraphKind;                    /* {有向图,有向网,无向图,无向网} */
```

```
typedef struct ArcNode
{
  int adjvex;                             /* 该弧所指向的顶点的位置 */
  struct ArcNode *nextarc;                /* 指向下一条弧的指针 */
  InfoType *info;                         /* 网的权值指针 */
}ArcNode;                                 /* 表结点 */
typedef struct
{
  VertexType data;                        /* 顶点信息 */
  ArcNode *firstarc;          /* 第一个表结点的地址,指向第一条依附该顶点的弧的指针 */
}VNode,AdjList[MAX_VERTEX_NUM];           /* 头结点 */
typedef struct
{
  AdjList vertices;
  int vexnum,arcnum;                      /* 图的当前顶点数和弧数 */
  int kind;                               /* 图的种类标志 */
}ALGraph;
int LocateVex(ALGraph G,VertexType u)
{ /* 初始条件:图G存在,u和G中顶点有相同特征 */
  /* 操作结果:若G中存在顶点u,则返回该顶点在图中位置;否则返回-1 */
  int i;
  for(i=0;i<G.vexnum;++i)
    if(strcmp(u,G.vertices[i].data)==0)
      return i;
  return -1;
}
Status CreateGraph(ALGraph *G)
{ /* 采用邻接表存储结构,构造没有相关信息的图G(用一个函数构造4种图) */
  int i,j,k;
  int w;                                  /* 权值 */
  VertexType va,vb;
  ArcNode *p;
  printf("请输入图的类型(有向图:0,有向网:1,无向图:2,无向网:3): ");
  scanf("%d",&(*G).kind);
  printf("请输入图的顶点数,边数: ");
  scanf("%d%d",&(*G).vexnum,&(*G).arcnum);
  printf("请输入%d个顶点的值(<%d个字符):\n",(*G).vexnum,MAX_NAME);
  for(i=0;i<(*G).vexnum;++i)              /* 构造顶点向量 */
  {
    scanf("%s",(*G).vertices[i].data);
    (*G).vertices[i].firstarc=0;
  }
  if((*G).kind==1||(*G).kind==3)          /* 网 */
    printf("请顺序输入每条弧(边)的权值、弧尾和弧头(以空格作为间隔):\n");
  else                                    /* 图 */
    printf("请顺序输入每条弧(边)的弧尾和弧头(以空格作为间隔):\n");
  for(k=0;k<(*G).arcnum;++k)              /* 构造表结点链表 */
  {
    if((*G).kind==1||(*G).kind==3)        /* 网 */
      scanf("%d%s%s",&w,va,vb);
    else                                  /* 图 */
```

```
    scanf("%s%s",va,vb);
   i=LocateVex(*G,va);                        /* 弧尾 */
   j=LocateVex(*G,vb);                        /* 弧头 */
   p=(ArcNode*)malloc(sizeof(ArcNode));
   p->adjvex=j;
   if((*G).kind==1||(*G).kind==3)             /* 网 */
   {
     p->info=(int *)malloc(sizeof(int));
     *(p->info)=w;
   }
   else
     p->info=0;                               /* 图 */
   p->nextarc=(*G).vertices[i].firstarc;     /* 插在表头 */
   (*G).vertices[i].firstarc=p;
   if((*G).kind>=2)                           /* 无向图或网,产生第二个表结点 */
   {
     p=(ArcNode*)malloc(sizeof(ArcNode));
     p->adjvex=i;
     if((*G).kind==3)                         /* 无向网 */
     {
       p->info=(int*)malloc(sizeof(int));
       *(p->info)=w;
     }
     else
       p->info=0;                             /* 无向图 */
     p->nextarc=(*G).vertices[j].firstarc; /* 插在表头 */
     (*G).vertices[j].firstarc=p;
   }
  }
  return OK;
}
VertexType* GetVex(ALGraph G,int v)
{ /* 初始条件:图G存在,v是G中某个顶点的序号.操作结果:返回v的值 */
  if(v>=G.vexnum||v<0)
    exit(ERROR);
  return &G.vertices[v].data;
}
int FirstAdjVex(ALGraph G,VertexType v)
{ /* 初始条件:图G存在,v是G中某个顶点 */
/* 操作结果:返回v的第一个邻接顶点的序号.若顶点在G中没有邻接顶点,则返回-1 */
  ArcNode *p;
  int v1;
  v1=LocateVex(G,v);                         /* v1为顶点v在图G中的序号 */
  p=G.vertices[v1].firstarc;
  if(p)
    return p->adjvex;
  else
    return -1;
}
int NextAdjVex(ALGraph G,VertexType v,VertexType w)
{ /* 初始条件:图G存在,v是G中某个顶点,w是v的邻接顶点 */
```

```
  /* 操作结果：返回 v 的(相对于 w 的)下一个邻接顶点的序号. */
  /* 若 w 是 v 的最后一个邻接点,则返回 -1 */
  ArcNode *p;
  int v1,w1;
  v1 = LocateVex(G,v);                          /* v1 为顶点 v 在图 G 中的序号 */
  w1 = LocateVex(G,w);                          /* w1 为顶点 w 在图 G 中的序号 */
  p = G.vertices[v1].firstarc;
  while(p&&p->adjvex!= w1)                      /* 指针 p 不空且所指表结点不是 w */
    p = p->nextarc;
  if(!p||!p->nextarc)                           /* 没找到 w 或 w 是最后一个邻接点 */
    return -1;
  else /* p->adjvex == w */
    return p->nextarc->adjvex;           /* 返回 v 的(相对于 w 的)下一个邻接顶点的序号 */
}

Boolean visited[MAX_VERTEX_NUM];                /* 访问标志数组(全局量) */
void( *VisitFunc)(char* v);                     /* 函数变量(全局量) */
void DFS(ALGraph G,int v)
{ /* 从第 v 个顶点出发递归地深度优先遍历图 G. */
  int w;
  VertexType v1,w1;
  strcpy(v1, *GetVex(G,v));
  visited[v] = TRUE;                            /* 设置访问标志为 TRUE(已访问) */
// VisitFunc(G.vertices[v].data);               /* 访问第 v 个顶点 */
  printf("%s ",G.vertices[v].data);

for(w = FirstAdjVex(G,v1);w>= 0;w = NextAdjVex(G,v1,strcpy(w1, *GetVex(G,w))))
    if(!visited[w])
      DFS(G,w);                               /* 对 v 的尚未访问的邻接点 w 递归调用 DFS */
}
typedef int QElemType;                          /* 队列类型 */
typedef struct QNode
{
  QElemType data;
  struct QNode *next;
}QNode, *QueuePtr;

typedef struct
{
  QueuePtr front,rear;                          /* 队头、队尾指针 */
}LinkQueue;
Status InitQueue(LinkQueue *Q)
{ /* 构造一个空队列 Q */
  ( *Q).front = ( *Q).rear = (QueuePtr)malloc(sizeof(QNode));
  if(!( *Q).front)
    exit(0);
  ( *Q).front->next = 0;
  return OK;
}
Status QueueEmpty(LinkQueue Q)
{ /* 若 Q 为空队列,则返回 TRUE,否则返回 FALSE */
```

```
    if(Q.front == Q.rear)
      return TRUE;
    else
      return FALSE;
}
Status EnQueue(LinkQueue * Q,QElemType e)
{ /* 插入元素 e 为 Q 的新的队尾元素  */
    QueuePtr p = (QueuePtr)malloc(sizeof(QNode));
    if(!p)                                              /* 存储分配失败 */
      exit(0);
    p->data = e;
    p->next = 0;
    (*Q).rear->next = p;
    (*Q).rear = p;
    return OK;
}
Status DeQueue(LinkQueue * Q,QElemType * e)
{ /* 若队列不空,删除 Q 的队头元素,用 e 返回其值,并返回 OK,否则返回 ERROR */
    QueuePtr p;
    if((*Q).front == (*Q).rear)
      return ERROR;
    p = (*Q).front->next;
    *e = p->data;
    (*Q).front->next = p->next;
    if((*Q).rear == p)
      (*Q).rear = (*Q).front;
    free(p);
    return OK;
}

void BFS(ALGraph G,int v)
{/*按广度优先非递归遍历图 G.使用辅助队列 Q 和访问标志数组 visited.算法 */
/* 从第 v 个顶点出发递归地深度优先遍历图 G. */
    int i,u,w;
    VertexType u1,w1;
    LinkQueue Q;
    for(i = 0;i<G.vexnum;i++)
      visited[i] = FALSE;                               /* 置初值 */
    InitQueue(&Q);                                      /* 置空的辅助队列 Q */
    //visited[v] = TRUE;
    for(i = 0;i<G.vexnum;i++)                           /* 如果是连通图,只 v=0 就遍历全图 */
      if(!visited[v])                                   /* v 尚未访问 */
      {
       visited[v] = TRUE;
       printf("%s ",G.vertices[v].data);
        EnQueue(&Q,v);                                  /* v 入队列 */
        while(!QueueEmpty(Q))                           /* 队列不空 */
        {
          DeQueue(&Q,&u);                               /* 队头元素出队并置为 u */
          strcpy(u1,*GetVex(G,u));
```

```
        for(w = FirstAdjVex(G,u1);w >= 0;w = NextAdjVex(G,u1,strcpy(w1, * GetVex(G,w))))
          if(!visited[w])                        /* w为u的尚未访问的邻接顶点 */
          {
            visited[w] = TRUE;
            printf(" %s ",G.vertices[w].data);
            EnQueue(&Q,w);                        /* w入队 */
          }
      }
    }
  printf("\n");
}
void Display(ALGraph G)
{ /* 输出图的邻接矩阵G */
  int i;
  ArcNode * p;
  switch(G.kind)
  {
    case DG: printf("有向图\n");
             break;
    case DN: printf("有向网\n");
             break;
    case AG: printf("无向图\n");
             break;
    case AN: printf("无向网\n");
  }
  printf(" %d个顶点: \n",G.vexnum);
  for(i = 0;i < G.vexnum;++i)
    printf(" %s ",G.vertices[i].data);
  printf("\n%d条弧(边):\n",G.arcnum);
  for(i = 0;i < G.vexnum;i++)
  {
    p = G.vertices[i].firstarc;
    while(p)
    {
      if(G.kind <= 1)                             /* 有向 */
      {
        printf(" %s→%s ",G.vertices[i].data,G.vertices[p->adjvex].data);
        if(G.kind == DN)                          /* 网 */
          printf(": %d ", * (p->info));
      }
      else                                        /* 无向(避免输出两次) */
      {
        if(i < p->adjvex)
        {
          printf(" %s - %s ",G.vertices[i].data,G.vertices[p->adjvex].data);
          if(G.kind == AN)                        /* 网 */
            printf(": %d ", * (p->info));
        }
      }
      p = p->nextarc;
    }
```

```
    printf("\n");
  }
}

void main()
{ ALGraph f;
  int i;
  printf("请选择无向图\n");
  CreateGraph(&f);
  Display(f);
  for(i = 0;i < f.vexnum;i++)
  printf(" %d: %s\n",i,f.vertices[i].data );

  printf("请给出从第几个顶点开始深度优先遍历:");
  scanf(" %d",&i);
  DFS(f,i);

  printf("\n 请给出从第几个顶点开始广度优先遍历:");
  scanf(" %d",&i);
  BFS(f,i);
}
```

**【任务 9.1】** 分析图的两种存储方式的特点,并设计你的题目。

**【知识拓展】** 思考为什么学习数据结构有利于程序设计以及上述案例采用邻接表结构存储的优点。

## 9.8 本章小结

1. 图是一个由顶点集合和边集合组成的二元组,它是一个典型的非线性结构。

2. 图的存储不但需要存储顶点的信息,还需要存储顶点之间的关系即边的信息。

3. 图的操作包括图的遍历、图的搜索、求最小生成树和拓扑序列等。

4. 一个算法具有零个或多个输入,这些输入取自特定的数据对象集合。算法的特性包括了输出、输入、有穷性、确定性和可行性。

## 习题

**1. 填空**

(1) 设图 $G$ 的顶点数为 $n$,边数为 $e$,第 $i$ 个顶点的度为 $D(vi)$,则边数 $e$ 与各顶点的度之间的关系为________。

(2) 具有 $n$ 个顶点的有向完全图的弧的数目为________,具有 $n$ 个顶点的无向完全图的边的数目为________。

(3) 有向图 $G$ 用邻接矩阵存储,其第 $i$ 列的所有元素的和等于顶点 $i$ 的________。

(4) 图的深度优先遍历算法类似于二叉树的________遍历,图的广度优先遍历算法类似于二叉树的________遍历。

(5) 具有 $n$ 个顶点的无向图至少要有________条边才能保证其连通性。

(6) 对于含有 $n$ 个顶点，$e$ 条边的无向连通图，利用 Print 算法生成最小生成树，其时间复杂度为________；利用 Kruskal 算法生成最小生成树，其时间复杂度为________。________算法适合于稀疏图。

(7) 一个无向连通图有 5 个顶点 8 条边，则其生成树将要去掉________条边。

(8) 无向图用邻接矩阵存储，其所有元素之和表示无向图的________。

(9) 在含有 $n$ 个顶点和 $e$ 条边的无向图的邻接矩阵中，零元素的个数为________。

(10) 一个 $n$ 条边的连通无向图，其顶点个数至多为________。

**2. 实训习题**

(1) 设计一个算法，判断无向图 $G$ 是否连通，若连通，返回 1，否则返回 0。

(2) 设计一个算法，求非连通图的连通分量的个数，并对其进行广度优先搜索。

(3) 有向图采用邻接表作为存储结构，编写一个函数，判断有向图中是否存在有顶点 $Vi$ 到顶点 $Vj$ 的路径($i \neq j$)。

(4) 全国火车路线交通咨询。

输入全国城市铁路交通的有关数据，并据此建立交通网络。顶点表示城市，边表示城市之间的铁路，边上的权值表示城市之间的距离。咨询以对话方式进行，由用户输入起始站、终点站，输出为从起始站到终点站的最短路径，并给出中途经过了哪些站点。

(5) 景区导游程序。

用无向网表示某景区景点平面图，图中顶点表示主要景点，存放景点的编号、名称和简介等信息。图中的边表示景点间的道路，边的权值表示两景点之间的距离等信息。游客通过终端询问可知任意景点的相关信息，任意两个景点间的最短简单路径。游客从景区大门进入，选一条最佳路线，使游客可以不重复地游览各景点，最后回到出口(出口就在入口旁边)。要求：

① 从键盘或文件输入导游图；

② 游客通过键盘选择两个景点，输出结果；

③ 输出从入口到出口的最佳路径。

# 参考文献

[1] 严蔚敏，陈文博. 数据结构及应用算法教程. 北京：清华大学出版社. 2011.
[2] Thomas H. Cormen. Introduction to Algorithms. 北京：高等教育出版社. 2002.
[3] 胡学钢. 数据结构(C语言版). 北京:高等教育出版社,2007.
[4] 林小茶. 实用数据结构. 北京:清华大学出版社,2008.
[5] 唐策善. 数据结构——用C语言描述. 北京:高等教育出版社,1994.
[6] 王国均. 数据结构——C语言描述. 北京:科学出版社,2005.
[7] 苏仕华. 数据结构课程设计. 北京:机械工业出版社,2005.

# 教学资源支持

**敬爱的教师：**

感谢您一直以来对清华版计算机教材的支持和爱护。为了配合本课程的教学需要，本教材配有配套的电子教案（素材），有需求的教师请到清华大学出版社主页（http://www.tup.com.cn）上查询和下载，也可以拨打电话或发送电子邮件咨询。

如果您在使用本教材的过程中遇到了什么问题，或者有相关教材出版计划，也请您发邮件告诉我们，以便我们更好地为您服务。

**我们的联系方式：**


地　　址：北京海淀区双清路学研大厦A座707

邮　　编：100084

电　　话：010-62770175-4604

课件下载：http://www.tup.com.cn

电子邮件：weijj@tup.tsinghua.edu.cn

教师交流QQ群：136490705

教师服务微信：itbook8

教师服务QQ：883604


**（申请加入时，请写明您的学校名称和姓名）**

**用微信扫一扫右边的二维码，即可关注计算机教材公众号。**

扫一扫

课件下载、样书申请

教材推荐、技术交流